主　编　卢元斌

副主编　鲁　何

主　审　张玉琴

中等职业教育国家级
示范学校特色教材

网络搭建与应用

教学做一体化教程

华中科技大学出版社
http://www.hustp.com
中国·武汉

内 容 简 介

本书采用项目训练教学模式进行编写,按照学网、组网、用网的顺序,详细介绍了网络操作系统的安装与配置、网络设备的配置与应用、网络在日常生活中的应用等知识,集学、做、练于一体。本书共分为 7 大项目 45 个任务,项目一和项目二主要介绍网络操作系统的安装、常用服务器的配置与管理;项目三、项目四、项目五、项目六从认识锐捷网络设备开始,较为全面地介绍了交换机、路由器配置与管理,介绍各种设备在园区网搭建中的配置与应用,介绍园区网组建中的策略与安全配置;项目七主要从网络的应用开始,介绍了网络在日常生活中的应用方法与技巧。

本书重操作轻理论,其编写体现了融教程、学案于一体的思想,充分考虑中等职业学校教学的实际,是中职学校比较理想的教材。

本书既可作为中职计算机应用专业、计算机网络技术专业、中职计算机技能大赛中网络搭建项目竞赛的理论与实训一体化教材,也可以作为社会培训和个人自学教材,以及网络技术实训指导书。

图书在版编目(CIP)数据

网络搭建与应用 教学做一体化教程/卢元斌 主编.—武汉:华中科技大学出版社,2013.8(2024.1重印)
ISBN 978-7-5609-9292-1

Ⅰ.①网… Ⅱ.①卢… Ⅲ.①计算机网络-中等专业学校-教材 Ⅳ.①TP393

中国版本图书馆 CIP 数据核字(2013)第 193545 号

网络搭建与应用 教学做一体化教程 卢元斌 主编

策划编辑:王红梅
责任编辑:余 涛
封面设计:三 禾
责任校对:李 琴
责任监印:周治超
出版发行:华中科技大学出版社(中国·武汉) 电话:(027)81321913
　　　　　武汉市东湖新技术开发区华工科技园 邮编:430223
录　排:华中科技大学惠友文印中心
印　刷:武汉市洪林印务有限公司
开　本:787mm×1092mm　1/16
印　张:24.25
字　数:619千字
版　次:2024 年 1 月第 1 版第 8 次印刷
定　价:58.80 元

序言

"课难上、生难管"，这是中等职业学校面临的共同难题。究其原因，其中很重要的因素在于现行的中职教育教学目标过高，教材难度较大，学科化味道较浓，与企业对相应岗位的要求差距较大，与学生的学力水平不符。因此，创新职业教育教学模式和课程、教材体系，推进教学改革和教材建设，已成为摆在职业教育工作者面前一项紧迫而又艰巨的任务。

秭归县职业教育中心以创建国家中等职业教育改革发展示范学校为契机，围绕党的十八大提出的"加快发展现代职业教育"的宏伟战略目标，立足学生实际，着眼学生发展，强力推进课程改革，精心组织、编写了一批满足当地经济社会发展要求、反映本校教学特色和教学改革创新成果的教材。

这套教材编写体现了这样的思路：符合学生认知规律和技能养成规律，体现以能力为本位、以应用为主线的教学设计。推行"大课程"制，将相近或相关学科整合成一门学科，避免相近学科知识传授的重复，实现模块化教学管理。专业课程的理论知识方面注重常识、流程、操作规范等方面的教学，减少在原理上的论述，不要求学科体系上的完美，技能操作方面注重适应企业对岗位的要求。文化素养类的课程注重服务学生的终身发展、服从学生的专业成长。

阅读完部分书稿，我欣喜地发现了本套教材具备如下特点。

一、做到"教本、教案、学案"三位一体。为了把课程体系改革效率最大化，独创了教学工作页。工作页集教材、教案、学案于一身，基于学习和工作流程设计，能引导学生自主学习，保持学生的学习热情，提高教师的备课效率。这一设计以人为本，减轻了师生负担。

二、做到"教、学、做"一体化。理论与实践相结合，即理实一体化。教师边教边做，学生手脑并用，学中做，做中学，体现了"教学做合一"的教育思想，突出了教师的主导作用与学生的主体地位。

三、体现"够用、实用、适用"的编写思想。坚持职业教育改革的发展方向，反映了编撰者较高的现代教育理论修养和创新精神。体系简洁，活泼自然。在教学内容上注重学生的学力水平，力求引进新工艺、新技术、新材料，吸引学生回归课堂，积极参与教学活动。

四、坚持"教得了、用得着、学得会"的原则。坚持理论够用、技能实用，采用"归、并、删、降、加"的办法进行整合处理。内容贴近学生的实际生活及职场需求，内容安排符合逻辑，不仅有利于教师组织教学，也方便了学生自学，操作性强。达到了精选内容、把教材变薄的效果。

"职业教育是一项事业，事业的意义在于奉献；职业教育是一门科学，科学的价值在于求真；职业教育是一门艺术，艺术的活力在于创新。"秭归县职业教育中心的老师们勇于实践、大胆创新，群策群力，用心血和智慧编撰出的这套教材，传递了职业教育教学改革的正能量，对于改变我市中等职业教育教学现状、深入推进我市中等职业教育教学改革创新，将起到良好的示范、引领带动作用。

石希峰

2013 年 7 月

前 言

　　本书根据"国家示范学校创建"关于改革教学模式的要求，充分考虑中职学生的实际情况，本着重操作轻理论的思想，精选了 45 个任务，由 7 个项目串连，由浅入深地讲解了网络搭建及应用的基本操作。

　　本书共有七个项目：项目一"Windows Server 2003 R2 的安装"，介绍网络操作系统的作用、特性，虚拟机的作用与安装，网络操作系统的安装；项目二"网络服务器搭建"，详细讲解了常用服务器的架设与应用；项目三"搭建小型办公室网络"，介绍常用传输介质的性能与网线制作、IP 地址配置方法和资源共享方法；项目四"搭建小型局域网"，介绍二层交换机的使用与基本配置，家庭无线网络的搭建方法；项目五"搭建中型局域网"，介绍三层交换机的使用与基本配置，提高网络带宽与避免环路的配置方法；项目六"搭建园区网"，介绍路由器的使用与基本配置，全面地讲解了路由协议、网络安全与 NAT 配置；项目七"网络应用"，介绍 IE 浏览器的使用与网页信息处理方法、搜索引擎与下载工具的应用、邮箱的应用、博客的申请与管理，以及网上银行、网上营业厅、网上预定、网上购物的应用，最后介绍了病毒的防范与杀毒软件的应用。

本书特色包括以下几方面。

1. 满足教学需求

　　采用任务驱动教学模式，每个任务使用【我明了】→【我掌握】→【我准备】→【我动手】→【我收获】→【我留言】→【我练习】的结构。每一页都预留有地方，可以让教师备课、学生做笔记，融教案、学案于一体，最大限度满足教学需求。

【我明了】：介绍本任务的基本情况，让学生在开始学习时对学习内容有个初步印象。

【我掌握】：列出学生在学完本任务后将要掌握的知识点和实际应用技能。

【我准备】：列出学习本任务要用到的主要知识点和部分必须掌握的基本操作。

【我动手】：列出本任务的详细操作过程。这是任务的核心，学生可严格按步骤操作，自己动手完成任务，对一些没有列举到的知识点，通过教师的讲解，学生可以在相应地方做好笔记。

【我收获】：引用不同的 QQ 表情，让学生自己对本任务的学习情况作出评价。

【我留言】：提供一个让学生总结的空间，既可以是技能上的收获，也可以是对老师的建议。

【我练习】：通过安排简单练习，让学生巩固与拓展相关技能。

2．增强学生学习兴趣

本书是为培养初、中级网络技术专业所需人才而量身定做的实用整合教材，每个任务都具有代表性，每个任务中的案例都是网络人才在企业或日常生活中对专业技能的应用。

本书以学生自"我"为线索，严格控制各任务的难易程度，重实际操作，每一步都尽量翔实，学生可以按步骤自主完成每个任务，从而增强学习兴趣，让学生在不知不觉中掌握相关技能。

本书以锐捷网络设备为依托，介绍网络管理有关的技术及其实现过程，对其他网络设备也有一定的指导意义。学生在训练中也可以借助思科模拟器（Cisco Packet Tracer）完成本书中的网络实训。

本书的内容定位是从零起点学习网络管理技能，是计算机专业网络方向的教材，中职学校计算机技能大赛园区网项目训练教材，以及社会人员网络技术自学、培训教材。

本书是在"国家中等职业教育改革发展示范学校"创建的背景下，根据创新教学模式的要求，由长期从事网络搭建及应用教学的卢元斌、鲁何老师根据多年教学经验，整理教案、参考大量专业教材的基础上编写的，然后由从事网络搭建及应用教学的其他教师一起讨论定稿。卢元斌老师主要负责项目一到项目六的编写，鲁何老师主要负责项目七的编写。尽管我们在编写过程中竭尽全力，但因时间、能力的限制，书中还存在许多问题，恳请读者批评指正，我们会在通过几轮的教学实践后，做进一步的修正。

感谢张玉琴等老师为本书的编写提供大力支持和细心指导。

编　者

2013 年 5 月

目 录

项目一

Windows Server
2003 R2 **的安装**

项目内容

本项目主要内容有：
Windows Server 2003 功
能、版本与特性；VMware
Workstation 的作用、安装
与新建虚拟机；Windows
Server 2003 R2 的安装。

项目目标

初步认识 Windows Server 2003、
VMware Workstation 的功能与工作环
境，掌握在 VMware Workstation 中安装
Windows Server 2003 R2 的基本方法。

任务 1 Windows Server 2003 概述

 我明了

通过本任务的学习，了解网络操作系统的作用，熟悉 Windows Server 2003 各版本的功能及应用范围，熟悉其 R2 版本的新特性。

 我掌握

本任务要求掌握网络操作系统的功能，学会根据用户的不同需求来正确选择 Windows Server 2003 的版本。

 我准备

与 XP 有何区别？

Windows Server 2003 是一个多任务操作系统，可以根据网络需要以集中方式或分布方式处理各种服务器角色，包括文件和打印服务器、Web 服务器和 Web 应用程序服务器、邮件服务器、终端服务器、远程访问/虚拟专用服务器、FTP 服务器、域名系统(DNS)、动态主机配置协议(DHCP)服务器和 Windows Internet 命名服务(WINS)，以及流媒体服务器等。

1. Windows Server 2003 的版本

Windows Server 2003 有 4 个不同的版本，分别介绍如下。

(1) Windows Server 2003 Web 版。

标准的英文名称为 Windows Server 2003 Web Edition，是 Windows 系列中的新产品，主要用于构建和存放 Web 应用程序、网页和 XMLWeb Services。它主要使用 IIS6.0 Web 服务器并提供快速开发和部署使用 ASP.NET 技术的 XML Web Services 及应用程序。支持双处理器，最低支持 256 MB 的内存，它最高支持 2 GB 的内存。

(2) Windows Server 2003 标准版。

标准的英文名称为 Windows Server 2003 Standard Edition，是一个可靠的网络操作系统，可迅速、方便地提供企业解决方案。销售目标是中小型企业，支持文件和打印机共享，提供安全的 Internet 连接，允许集中的应用程序部署。支持 4 个处理器；最低支持 256 MB，最高支持 4 GB 的内存。需要注意的是，该版本不支持服务器集群。

(3) Windows Server 2003 企业版。

标准的英文名称为 Windows Server 2003 Enterprise Edition，它是为满足各种规模企业的一般用途而设计的，是一种全功能的服务器操作系统，具有可靠性、高性能和出色的商业价值，是构建各种应用程序、Web 服务和基础结构的理想平台。

Windows Server 2003 企业版与 Windows Server 2003 标准版的主要区别在于：Windows Server 2003 企业版支持高性能服务器，并且可以群集服务器，以便处理更大的负荷。通过这些功能实现了可靠性，有助于确保系统即使在出现问题时仍可用。在一个系统或分区中最多支持 8 个处理器，8 节点群集，最高支持 32 GB 的内存。

(4) Windows Server 2003 数据中心版。

标准的英文名称为 Windows Server 2003 Datacenter Edition，是为运行企业和任务所倚重的应用程序而设计的，这些应用程序需要最高的可伸缩性、可用性和可靠性，是微软公司迄今为止开发的功能最强大的服务器操作系统。该版本分为 32 位版本和 64 位版本：32 位版本支持 32 个处理器，支持 8 节点集群；最低要求 128 MB 内存，最高支持 512 GB 的内存；64 位版本支持 Itanium 和 Itanium2 两种处理器，支持 64 个处理器，支持 8 节点集群；最低支持 1 GB 的内存，最高支持 512 GB 的内存。

2. Windows Server 2003 R2 的特点

Windows Server 2003 R2 是微软公司推出的一个操作系统改进产品，主要是在 Windows Server 2003 SP1 的基础上改进而来的。Windows Server 2003 R2 提供了更有效的方法来帮助用户管理和控制本地或远程计算机资源的访问，增强了作为网站服务器平台的能力，可扩展性和安全性都有了增强。其主要有以下几个特点。

(1) 简化了企业对分支机构服务器的管理，从而实现了更加集中化的管理，简化了本地管理和本地备份，具备更快的广域网间数据复制速度。

(2) 提升了身份和访问管理能力，扩展了活动目录覆盖外部机构和异种操作系统环境的能力，允许企业对身份进行跨组织、跨网路、跨 Unix 的统一管理。用户可以在不同的合作组织和异种系统应用程序中使用一次性的统一身份认证，这种联邦认证方式，简化了手续，提高了效率。用户在合作组织的系统中使用的日志可以被轻易地记录到对方的日志系统中，保证了合作组织系统的安全性，账户在异种系统之间的密码可自动同步也做到了，使用的是 NIS 服务。

(3) 减少了存储管理的成本，提供了更好的存储系统安装方法，提升对存储系统的管理功能的同时降低了成本。通过存储报告提供了可用存储的信息，根据文件目录进行存储配额监视和控制的能力也得到了提升，在服务器上实现了更好的文件显示/隐藏的能力，更加简化了 SAM 配置方法。

(4) 更加丰富了作为网站应用平台的服务能力，配合平台上固有的"共享点"服务、Net 2.0 框架、IIS 6.0。用户就可以将自己的业务进行网络扩张了，自带的支持 64 位计算的技术可以让用户在一个较低的成本下得到更快的系统性应用性能。

(5) 用户只要有一份硬件许可，就可以同时合法地运行 4 个 Windows

Server 2003 R2 enterprise edition 的实例。

 我动手

总结巩固与提高。

请同学在线进一步学习 Windows Server 2003 的相关知识，并自己设计一个表格进行其 4 个版本的功能比较。

 我收获

课堂表现 👍□ ✊□ 🤝□ ✌□ 👎□ ☝□

知识掌握 😀□ 😏□ 😐□ 😔□ 😣□ 🙄□

 我留言

 我练习

1. Windows Server 2003 的_____标准_____版本适用于中、小型企业，主要用作服务器，提供各种常见的网络功能，如文件服务、打印服务、通信服务、Web 服务等。

2. Windows Server 2003 支持的文件系统格式有：FAT、FAT32 和_____。

3. 在 Windows Server 2003 中，_____文件系统格式支持文件加密。

4. Windows Server 2003 R2 有哪些新特性？

任务 2 VMware Workstation 的安装

 我明了

在本任务中，要自己安装 VMware Workstation，以便熟悉其基本安装过程、创建虚拟机的基本方法。

 我掌握

本任务要求掌握 VMware Workstation 的安装方法、创建虚拟机的方法以及在安装过程中的注意事项。

我准备

1. VMware Workstation 概述

　　VMware Workstation 是一款功能强大的桌面虚拟计算机软件，提供用户在单一的桌面上同时运行不同操作系统的功能，可用于开发、测试、部署新的应用程序等。它具有更好的灵活性与先进性，是企业 IT 开发人员和系统管理员在虚拟网路进行实时快照、拖曳共享文件夹、支持 PXE 等应用上的必不可少的工具。

　　VMware Workstation 允许操作系统(OS)和应用程序(Application)在一台虚拟机内部运行。在 VMware Workstation 状态下，可以在一个窗口中加载一台虚拟机，它可以运行自己的操作系统和应用程序；也可以在运行于桌面上的多台虚拟机之间切换，通过一个网络共享虚拟机(好比一个公司局域网)，挂起和恢复虚拟机以及退出虚拟机等，这些操作不会影响主机操作和任何操作系统或者它正在运行的应用程序。

> VMware Workstation 的版本丰富, 请自行借助网络进一步学习。

2. 所需设备

　　计算机一台，VMware Workstation 8.0 软件。

 我动手

1. VMware Workstation 8.0 的安装

　　步骤 1　下载后打开压缩包，压缩包有这三个文件，第一个是 VMware Workstation 8.0 原版安装文件，第二个是汉化的文件。先双击运行原版安装文件，如图 1-2-1 所示。

> 请自行学会 VMware Server 1.0.8 的安装与应用。

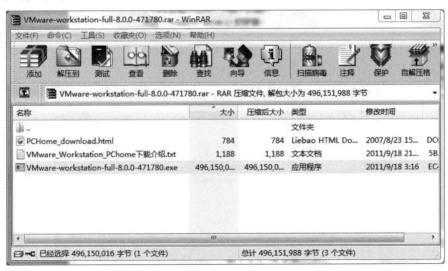

图 1-2-1　VMware Workstation 8.0 安装文件

　　步骤 2　双击上一步中提到的安装文件，会出现如图 1-2-2 所示的加载

图 1-2-2 安装文件加载界面

界面，静等即可。

步骤 3 单击 "Next" 按钮，如图 1-2-3 所示。

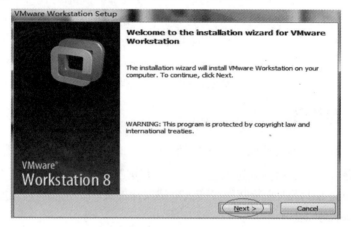

图 1-2-3 单击 "Next" 按钮时的界面

Custom 自定义安装在自己练习的时候进行操作体会。

步骤 4 有 Typical 典型安装和 Custom 自定义安装两种方式，这个地方选 Typical 典型安装，比较简便一些，如图 1-2-4 所示。

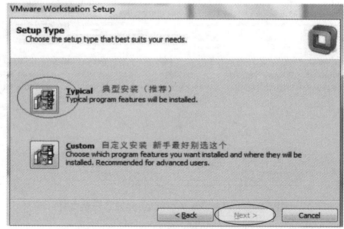

图 1-2-4 安装类型选择

步骤 5　选择 VMware Workstation 的安装目录。单击"Change"按钮，选择要安装的目录就行了，然后单击"Next"按钮，如图 1-2-5 所示。

图 1-2-5　安装位置选择

步骤 6　开始安装了，等待几分钟，如图 1-2-6 所示。

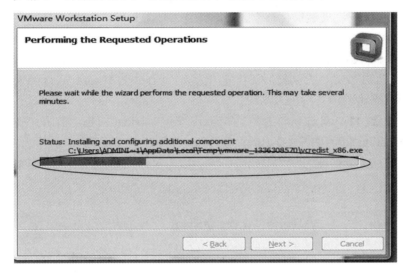

图 1-2-6　安装进度

步骤 7　安装完成后会弹出如图 1-2-7 所示的界面，提示输入序列号，这里输入上文中提到的安装序列号就行了，然后单击"Enter"按钮。

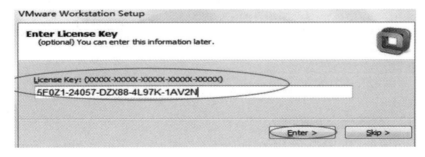

图 1-2-7　输入序列号

步骤 8　安装完成后单击"Finish"按钮，计算机桌面就会出现 VMware Workstation 的图标，如图 1-2-8 所示。但是这个时候不要打开它，还要先安装汉化补丁。

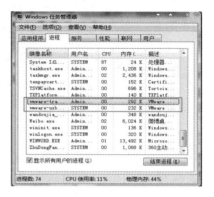

图 1-2-8　VMware Workstation 图标　　　　图 1-2-9　任务管理器

重在学习其英文版的 VMware。

步骤 9　在安装汉化补丁之前，打开"任务管理器"，将 VMware 的所有进程都关掉，具体看进程列表，将其全部都结束进程，如图 1-2-9 所示。

步骤 10　打开下载的 VMware 压缩包内的汉化补丁(第二个)，按操作步骤一步步安装，直到最后汉化完毕为止。至此，VMware Workstation 8.0 就安装成功了。

步骤 11　双击桌面上的 VMware Workstation 图标，打开 VMware Workstation 8.0，如图 1-2-10 所示。

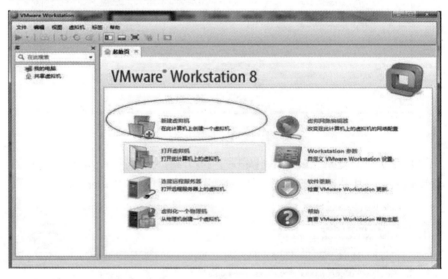

图 1-2-10　运行的 VMware Workstation 8.0 界面

2. 新建一个虚拟机

步骤 1　在 VMware Workstation 8.0 界面上，单击第一个图标"Create a New Virtual Machine"或"新建虚拟机"，出现如图 1-2-11 所示的界面。

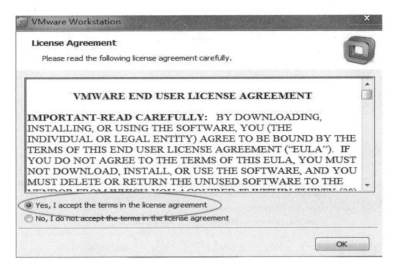

图 1-2-11　接受协议

步骤 2　在图 1-2-11 中选择"yes，I accept the terms in the license agreement"(是的，我接受协议)，单击"OK"按钮，出现如图 1-2-12 所示的界面。

图 1-2-12　类型选择

步骤 3　在图 1-2-12 中选择"Typical"(典型安装)，单击"Next"按钮(也可选择"custom"即自定义安装)。在出现的窗口中选择"installer disc image file(ISO)"(使用镜像文件安装)，单击"Browse"按钮。在出现的对话框中找到存放的 ISO 系统文件，双击打开后出现如图 1-2-13 所示的界面。然后再单击"Next"按钮。

"custom"类型在自己练习时进行选择操作体会。

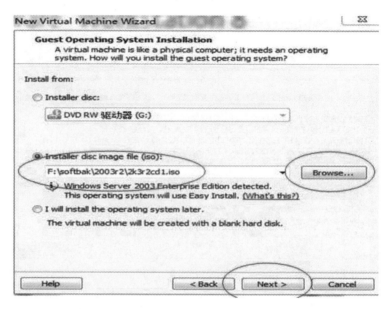

图 1-2-13　选择系统安装文件

步骤 4　在图 1-2-14 中输入所安装系统的序列号，然后单击"Next"按钮。这里输入的是 Windows Server 2003 的序列号，这样在后续系统安装过程中不需要再输入序列号了。

disk size 的大小计算：
按 1 GB = 1024 MB 进行换算。

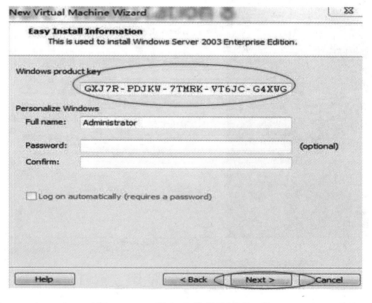

图 1-2-14　输入安装系统的序列号

步骤 5　在图 1-2-15 中"virtual machine name"项输入虚拟机名称：VM20033；在"Location"项上单击"Browse"按钮，选择安装虚拟机系统文件存放的位置，如图中的"D:\vm2003\200303"，确认无误后单击"Next"按钮。

图 1-2-15　虚拟机名称等设置

步骤 6　在图 1-2-16 中"Maximum disk size(GB)"项设置虚拟硬盘容量大小，在此选择的是"10.0"，确认后单击"Next"按钮，最后单击"Finish"按钮完成虚拟机的新建。

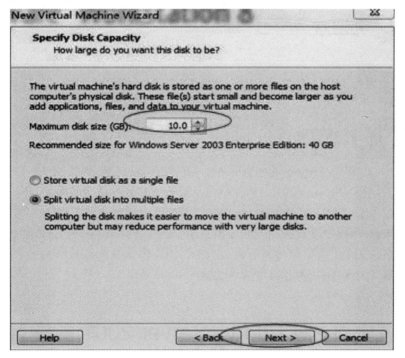

图 1-2-16　虚拟系统磁盘容量设置

步骤 7　如果要对虚拟机的相关参数进行设置或修改可选择"VM"菜单的"settings"选项，在打开如图 1-2-17 所示界面中选中要修改的虚拟硬件项进行操作，结束后单击"OK"按钮即可。

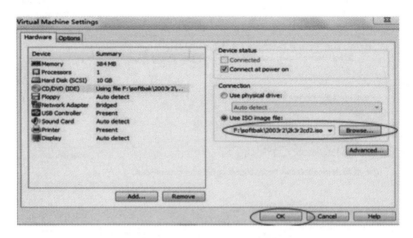

图 1-2-17　虚拟硬件设置界面

 我收获

课堂表现 □ □ □ □ □ □

知识掌握 □ □ □ □ □ □

 我留言

 我练习

1. 安装 VMware Workstation 8.0，原始安装文件存放在 E：\SOFTBAK\VM\ vm8.0\中，请先解压后进行安装到默认目录中。

2. 启动 VMware Workstation 8.0，新建两台虚拟机即 VM01、VM02，并要求在 D 盘中设置好相应的虚拟系统安装文件存放的位置，文件夹名称自己取，VM01 虚拟硬盘容量为 10 GB，内存容量为 1 GB；VM02 的虚拟硬盘容量为 8 GB，内存容量为 512 MB。

任务 3　Windows Server 2003 的安装

 我明了

通过本任务的学习，了解操作系统的安装方法，熟悉 Windows Server

2003 R2 的安装方法。

 我掌握

本次任务要求掌握网络操作系统的安装方法，学会在 VMware Workstation 中安装 Windows Server 2003 R2 及其配置方法。

 我准备

1. 安装 Windows Server 2003 R2 的相关准备

(1) 准备好 Windows Server 2003 R2 简体中文标准版 ISO 镜像文件。

(2) 用纸张记录安装文件的产品密匙(安装序列号)。

(3) 规划好各分区：确定系统要求的是一个分区还是多个分区，以及每个分区的容量；确定各分区的系统格式。

(4) 设置好其他虚拟硬件：如虚拟网卡、虚拟光驱、虚拟内存等。

(5) 网络的连接方式设置：确定是桥接方式还是 NAT 方式等。

(6) 安装文件的存放位置设置：确定是选择默认位置还是自己定义位置，为了便于管理，在此将虚拟系统安装文件存放到 D 盘的相应文件夹中，如 D:\WIN200301。

> 注意与物理机安装系统的区别。

2. 虚拟软件的准备

(1) 安装好 VMware Workstation 软件：其步骤参考任务 2。

(2) 在 VMware Workstation 中新建虚拟主机 VM01：其文件存放位置为 D:\WIN200301，其步骤参考任务 2。

 我动手

步骤 1　请在新建的 VM01 中选择从 ISO 镜像文件启动，如无意外即可见到如图 1-3-1 所示的安装界面。

图 1-3-1　安装文件运行界面

步骤 2　从光盘读取启动信息，出现如图 1-3-2 所示的界面。

图 1-3-2 安装方式选择界面

步骤 3 全中文提示"要现在安装 Windows，请按 Enter 键"，按回车键后，出现如图 1-3-3 所示的界面。

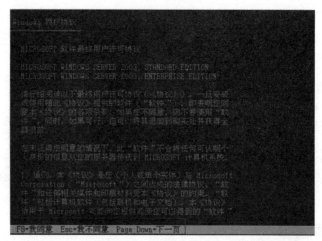

图 1-3-3 安装协议界面

步骤 4 按 F8 键后如图 1-3-4 所示的界面。

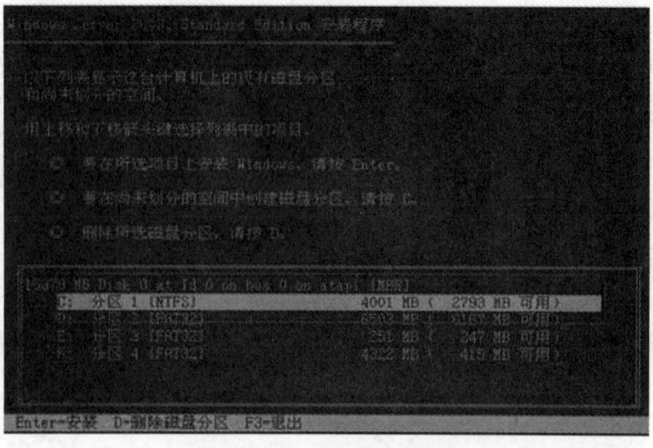

图 1-3-4 安装分区选择

步骤5　在图 1-3-4 中用"向下或向上"方向键选择安装系统所用的分区，这里准备在 C 盘安装，并准备在下面的过程中格式化 C 盘。选择好分区后按"Enter"键，安装程序将检查 C 盘的空间和 C 盘现有的操作系统。完成后出现如图 1-3-5 所示的界面。

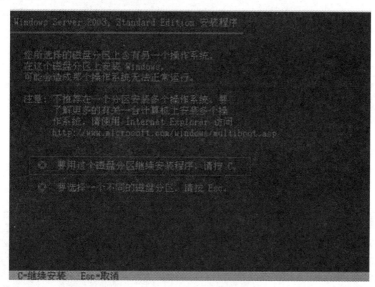

图 1-3-5　安装分区确认界面

出现图 1-3-5 所示的界面，则表示安装程序检测到 C 盘已经有操作系统存在，提出警告信息。如果你选择安装系统的分区是空的，则不会出现图 1-3-5 所示的界面，而直接出现图 1-3-7 所示的界面。

步骤6　在这里坚持用 C 盘安装系统，根据提示，按下键盘上的"C"键后出现如图 1-3-6 所示的界面。

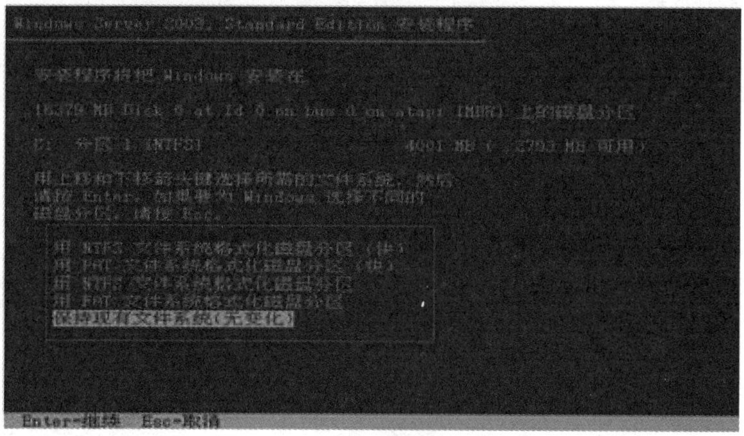

图 1-3-6　选择文件系统格式

图 1-3-6 中最下方提供了 5 个对所选分区进行操作的选项，其中"保存现有文件系统(无变化)"的选项不含格式化分区操作，其他选项都会有对分区进行格式化的操作。

步骤7　在图 1-3-6 中，用"上移"箭头键选择"用 NTFS 文件系统格式化磁盘分区"，如图 1-3-7 所示。

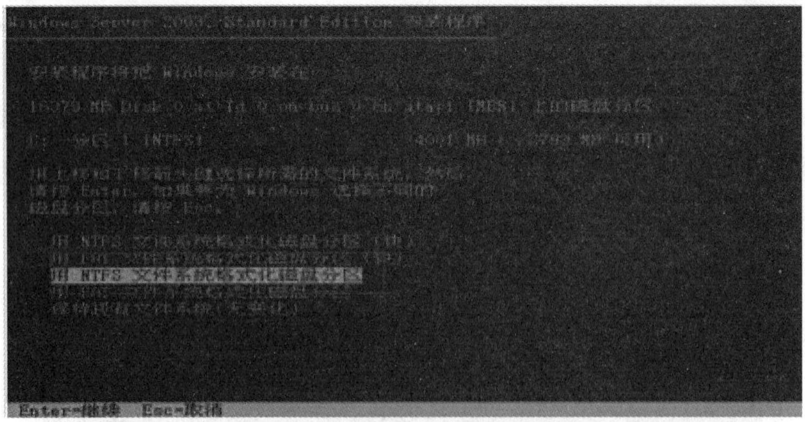

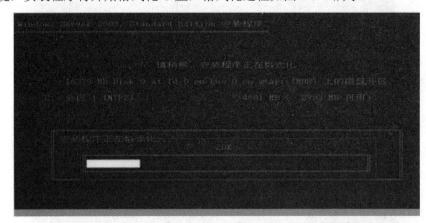

图 1-3-7　选择 NTFS 文件系统格式

图 1-3-8 所示的正在格式化 C 盘;只有用光盘启动安装程序,才能在安装过程中提供格式化分区选项; 如果用 MS-DOS 启动盘启动进入 DOS 下,运行 i386\winnt.exe 进行安装,则安装 Windows Server 2003 过程没有格式化分区选项。

步骤 8　回车后出现格式化 C 盘的警告, 确定要格式化 C 盘后, 按 F 键,安装程序将开始格式化 C 盘,格式化过程如图 1-3-8 所示。

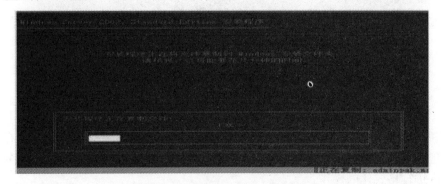

图 1-3-8　格式化进度显示

步骤 9　格式化完 C 盘后,创建要复制的文件列表,接着开始复制系统文件,如图 1-3-9 所示。

图 1-3-9　安装文件复制进程显示

文件复制完后,安装程序开始初始化 Windows 配置,如图 1-3-10 所示。

图 1-3-10 安装文件初始化配置界面

步骤 10 初始化 Windows 配置完成后，出现如图 1-3-11 所示的界面，系统将在 15 秒后重新启动。

图 1-3-11 系统重启界面

步骤 11 启动后，出现如图 1-3-12 所示的界面。

这部分安装程序已经完成，图 1-3-11 中系统将会自动在 15 秒后重新启动，将控制权从安装程序转移给系统。这时要注意了，建议在系统重启时将硬盘设为第一启动盘(不改变也可以)。

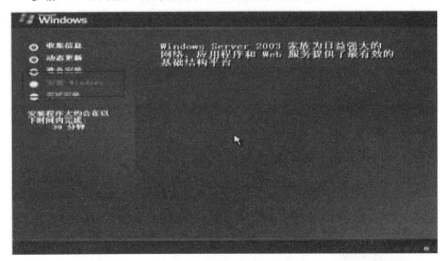

图 1-3-12 安装系统窗口

步骤 12 等待安装直到出现区域和语言设置时，请选用默认值就可以了，然后单击"下一步"按钮，出现如图 1-3-13 所示的界面。

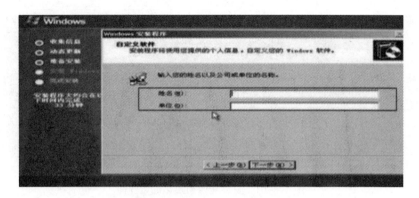

图 1-3-13　输入姓名、单位信息

步骤 13　输入想好的姓名(用户名)和单位，单击"下一步"按钮，出现如图 1-3-14 所示的界面。

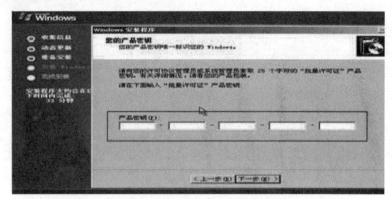

图 1-3-14　输入系统的安装序列号

如果你想将系统做成服务器，就选"每服务器。同时连接数"并更改数值(10 人内免费)；否则你可以随便选啦，反正差别不大。

步骤 14　输入安装序列号，单击"下一步"按钮，出现如图 1-3-15 所示的界面。

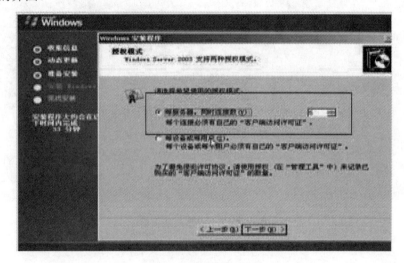

图 1-3-15　每服务器数量设置

步骤 15 在图 1-3-15 中，单击"下一步"按钮，出现如图 1-3-16 所示的界面。

安装程序会自动为你创建又长又难看的计算机名称，自己可任意更改，输入两次系统管理员密码，请记住这个密码，系统管理员在系统中具有最高权限。密码长度不少于 6 个字符。

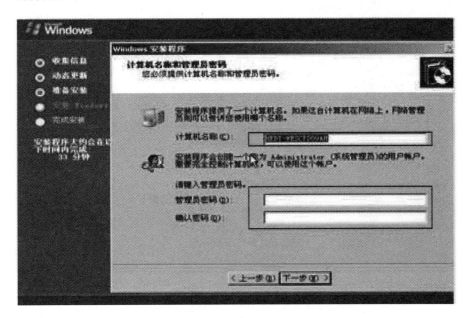

图 1-3-16　计算机名称设置

步骤 16 在图 1-3-16 中输入"计算机名称"、"管理员密码"后，单击"下一步"按钮，出现如图 1-3-17 所示的界面。

图 1-3-17　日期和时间设置

步骤 17 在图 1-3-17 中单击"下一步"按钮，出现如图 1-3-18 所示的界面。

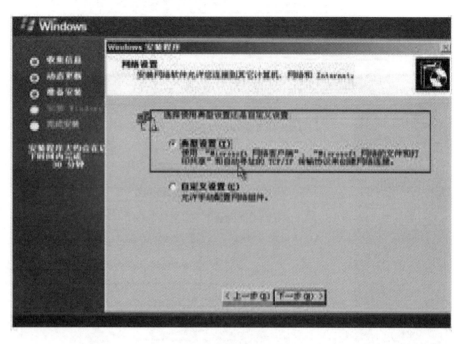

图 1-3-18　选择"典型设置"

　　步骤 18　在图 1-3-18 中，请选择网络安装所用的方式，这里选"典型设置"，然后单击"下一步"按钮，出现如图 1-3-19 所示的界面。

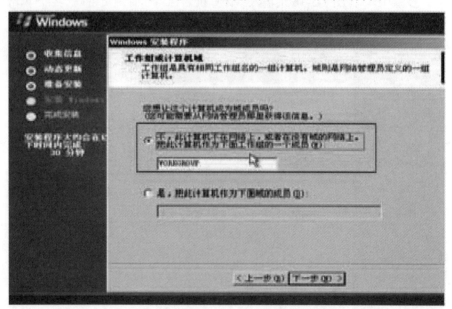

图 1-3-19　工作组设置

　　步骤 19　在图 1-3-19 中，单击"下一步"按钮继续安装，到这里后就不用你参与了，系统会自动完成全过程。安装完成后自动重新启动，出现启动画面，然后出现欢迎画面，如图 1-3-20 所示。

图 1-3-20　启动后的欢迎界面

图 1-3-20 中，需要按组合键【Ctrl+Alt+Delete】才能继续启动，在 Windows XP 中此功能默认是关闭的。但在 VMware Workstation 中需按组合键【Ctrl+Alt+Insert】。

步骤 20　按组合键【Ctrl+Alt+Delete】后继续启动，出现登录画面，如图 1-3-21 所示。输入密码后回车，继续启动进入桌面。

图 1-3-21　输入登录的用户名、密码

第一次启动后自动运行"管理您的服务器"向导，如果你不想每次启动都出现这个窗口，可在该窗口左下角的"在登录时不要显示此项"前面打勾，然后关闭窗口。关闭该窗口后即见到 Windows Server 2003 的桌面。

步骤 21　添加桌面选项：在桌面上右击"属性"，单击"桌面"选项卡里面的"自定义桌面"，在图 1-3-22 所示的桌面选项中选定所需桌面后单击"确定"按钮。

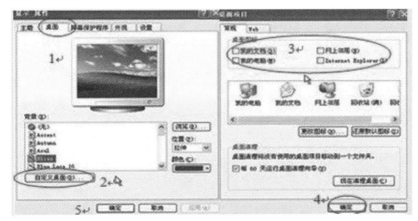

图 1-3-22　自定义桌面图标

步骤 22　在 VMware Workstation 的设置菜单中修改虚拟光驱文件位置到 Windows Server 2003 R2 的第二张光盘(第二个 ISO 镜像文件)，然后打开

"我的电脑",双击光驱运行第二个 ISO 安装文件,根据提示安装完成系统文件。

 我收获

课堂表现 👍□ ✊□ 👌□ ✌□ 👎□ 👆□

知识掌握 😊□ 😑□ 😌□ 😟□ 😣□ 🙄□

 我留言

 我练习

1. 新建一个 VM02 的虚拟主机,其要求如下:

(1) 内存为 512 MB,硬盘为 8 GB;

(2) 移除软驱,将光驱的启动文件定位到 ISO 安装的镜像文件;

(3) 网络连接方式选择"桥接"。

2. 安装完成 VM02 主机的 Windows Server 2003 R2 系统。

3. 完成 VM02 主机的 Windows Server 2003 R2 系统 IP 配置,并能 ping 通物理机。

项目二

网络服务器搭建

项目内容

本项目的主要内容有：DNS 服务器的安装与配置、Web 服务器的安装与配置、FTP 服务器的安装与配置、CA 证书服务器的安装与配置、DHCP 服务器的安装与配置、邮件服务器的安装与配置。

项目目标

通过对 DNS、Web、FTP、CA、DHCP、邮件服务器的安装，学会并掌握 Web 服务器、FTP 服务器的架设，能够进行网站的发布与调试；理解 DNS 域名解析服务，并能进行常见的 DNS 记录解析；学会 CA 证书服务器的配置与管理；学会邮件服务器的配置与应用；学会 DHCP 服务器的架设与应用。

任务 1 DNS 服务器的安装与配置

 我明了

在本任务中，了解 DNS 的工作原理，熟悉 DNS 的安装步骤；熟悉 DNS 的正向与反向配置过程。

 我掌握

本任务要求认识 DNS 的作用，掌握 DNS 的安装与正向、反向配置技巧。

 我准备

1. 安装 DNS 的准备

(1) DNS 是 Domain Name System(域名系统)的缩写。

(2) DNS 的主要作用就是将域名解析为 IP 地址。为了便于网络地址的管理和分配，人们采用了域名系统，引入域名的概念。通过为每台主机建立 IP 地址与域名之间的映射关系，用户可以避开难记的 IP 地址，而使用域名来唯一标志网络中的计算机。

(3) DNS 使用的 TCP 和 UDP 端口号都是 53，主要使用 UDP，服务器之间备份使用 TCP。域名系统采用类似目录树的等级结构。域名服务器为客户机/服务器模式中的服务器方，它主要有两种形式：主服务器和转发服务器。

(4) DNS 域名结构。

完整域名：主机名+域名+"."。如 www.zgzjzx.com.中，"www"是这台 Web 服务器的主机名，"zgzjzx.com."是这台 Web 服务器所在的域名。

注：每个域名都是唯一的；一个 IP 地址可以对应多个域名；域名分类：顶级域名、二级域名、三级域名。

(5) DNS 服务器的类型。

DNS 服务器主要有：主 DNS 服务器、辅助 DNS 服务器、转发 DNS 服务器等类型。

①主 DNS 服务器。它是特定 DNS 域所有信息的权威性信息源，从域管理员构造本地数据库文件中加载域信息，主 DNS 服务器保存着自主生成的区域文件夹，该文件是可读可写的，当 DNS 域中的信息发生变化时，这些精华都会保存到主 DNS 服务器的区域文件中。

②辅助 DNS 服务器。它可以从主 DNS 服务器中复制一整套域信息。

区域文件是从主 DNS 服务器中复制生成的，并作为本地文件存储在辅助 DNS 服务器中。这种复制称为区域传输。这个副本是只读的，无法对其进行更改。要更改就必须在主 DNS 服务器上进行。在实际应用中，辅助 DNS 服务器的任务主要是均衡负荷和容错。当主 DNS 服务器出现故障时，辅助的 DNS 可以转换为主 DNS 服务器。

③转发 DNS 服务器。转发 DNS 服务器可以将其他 DNS 转发解析请求，当 DNS 服务器收到客户端的解析请求后，它首先会尝试从其本地数据库中查找，若没有找到，则需要向其他指定的 DNS 服务器转发解析请求；其他 DNS 服务器完成解析后会返回解析结果，转发 DNS 服务器将解析结果缓存在自己的 DNS 缓存中，并向客户端返回解析结果。在缓存期内，如果客户端请求解析相同的名称，则转发 DNS 服务器会立即回应客户端；否则将会再次发生转发解析的过程。目前网络中所有的 DNS 服务器均被配置为转发 DNS 服务器，向指定的其他 DNS 服务器或根域服务器转发自己无法解析的请求。

2. 所需设备

计算机一台、Windows Server 2003 镜像文件(ISO)、VMware Workstation 软件。

3. 实验拓扑

我校教学资源与管理台服务器为师生教学、实训提供资源，但师生只能通过 IP 地址进行访问，无法通过域名来访问，管理员认为这可以通过在内部网络中配置 DNS 服务器来实现。考虑其可靠性、安全性等因素，经讨论后，其拓扑图如图 2-1-1 所示。

配置的 DNS 服务器域名为 cz.net，IP 地址为 192.168.0.10。

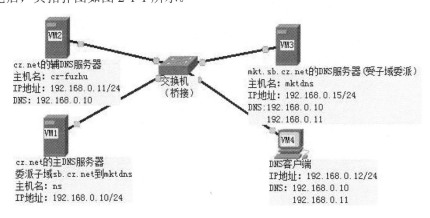

图 2-1-1 DNS 配置拓扑图

 我动手

也可通过"应用程序服务器"进行安装。

1. 主 DNS 的安装与配置(在 VM01 上进行)

1) 安装 DNS 服务器

步骤 1 启动"添加 / 删除程序"，之后出现"添加 / 删除程序"对话框。

步骤 2　单击"添加 / 删除 Windows 组件"，出现"Windows 组件向导"对话框，从列表中选择"网络服务"。

步骤 3　单击"详细信息"选项，从列表中选取"域名系统(DNS)"，单击"确定"按钮，如图 2-1-2 所示。

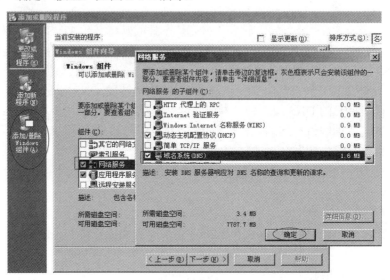

图 2-1-2　安装 DNS

步骤 4　单击"下一步"按钮，输入到 Windows Server 2003 的安装源文件的路径，单击"确定"按钮，开始安装 DNS 服务，如图 2-1-3 所示。

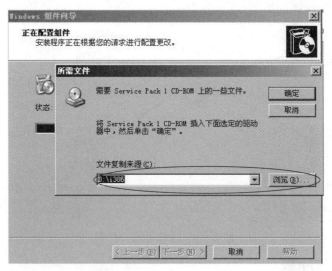

图 2-1-3　安装文件路径选择

步骤 5　单击"完成"按钮，回到"添加 / 删除程序"对话框后，单击"关闭"按钮。

步骤 6　关闭"添加 / 删除程序"窗口。

2) DNS 服务程序的配置

(1) 创建 cz.net 区域(正向查找区域)。

步骤 1 选择"开始"→"程序"→"管理工具"→"DNS",如图 2-1-4 所示。

安装完毕, 在管理工具中多了一个 DNS 控制台(安装结束后不用重新启动计算机)。

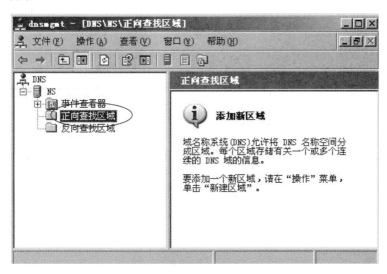

图 2-1-4 DNS 管理控制台

步骤 2 添加"正向查找区域"。右击【正向查找区域】,选择"新建区域"→"新建区域向导",如图 2-1-5 所示。

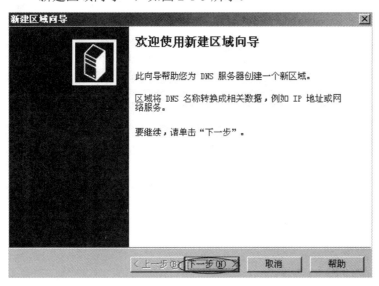

图 2-1-5 新建区域向导

步骤 3 单击"下一步"按钮,本域名作为主域名服务器,选择"主要区域",如果作为辅助域名服务,则选择"辅助区域",如图 2-1-6 所示。

步骤 4 单击"下一步"按钮,输入区域名称"cz.net",如图 2-1-7 所示。

步骤 5 单击"下一步"按钮，创建新文件，文件名采用默认名，为"cz.net.dns"。

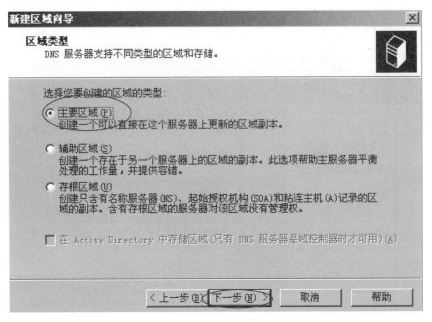

图 2-1-6 创建主要区域

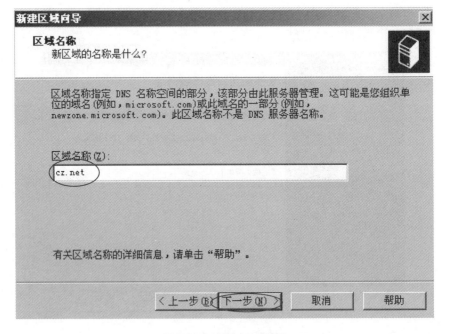

图 2-1-7 输入区域名称

步骤 6 单击"下一步"按钮，在动态更新对话框中选择"不允许动态更新"，单击"下一步"按钮，如图 2-1-8 所示，最后单击"完成"按钮，如图 2-1-9 所示。

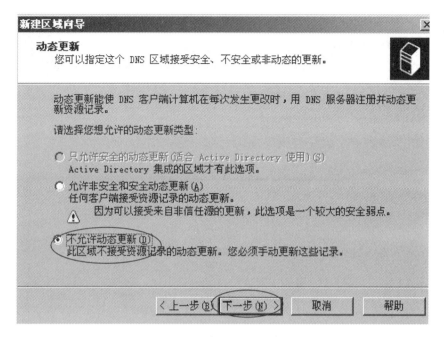

图 2-1-8 动态更新选择

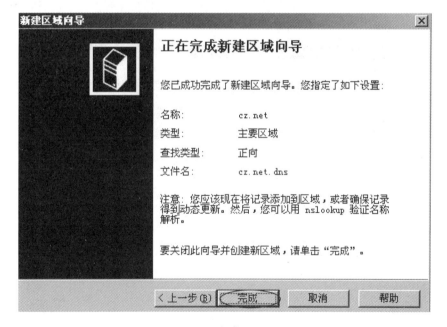

图 2-1-9 完成正向区域

(2) 创建反向查找区域。

步骤 1 右击"反向查找区域",单击"新建区域",在"新建区域向导"选择"主要区域",单击"下一步"按钮。

步骤 2 在出现的"反向查找区域名称"对话框中,填入 IP 地址,网络 IP 号 192.168.0,如图 2-1-10 所示。

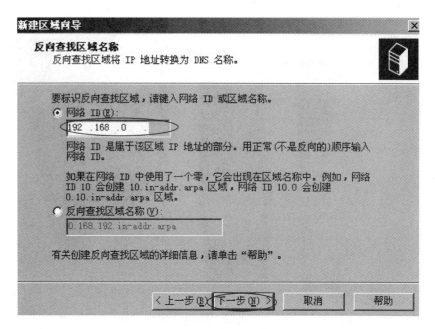

图 2-1-10 输入网络 ID

步骤 3 单击"下一步"按钮，在创建区域文件框中输入"0.168.192.in-addr.arpa.dns"，如图 2-1-11 所示。

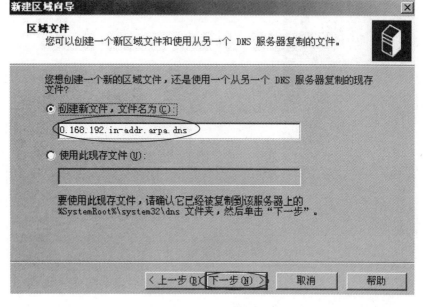

图 2-1-11 创建区域文件

步骤 4 单击"下一步"按钮，在动态更新对话框中选择"不允许动态更新"，单击"下一步"按钮，如图 2-1-12 所示，最后单击"完成"按钮，完成"反向搜索区域"的安装。这样你就拥有了两个区域，即正向搜索区域和反向搜索区域，如图 2-1-13 所示。

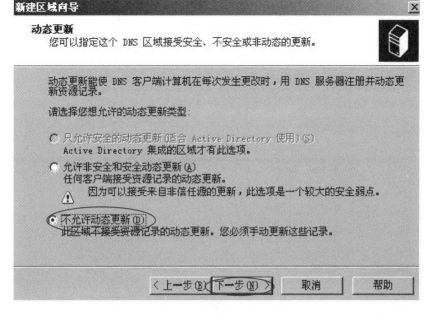

图 2-1-12　动态更新选择

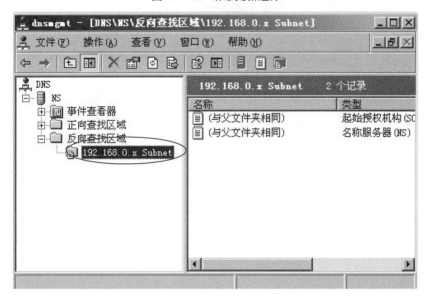

图 2-1-13　完成反向区域设置

步骤 5　域的属性设置。右击"cz.net"，单击"属性"，弹出带有五个选项卡的属性窗口，如图 2-1-14 所示。

第一个选项卡是"常规"，区域文件名"cz.net.dns"在目录 C:\WINNT\SYSTEM32 下，可以先备份下来，以便发生灾难时修复。默认情况下，"允许动态更新(w)"为"否"，如果你想让这台 DNS 服务器为 Windows Server 2003 的域提供服务的话，请将"否"改为"是"。同样，右击"192.168.0.x Subnet"，单击"属性"，修改"允许动态更新"为"是"。

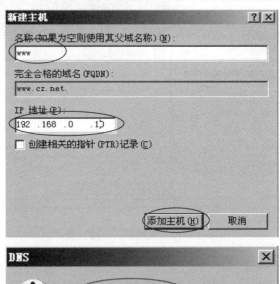

图 2-1-14 域的属性

(3) 创建记录。

步骤 1 创建主机记录即 A 记录。

A(Address)记录：将主机名与 IP 地址联系起来。

右击"cz.net"，单击"新建主机"，输入名称"WWW"，IP 地址"192.168.0.10"，即成功地创建了主机 www.cz.net，如图 2-1-15 所示。

A 记录是用来指定主机名(或域名)对应的 IP 地址记录。用户可以将该域名下的网站服务器指向自己的 Web Server 上。通俗来说，A 记录就是服务器的 IP。

图 2-1-15 创建 A 记录

步骤2 创建 MX 记录。

MX(Mail Exchanger)记录：识别指定机器和域的邮件服务器。

右击"cz.net"，单击"新建邮件交换器"，在邮件服务器域名中输入"mail.cz.net"，要输入全名，否则有可能和别的域同名。默认情况下，DNS 服务器提供的邮件服务器优先级为 10，如果这个域中只有一个邮件服务器，这值多大都没关系。如果有多个邮件服务器，优先级越小，级别越高，如图 2-1-16 所示。

MX 记录是邮件交换记录，它指向一个邮件服务器，用于电子邮件系统发邮件时根据收信人的地址后缀来定位邮件服务器。

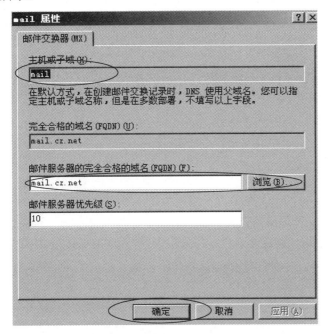

图 2-1-16　新建邮件交换记录

CNAME 别名记录，允许将多个名字映射到同一台计算机。通常用于同时提供 WWW 和 MAIL 服务的计算机。

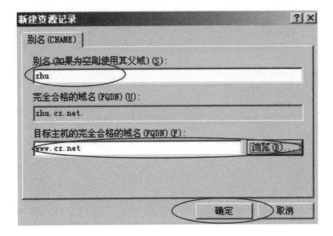

图 2-1-17　新建别名记录

步骤3 创建别名 CNAME 记录。

CNAME(Canonical Name)记录：允许为一个 IP 地址额外添加一个名字。

右击"cz.net",单击"新建别名",在别名中输入"zhu",因为是同一个域,不能填全名,否则须填完整的名称。在目标主机的域名中输入目标主机完全合格的域名名称"www.cz.net"。再单击"确定"按钮即可,如图 2-1-17 所示。

通过以上步骤,我们在正向搜索区域创建了三条记录,如图 2-1-18 所示。

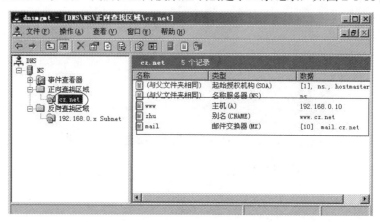

图 2-1-18 DNS 正向区域创建的记录

步骤 4 设置反向查询记录。右击"反向搜索区域"下的"192.168.0.x Subnet"单击"新建指针",主机 IP 号为"192.168.0.10",主机名为"www.cz.net",单击"确定"按钮,则建立了一个 IP 地址到域名的 PTR 记录,如图 2-1-19 所示。

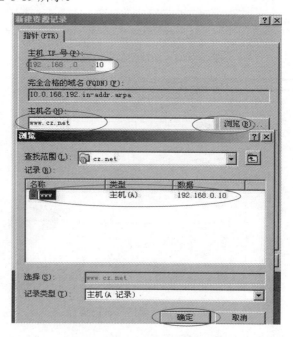

图 2-1-19 设置反向查询记录

3) DNS 配置测试

步骤 1 在 VM01 上，选择"控制面板"→"管理工具"→"服务"，可停止/启动 DNS 服务。DNS 安装完成后，已自动启动，如图 2-1-20 所示。

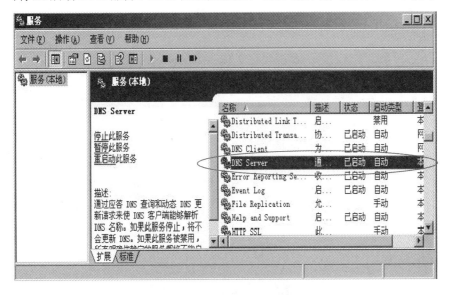

图 2-1-20 启动 DNS 服务

步骤 2 在 VM04 上：选择"开始"→"运行"，输入 CMD 命令，进入命令提示符下，输入 NSLOOKUP，我们注意到它的地址是 192.168.0.10，服务器名是 ns.cz.net。此时，已知 IP 与域名进行了绑定，如图 2-1-21 所示。

为了防止 DNS 服务器由于各种软硬件故障导致停止 DNS 服务，可在网络中配置两台或两台以上的 DNS 服务器。其中一台作为主 DNS 服务器，其他作为辅助 DNS 服务器。当主 DNS 服务器正常运行时，辅助 DNS 服务器只起备份作用。在主 DNS 服务器发生故障后，辅助 DNS 服务器立即启动承担 DNS 解析服务。另外，辅助 DNS 服务器会自动从主 DNS 服务器中获取相应的数据，因此无需在辅助 DNS 服务器中添加各个主机记录。

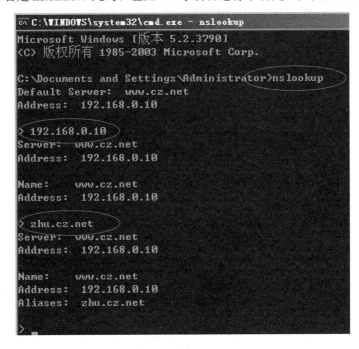

图 2-1-21 用 NSLOOKUP 测试 DNS

2. 辅助 DNS 的配置

1) 辅助 DNS 配置(在 VM02 上进行)

步骤 1 在 VM02 中安装 DNS 服务器组件，然后打开 DNS 控制台窗口。在左窗口中展开 DNS 服务器目录，然后右击"正向查找区域"目录，单击"新建区域(Z)"，如图 2-1-22 所示。

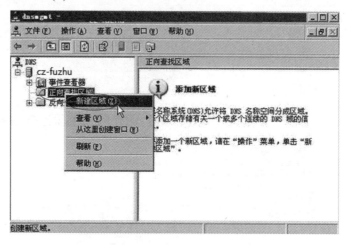

图 2-1-22 DNS 控制台窗口

步骤 2 打开"新建区域向导"对话框，在欢迎对话框中单击"下一步"按钮。在打开的"区域类型"对话框中选中"辅助区域"单选项，并单击"下一步"按钮，如图 2-1-23 所示。

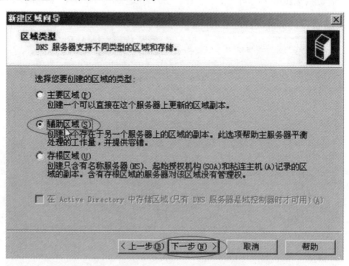

图 2-1-23 区域类型选择

步骤 3 在打开的"区域名称"对话框中输入区域名称，需要注意的是，这里输入的区域名称必须与主要区域的名称完全相同，即用户在"区域名称"文本框中输入"cz.net"(与主 DNS 区域相同)，并单击"下一步"按钮，如图 2-1-24 所示。

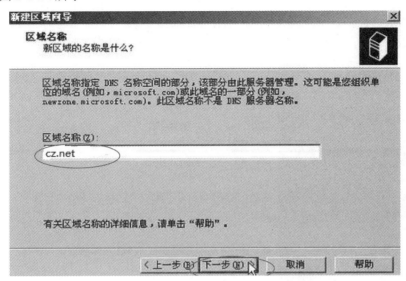

图 2-1-24　区域名称设置

带有一个红色"×"标记的，说明在主 DNS 服务器上没有进行"名称服务器"的设置。

　　步骤 4　打开"主 DNS 服务器"对话框。在"IP 地址"文本框中输入主 DNS 服务器的 IP 地址，以便从主 DNS 服务器中复制数据。完成输入后依次单击"添加"→"下一步"按钮，如图 2-1-25 所示。

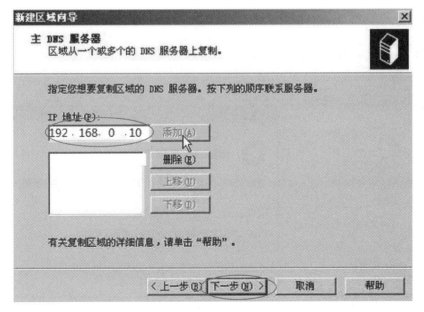

图 2-1-25　输入主 DNS 服务器的 IP 地址

　　步骤 5　最后打开"正在完成新建区域向导"对话框，列出已经设置的内容。确认无误后单击"完成"按钮，完成辅助 DNS 正向查找区域的创建，如图 2-1-26 所示。

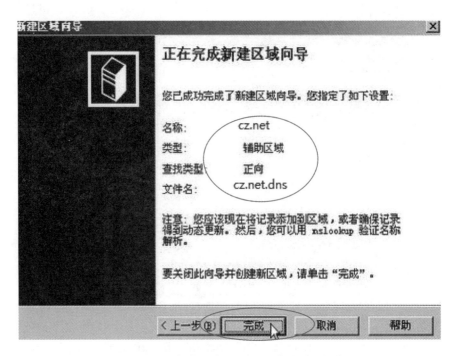

图 2-1-26 完成辅助 DNS 正向查找区域创建

步骤 6 用上述同样的方法完成辅助 DNS 反向查找区域的创建。但完成的辅助 DNS 设置都带有一个红色的"×"标记，如图 2-1-27 所示。

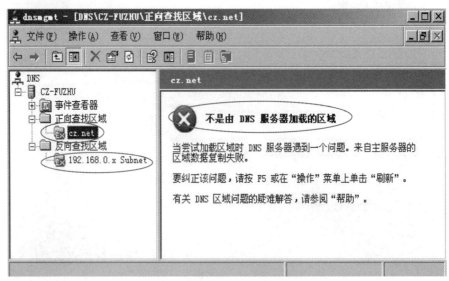

图 2-1-27 辅助 DNS 控制台窗口

2) 在主 DNS 上设置域的属性(在 VM01 上进行)

步骤 1 在正向查找区域里新建一主机记录，主机名为"fuzhu"，IP 地址为"192.168.0.11"，如图 2-1-28 所示。

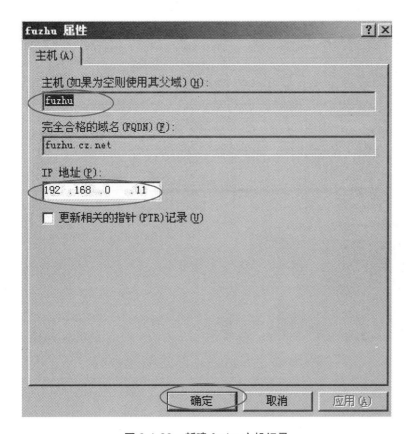

图 2-1-28　新建 fuzhu 主机记录

步骤 2　完成主机 "fuzhu" 记录后如图 2-1-29 所示。

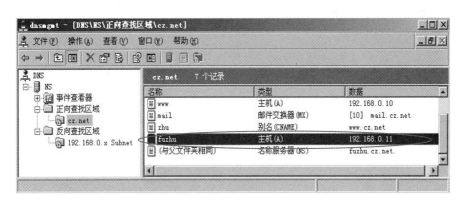

图 2-1-29　完成 fuzhu 记录的新建

步骤 3　右击 "cz.net"，单击 "属性"，弹出带有五个选项卡的属性窗口。单击 "名称服务器" 选项卡，再单击 "添加" 按钮，在弹出的 "新建资源记录" 对话框中，在服务器完全合格的域名文本框中输入 "fuzhu.cz.net"，IP 地址文本框中输入 "192.168.0.11"，单击 "添加" 按钮后，单击 "确定" 按钮，返回到 "cz.net 属性" 对话框，如图 2-1-30 所示。

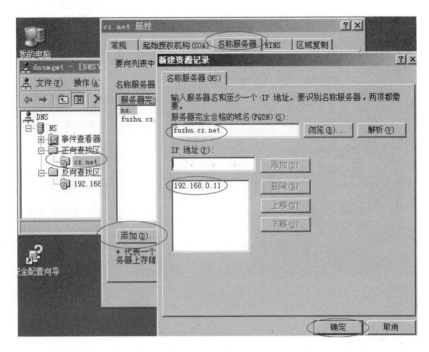

图 2-1-30　正向查找区域中的名称服务器设置

　　步骤4　在"cz.net 属性"对话框中，单击"区域复制"选项卡，勾选"允许区域复制(O)"，单击"只有在'名称服务器'选项卡中列出的服务器(S)"选项，最后单击"确定"按钮，如图 2-1-31 所示，返回到 DNS 控制台。

辅助 DNS 中记录信息
来自主 DNS 服务器。

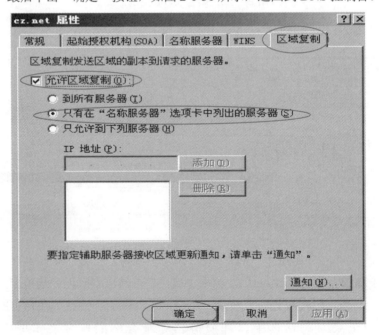

图 2-1-31　区域复制设置

　　步骤5　用上述方法设置好反向查找区域中的名称服务器设置，完成名称服务器的配置，结果如图 2-1-32 所示。

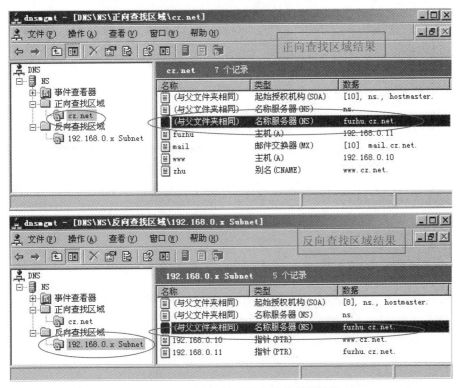

图 2-1-32　主 DNS 中设置名称服务器结果

3) 刷新辅助 DNS(在 VM02 上进行)

步骤 1　在 DNS 控制台中选定"正向查找区域"中的"cz.net"，单击"操作"菜单中的"刷新"命令，其结果如图 2-1-33 所示。

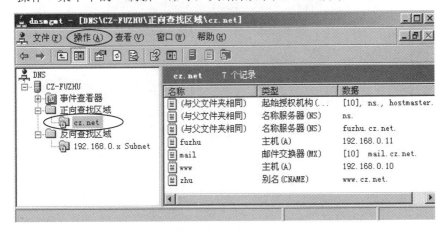

图 2-1-33　辅助 DNS 正向查找区域设置成功

步骤 2　在 DNS 控制台中选定"反向查找区域"中的"192.168.0.x Subnet"，单击"操作"菜单的"刷新"命令，其结果如图 2-1-34 所示。

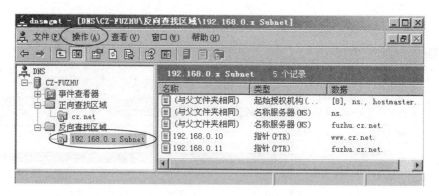

图 2-1-34　辅助 DNS 反向查找区域设置成功

3. 设置 DNS 转发器(在 VM03 上进行)

1) 安装 DNS

方法同前。

2) 设置 DNS 转发器

(1) 转发到自己配置的 DNS 服务器上。

步骤 1　在主 DNS 控制台中右击"MKTDNS",在弹出的快捷菜单中单击"属性",打开"MKTDNS 属性"对话框,单击"转发器"选项卡中的"新建"按钮,在 DNS 域文本框中输入"cz.net",单击"确定"按钮,如图 2-1-35 所示。

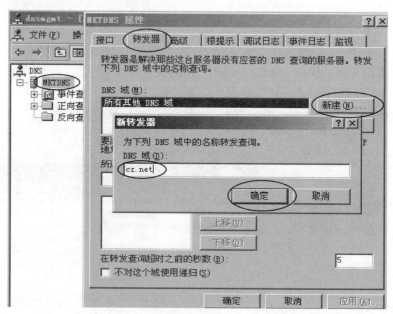

图 2-1-35　转发器设置对话框

步骤 2　在返回的转发器对话框中,单击"DNS 域"列表中的"cz.net",在"所选域的转发器的 IP 地址列表(P)"文本框中输入 IP 地址"192.168.0.10",依次单击"添加"→"确定"按钮,如图 2-1-36 所示。

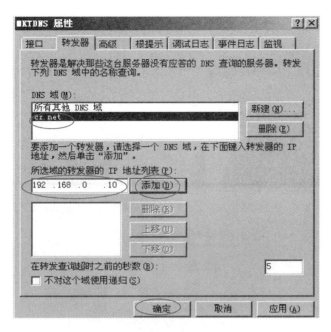

图 2-1-36　设置域的 IP 地址

(2) 转发到 ISP 中的 DNS 服务器上。

在主 DNS 控制台中右击"MKTDNS"，在弹出的快捷菜单中单击"属性"，打开"MKTDNS 属性"对话框，单击"转发器"选项卡，选定"DNS域(M)"列表中的"所有其他 DNS 域"，在"所选域的转发器的 IP 地址列表(P)"文本框中输入 ISP 商提供 DNS 服务器 IP 地址"202.103.44.150"，单击"添加"按钮，如有多个可再输入，结束后单击"确定"按钮，如图 2-1-37 所示。

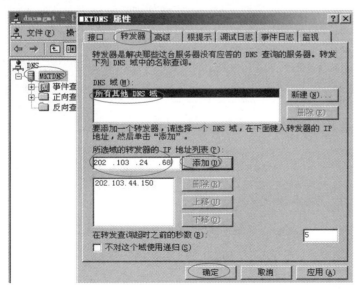

图 2-1-37　设置转发器为 ISP 商提供的 DNS 服务器地址

4. DNS 的子域委派

1）新建子域（在 VM01 上进行）

步骤 1 右击域名"cz.net"，在弹出的快捷菜单中单击"新建域"命令，在打开的"新建 DNS 域"对话框中输入"sb"，单击"确定"按钮，如图 2-1-38 所示。

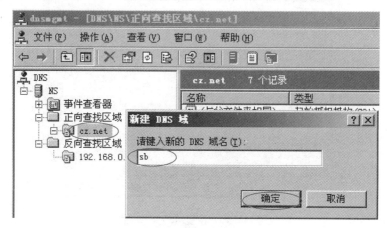

图 2-1-38 新建域 sb

步骤 2 右击新建的域"sb"，单击快捷菜单中的"新建主机"命令，在打开的"新建主机"对话框的"名称"文本框中输入"a"，IP 地址文本框中输入"192.168.0.10"，单击"添加主机"按钮，如图 2-1-39 所示，最后单击"完成"按钮。

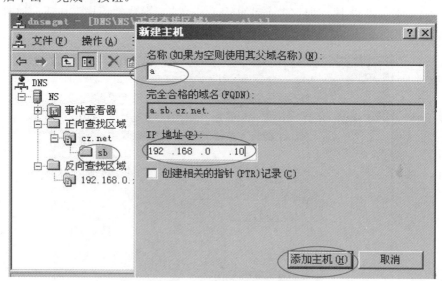

图 2-1-39 新建主机

步骤 3 测试子域，在命令提示符窗口中输入"ping a.sb.cz.net"，若能 ping 通，则证明子域创建成功，如图 2-1-40 所示。

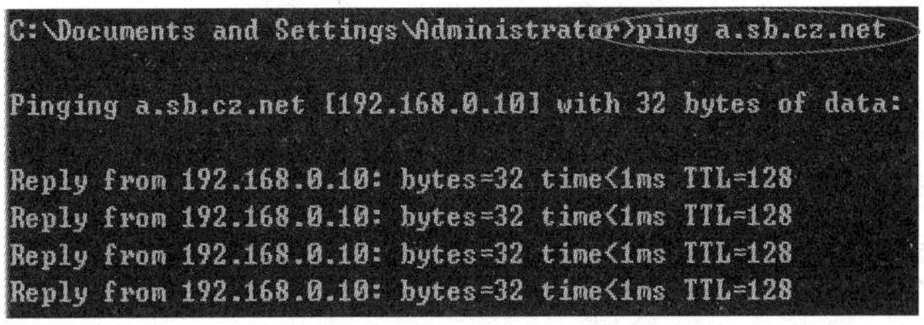

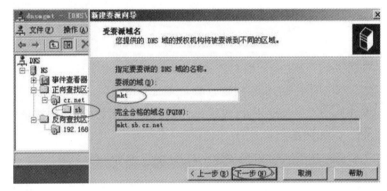

```
C:\Documents and Settings\Administrator>ping a.sb.cz.net

Pinging a.sb.cz.net [192.168.0.10] with 32 bytes of data:

Reply from 192.168.0.10: bytes=32 time<1ms TTL=128
Reply from 192.168.0.10: bytes=32 time<1ms TTL=128
Reply from 192.168.0.10: bytes=32 time<1ms TTL=128
Reply from 192.168.0.10: bytes=32 time<1ms TTL=128
```

图 2-1-40　测试子域成功

2) 新建委派(在 VM01 上进行)

步骤 1　右击新建的子域"sb",单击快捷菜单中的"新建委派"命令,在打开"新建委派向导"对话框的"委派的域(D)"文本框中输入委派域名称,如 mkt,单击"下一步"按钮,如图 2-1-41 所示。

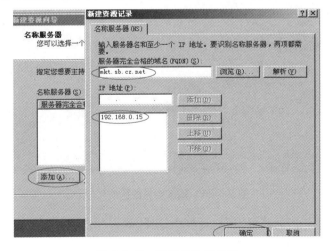

图 2-1-41　输入委派域的名称

步骤 2　在"名称服务器"向导中单击"添加"按钮,在打开的"新建委派记录"对话框的"服务器完全合格的域名(FQDN)(S)"文本框中输入"mkt.sb.cz.net"(也可用"浏览"命令),在"IP 地址(P)"文本框中输入 IP 地址"192.168.0.15",单击"添加"按钮,再单击"确定"按钮,如图 2-1-42 所示。

图 2-1-42　设置名称服务器

步骤3 在返回的"新建委派向导"对话框中单击"下一步"按钮，直到完成为止。其结果如图 2-1-43 所示。

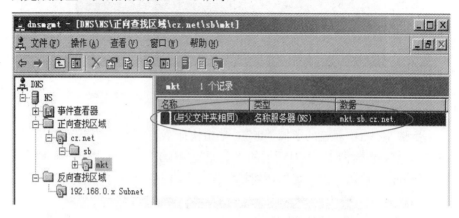

图 2-1-43 新建的子域委派

3) 在被委派 DNS 服务器上创建区域(在 VM03 上进行)

其设置方法同主 DNS 的创建方法，在这里将不同几点强调如下。

步骤 1 在"区域名称"对话框中的"区域名称(Z)"文本框中输入"sb.cz.net"，如图 2-1-44 所示。

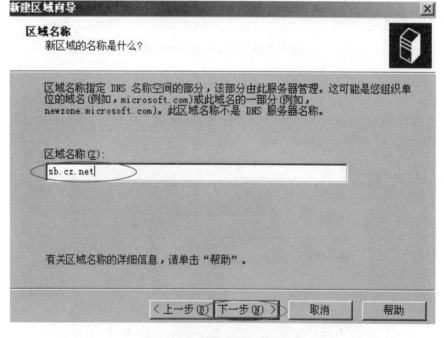

图 2-1-44 输入委派的区域名称

步骤2 在"动态更新"对话框中选择"允许非安全和安全动态更新(A)"类型项，如图 2-1-45 所示。

任务 2 Web 服务器的安装与配置

 我明了

在本任务中，了解 Web 的基础知识，熟悉 IIS 的安装步骤；熟悉 IIS 管理器中 Web 站点配置要领。

 我掌握

本任务要求认识 Web 的作用，掌握 IIS 的安装与站点配置技巧，实现多 IP、多端口和域名访问。

 我准备

1. Web 服务器概述

Web 服务器又称为 WWW 服务器，它是放置一般网站的服务器。一台 Web 服务器上可以建立多个网站，各网站的拥有者只需要把做好的网页和相关文件放置在 Web 服务器的网站中，其他用户就可以用浏览器访问网站中的网页了。

我们配置 Web 服务器，就是在服务器上建立网站，并设置好相关的参数，网站中的网页由网站的维护人员制作并上传到服务器中。

2. Web 服务器的作用

Web 服务器主要实现信息发布、资料查询、数据处理、网络办公、远程教育、视频点播等功能，也可用于实现电子邮件服务。

3. IIS 管理器

IIS 管理器即 Internet 信息服务管理器，是一个用于配置应用程序池或网站、FTP 站点、SMTP 或 NNTP 站点的，基于 MMC 控制台的图形界面。利用 IIS 管理器，管理员可以配置 IIS 安全、性能和可靠性功能，可添加或删除站点，启动、停止和暂停站点，备份和还原服务器配置，创建虚拟目录以改善内容管理等。

4. 虚拟目录

虚拟目录可以使一个网站不必把所有内容都放置在主目录内。虚拟目录从用户的角度来看仍在主目录之内，但实际位置可以在计算机的其他位置，而且虚拟目录的名字也可以与真实目录的不同，如图 2-2-1 所示。

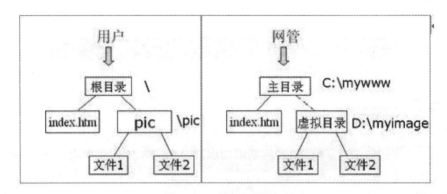

图 2-2-1 虚拟目录结构

图 2-2-1 中用户看到的一个位于主目录下的文件夹"pic",它的真实位置在服务器的"D:\myimage"处,位于主目录"C:\mywww"处。假设该网站的域名是"www.abc.com",则用户访问"http://www.abc.com/pic/文件 1"时,访问的实际位置是服务器的"D:\myimage\文件 1",所以虚拟目录的真实名字和位置对用户是不可知的。

通常虚拟目录的访问权限、默认文档等都继承主目录,如果需要修改,可在"Internet 信息服务管理器"中的虚拟目录上右击,单击"属性",就可以修改虚拟目录的参数设置了。

5. 访问网站的方法

如果在本机上访问,可以在浏览器的地址栏中输入"http://localhost/";如果在网络中其他计算机上访问,可以在浏览器的地址栏中输入"http://网站 IP 地址"或"http://网站域名"。

6. 所需设备

计算机一台、Windows Server 2003 镜像文件(ISO)、VMware Workstation 软件。

7. 实验拓扑

某大型公司拥有三家子公司,分别是 test1、test2、test3,现搭建一台 DNS/Web 服务器,为员工提供资源。其拓扑结构如图 2-2-2 所示。

图 2-2-2 Web 配置拓扑结构

我动手

1. 多 IP 的网站配置与虚拟目录

要求：公司有一网站，为提高员工的访问速度，使用多个 IP 地址进行访问，现参考图 2-2-2 进行配置。

1) IIS 的安装

步骤 1 打开"控制面板"，打开"添加/删除程序"，弹出"添加/删除程序"窗口。

步骤 2 单击窗口中的"添加/删除 Windows 组件"图标，弹出"Windows 组件向导"对话框，如图 2-2-3 所示。

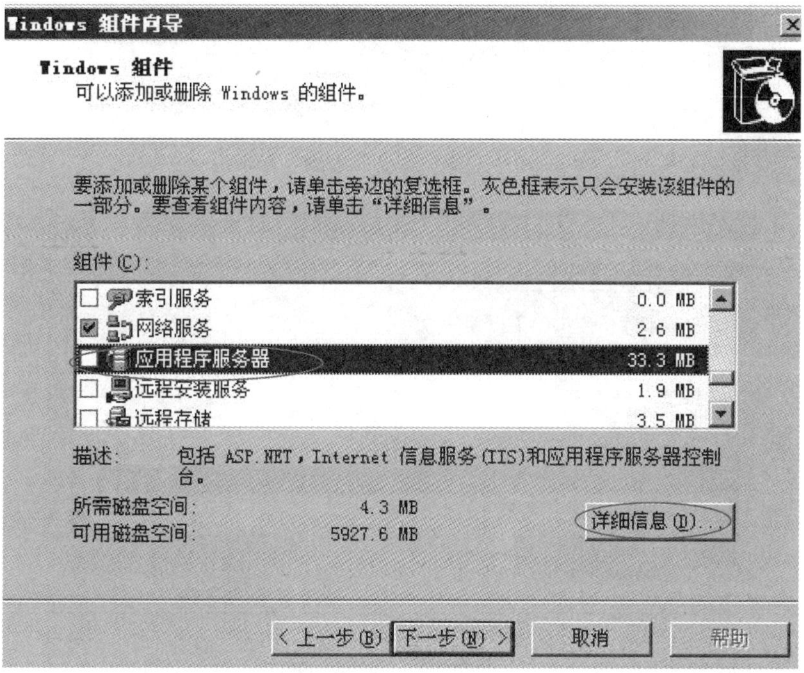

一般在安装操作系统时不默认安装 IIS，所以在第一次配置 Web 服务器时需要安装 IIS。

图 2-2-3 组件窗口

步骤 3 选中向导中的"应用程序服务器"复选框。单击"详细信息"按钮，弹出"应用程序服务器"对话框，如图 2-2-4 所示。

步骤 4 选择需要的组件，其中"Internet 信息服务(IIS)"和"应用程序服务器控制台"是必须选中的。选中"Internet 信息服务(IIS)"后，再单击"详细信息"按钮，弹出"Internet 信息服务(IIS)"对话框，如图 2-2-5 所示。

步骤 5 选中"Internet 信息服务管理器"和"万维网服务"，并且选中"万维网服务"后，再单击"详细信息"按钮，弹出"万维网服务"对话框，如图 2-2-6 所示。

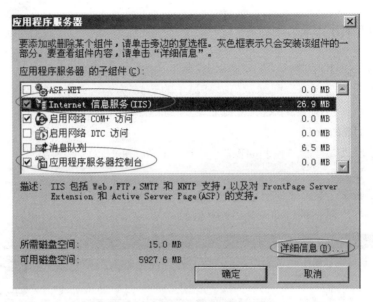

图 2-2-4 "应用程序服务器"对话框

如果想要同时装入 FTP 服务器，在 "Internet 信息服务 (IIS)"对话框中应该把 "文件传输协议(FTP) 服务"的复选框也选中。

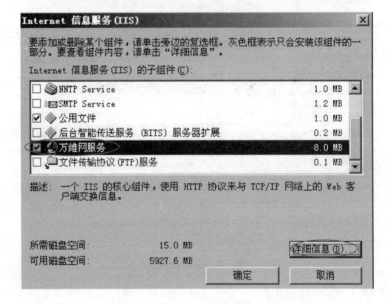

图 2-2-5 Internet 信息服务(IIS)

步骤6 其中的"万维网服务"必须选中。如果想要服务器支持 ASP，还应该选中"Active Server Pages"。逐个单击"确定"按钮，关闭各对话框，直到返回图 2-2-3 所示的"Windows 组件向导"对话框为止。

步骤7 单击"下一步"按钮，系统开始自动进行安装 IIS，这期间可能要求插入 Windows Server 2003 安装盘。

步骤8 安装完成后，弹出提示安装成功的对话框，单击"确定"按钮，就完成了 IIS 的安装。

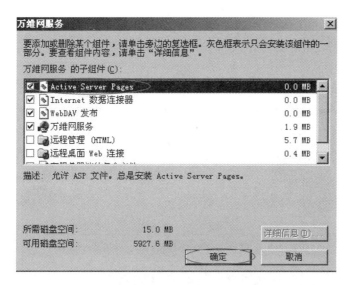

图 2-2-6 "万维网服务"对话框

2) 设置多个 IP 地址

步骤 1　右击"网络邻居"，单击菜单中的"属性"，在"网络设置"对话框中右击"本地连接"，单击菜单中的"属性"，在打开的"本地连接　属性"中，选择"Internet 协议(TCP/IP)"选项后，单击"属性"按钮，在其"Internet 协议(TCP/IP)属性"对话框中设置 IP 地址、DNS，单击"高级"按钮，如图 2-2-7 所示。

同一网络的多个 IP 地址。

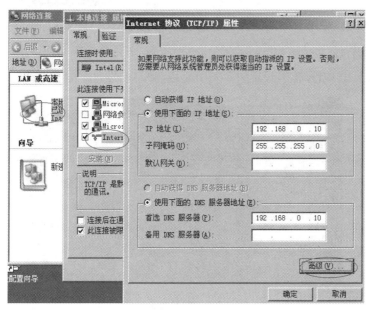

图 2-2-7 "Internet 协议(TCP/IP)属性"对话框

步骤 2　在"高级 TCP/IP 设置"对话框的"IP 地址"中单击"添加"按钮，在弹出的"TCP/IP 地址"对话框的 IP 地址文本框中输入"192.168.0.9"，子网掩码文本框中输入"255.255.255.0"，单击"添加"按钮，完成一个 IP 地址的添加，重复输入 IP 地址和子网掩码，直到将多个 IP 地址添加结束，如图 2-2-8 所示。最后依次单击"确定"按钮，返回"本地连接　属性"对话框，再单击"关闭"按钮，完成多个 IP 地址的设置。

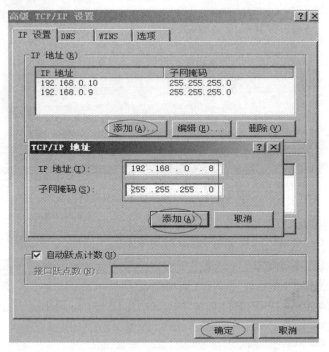

图 2-2-8　添加 IP 地址

步骤 3　在命令提示符中输入"ipconfig"，回车后看看本地连接是不是绑定了多个 IP 地址，若有设置的多个 IP 地址，则证明设置成功，如图 2-2-9 所示。

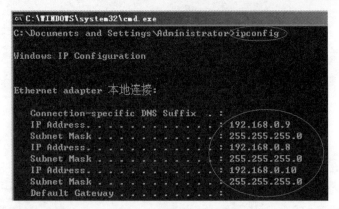

图 2-2-9　查看本地连接

3) 测试默认网站

步骤 1　打开"Internet 信息服务（IIS）管理器"，右击"默认网站"，单击快捷菜单中的"属性"，在弹出的"默认网站　属性"对话框中单击"网站"选项卡,在其 IP 地址列表中选"全部未分配",TCP 端口文本框中输入"80",即默认值,最后单击"确定"按钮,如图 2-2-10 所示。

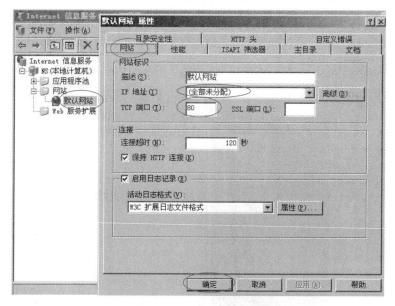

TCP 端口:一般使用默认的端口号 80,如果改为其他值,则用户在访问该站点时必须在地址中加入端口号。

如果选择"全部未分配",则服务器会将本机所有 IP 地址绑定在该网站上,这个选项适合于服务器中只有这一个网站的情况。

图 2-2-10 默认网站属性对话框

步骤 2 在客户机的浏览器窗口地址栏中依次输入"http://192.168.0.10/"、"http://192.168.0.9/"、"http://192.168.0.8/",若能出现如图 2-2-11 所示的结果,则证明默认网站配置成功。

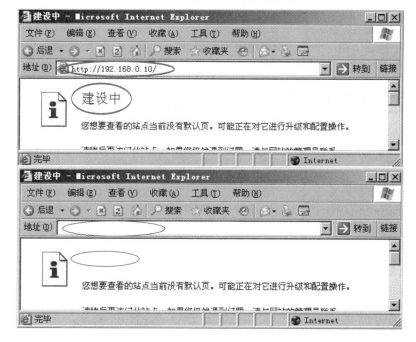

图 2-2-11 测试默认网站成功

4) 在 IIS 中新建 Web 网站

步骤 1 在 D 盘新建存放网站内容文件的文件夹，如 D:\test1。

网站描述就是网站的名字，它会显示在 IIS 窗口的目录树中，方便管理员识别各个站点。

步骤 2 打开"Internet 信息服务（IIS）管理器"，在其目录树的"网站"上右击，在快捷菜单中单击"新建"→"网站"，弹出"网站创建向导"对话框，单击"下一步"按钮，如图 2-2-12 所示。

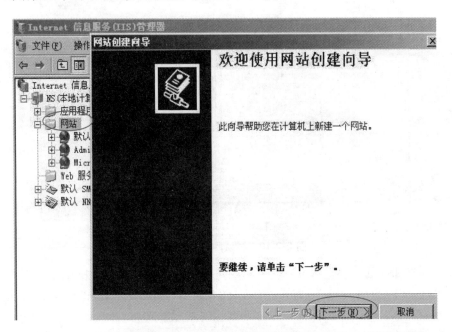

图 2-2-12 "网站创建向导"对话框

步骤 3 在打开的"网站描述"对话框中的描述文本框中输入"test1"，单击"下一步"按钮，如图 2-2-13 所示。

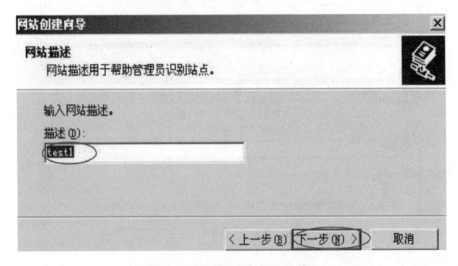

图 2-2-13 "网站描述"对话框

步骤 4 在 "IP 地址和端口设置" 对话框中, "网站 IP 地址" 列表中选定 "全部未分配", "网站 TCP 端口(默认值: 80)" 文本框中输入 "80", "此网站的主机头(默认: 无)" 文本框为空, 即不输入, 单击 "下一步" 按钮, 如图 2-2-14 所示。

主目录路径是网站根目录的位置。

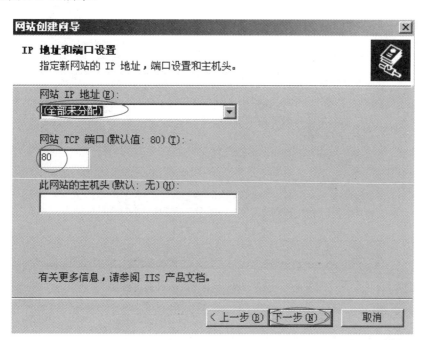

图 2-2-14 "IP 地址和端口设置" 对话框

步骤 5 在 "网站主目录" 对话框中单击 "浏览" 按钮, 在弹出的对话框中的路径文本框中输入目录路径, 如 C:\test1, 也可以输入其目录路径, 单击 "下一步" 按钮, 如图 2-2-15 所示。

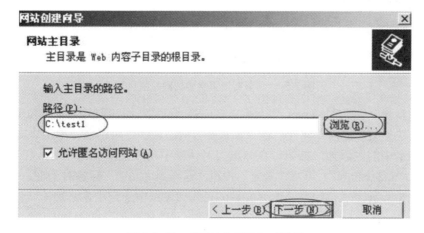

图 2-2-15 "网站主目录" 对话框

网站访问权限是限定用户访问网站时的权限,"读取"是必需的,"运行脚本"可以让站点支持ASP,其他权限可根据需要设置。

步骤6 在打开的"网站访问权限"对话框中勾选相应的权限,如勾选"读取"、"运行脚本",单击"下一步"按钮,如图2-2-16所示。在弹出的"完成向导"对话框中单击"完成"按钮。

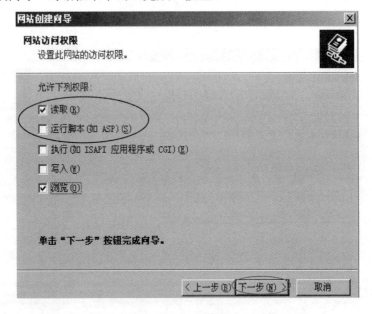

图 2-2-16 "网站访问权限"对话框

步骤7 将"默认网站"停止掉,再启动刚新建的"test1"网站。

步骤8 把做好的网页和相关文件复制到主目录中,如图2-2-17所示。

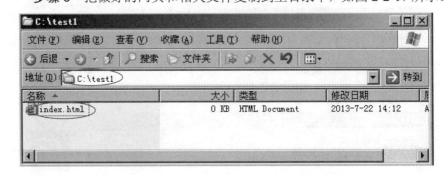

图 2-2-17 复制网页文件到网站主目录

默认文档列表中最初只有4个文件:Default.htm、Default.asp、index.htm和Default.aspx。我用"添加"按钮加入了一个index.html,并用"上移"按钮把它移到了顶部。这主要是因为我的网站的主页名为"index.html",所以应该把它加入列表,至于是否位于列表顶部倒是无关紧要的。

步骤9 在"Internet信息服务(IIS)管理器"控制台中右击"test1",单击快捷菜单中的"属性"命令,打开"网站属性"对话框。单击"文档"选项卡中的"添加"按钮,在弹出的对话框中输入主网页文件名,在这里输入"index.html",单击"确定"按钮,返回到"文档"标签对话框,如图2-2-18所示。在"启用默认内容文档(C)"的列表框中选定刚才添加的文件(即index.html),连续单击"上移"按钮,将此文件移到列表框的最上边。根据需要可对其他选项卡中的内容进行设置,设置结束后单击"确定"按钮,完成整个网站属性的设置。

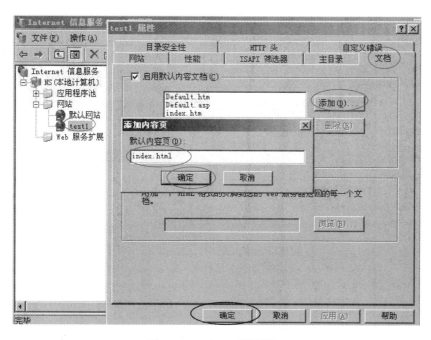

图 2-2-18　test1 属性设置

步骤 10　新建 test1 用户：右击"我的电脑"，单击快捷菜单中的"管理"命令；在打开的"计算机管理"对话框中，右击"本地用户和组"项里的"用户"，单击快捷菜单中的"新用户"；在"新用户"对话框中依次输入"用户名"：test1，"命名"：第一个站点，"描述"：第一个站点，勾选"用户不能更改密码"、"密码永不过期"，设置结束后单击"创建"按钮，完成新用户的创建，如图 2-2-19 所示。

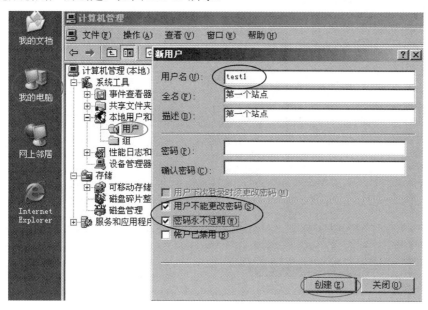

用户的密码可以为空，若在此设置了密码，则网站属性中要输入相应的密码。

图 2-2-19　创建新用户：test1

步骤 11 设置网站目录文件夹权限。

①打开 D 盘，右击文件夹 test1，单击快捷菜单中的"属性"，选定"test1属性"对话框中的"安全"选项卡，单击"添加"按钮，如图 2-2-20 所示。

请自行弄清文件夹权限项的功能，以便更好地保护文件夹或文件。

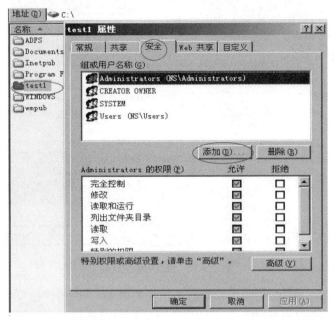

图 2-2-20 "test1 属性"对话框

②在"选择用户或组"对话框中单击"高级"按钮，接着单击"立即查找"按钮，在其"搜索结果"列表中选定"test1"，再依次单击"确定"按钮，如图 2-2-21 所示，返回到"test1 属性"对话框。

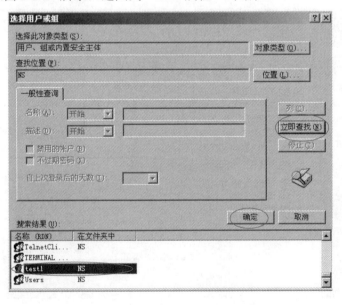

图 2-2-21 "选择用户或组"对话框

③在"test1 属性"对话框的"组或用户名称(G)"列表中选定刚才添加的用户，即"第一个站点(NS\test1)"，在"第一个站点的权限"列表中勾选相应的权限项，这里只勾选"读取"，最后单击"确定"按钮，如图 2-2-22 所示。

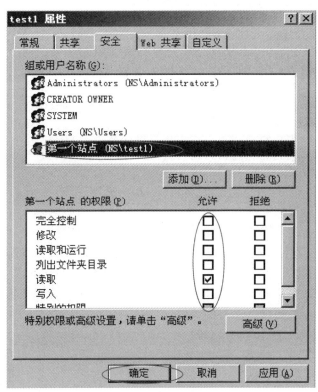

图 2-2-22 设置 test1 的权限

步骤 12 在客户机上浏览器窗口地址栏中依次输入"http://192.168.0.10/"、"http://192.168.0.9/"、"http://192.168.0.8/"，若能出现如图 2-2-23 所示结果，则证明新建的多 IP 网站配置成功。

图 2-2-23 多 IP 网站测试成功

5) 创建虚拟目录

步骤 1 打开"Internet 信息服务(IIS)管理器"窗口，右击"test1"站点，单击"新建"→"虚拟目录"。在打开的向导中单击"下一步"按钮，弹出"虚拟目录创建向导"对话框，在"别名"文本框中输入"testweb"，单击"下一步"按钮，如图2-2-24所示。

别名是映射后的名字，即客户访问时的名字。

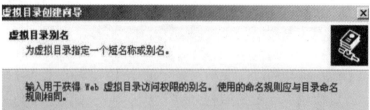
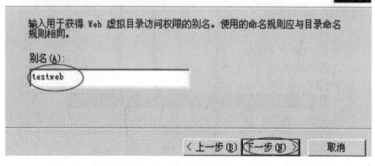

图2-2-24 "虚拟目录创建向导"对话框

步骤2 在打开的"网站内容目录"对话框中，单击"路径"栏右边的"浏览"按钮，出现"浏览文件夹"对话框，选定"C:\test1"文件夹，单击"确定"按钮，如图2-2-25所示。在返回的"网站内容目录"对话框中单击"下一步"按钮。

路径：服务器上的真实路径名，即虚拟目录的实际位置。

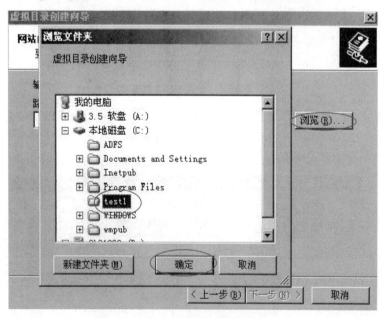

图2-2-25 "网站内容目录"对话框

步骤3 在"虚拟目录访问权限"对话框中，勾选"读取"、"运行脚本"后，单击"下一步"按钮，如图2-2-26所示。

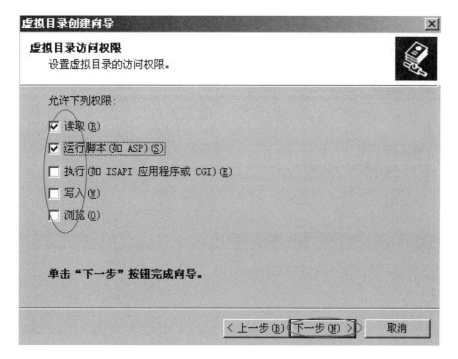

访问权限：指客户对该
目录的访问权限。

图 2-2-26 "虚拟目录访问权限"对话框

步骤 4 在出现的完成向导中单击"完成"按钮，返回到"Internet 信息服务(IIS)管理器"窗口，在网站 test1 下有一个虚拟目录"testweb"，如图 2-2-27 所示。

虚拟目录就建立成功
了。把相关文件复制到
虚拟目录中，用户就可
以按照虚拟的树形结
构访问到指定文件了。

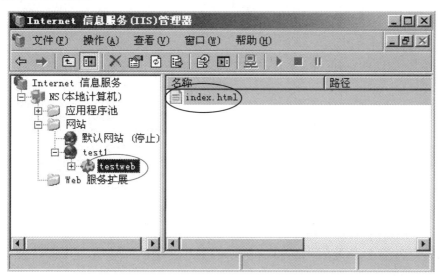

图 2-2-27 完成虚拟目录的创建

步骤 5 在客户机上测试：首先在地址栏中输入"http://192.168.0.8/"，按回车键，输入"http://192.168.0.8/testweb/"，按回车键，其结果如图 2-2-28 所示，则证明配置成功。

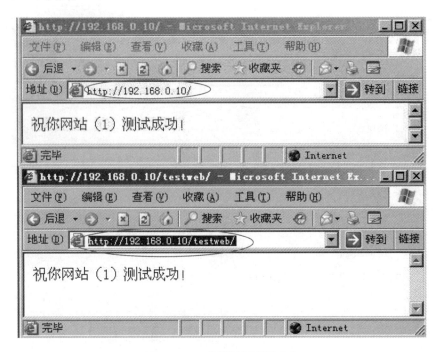

图 2-2-28　虚拟目录配置成功

2. 基于多端口的 Web 网站配置

要求：公司的三家子公司各有一个网站，需在公司的 DNS/Web 服务器进行配置，但公司的服务器只有一个 IP 地址，要解决这一问题，需使用多个端口进行访问，如 http://192.168.0.10:8081/、http://192.168.0.10:8082/、http://192.168.0.10:8083/，现参考图 2-2-2 进行配置。

1) 建立用户

建立用户 test1、test2、test3，其方法同"新建 test1 用户"，如图 2-2-19 所示。

2) 建立文件夹

在 D 盘建立文件夹：test1、test2、test3，并设置相应权限，其方法同"设置网站文件夹权限"，如图 2-2-20、图 2-2-21、图 2-2-22 所示。

3) 安装 IIS6.0

在 DNS/Web 服务器上安装好 IIS6.0。

4) 子公司网站配置

步骤 1　新建 test1 子公司网站：其方法参考"在 IIS 中新建 Web 网站"的步骤，不同的是在"IP 地址和端口设置"对话框的"网站 IP 地址"文本框中输入"192.168.0.10"，"网站 TCP 端口"文本框中输入"81"，"此网站的主机头"文本框中为空，即不输入，如图 2-2-29 所示。

步骤 2　新建 test2 子公司网站：其方法参考"在 IIS 中新建 Web 网站"的步骤，不同的是在"IP 地址和端口设置"对话框的"网站 IP 地址"文本框中输入"192.168.0.10"，"网站 TCP 端口"文本框中输入"82"，"此网

更改 TCP 端口时，一定要用空的端口号。

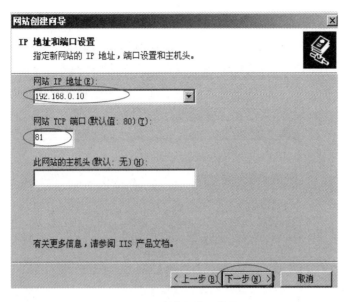

图 2-2-29 IP 地址和端口设置

站的主机头"文本框中为空,即不输入,在"网站主目录"的"路径"文本框中输入 C:\test2。

步骤 3 新建 test3 子公司网站:其方法参考"在 IIS 中新建 Web 网站"的步骤,不同的是在"IP 地址和端口设置"对话框的"网站 IP 地址"文本框中输入"192.168.0.10","网站 TCP 端口"文本框中输入"83","此网站的主机头"文本框中为空,即不输入,在"网站主目录"的"路径"文本框中输入"C:\test3"。

完成的网站配置结果如图 2-2-30 所示。

图 2-2-30 IIS 的子公司网站配置

5) 网站测试

在客户机的浏览器地址栏中输入"http://192.168.0.10:81/",按回车键,若登录网站主页成功，则证明网站配置正确；然后再依次输入"http://192.168.0.10:82/"、"http://192.168.0.10:83/"，其结果如图 2-2-31 所示。

图 2-2-31 多端口网站测试结果

3. DNS 与基于域名的网站配置

要求：公司的三家子公司各有一个网站，需在公司的 DNS/Web 服务器上进行配置，但公司的服务器只有一个 IP 地址，用 IP 访问比较麻烦，要解决这一问题，三家子公司需分别使用域名 http://www.cz.net/ 、http://www.cy.net/ 、http://www.cx.net/，实现员工域名访问，参考图 2-2-2 进行配置。

1) 安装 DNS 和 IIS6.0

在服务器上安装好 DNS 和 IIS6.0。

2) 设置域名

在 DNS 控制台配置三家子公司的域名。

步骤 1 配置域名 cz.net：在 DNS 控制台窗口中右击"正向查找区域"，单击快捷菜单的"新建区域"，打开"新建区域向导"对话框，单击"下一步"按钮；在出现的"区域向导"对话框中选择"主要区域"，单击"下一步"按钮；在"区域名称"对话框的"区域名称"文本框中输入"cz.net"，如图 2-2-32 所示，确认无误后，单击"下一步"按钮；在出现的"区域文件"对话框中单击"下一步"按钮；在"动态更新"对话框中选择"不允许动态更新"后单击"下一步"按钮；最后出现"正在完成区域向导"对话框，单击"完成"按钮。

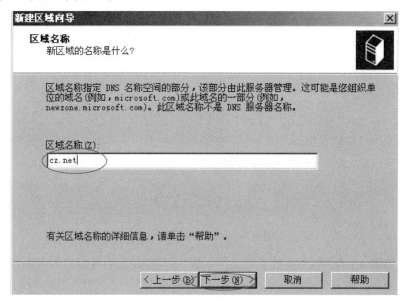

图 2-2-32 cz.net 区域名称

步骤 2 配置域名 cy.net：其方法同配置域名 cz.net，只要注意在"区域名称"文本框中输入"cy.net"即可，如图 2-2-33 所示。

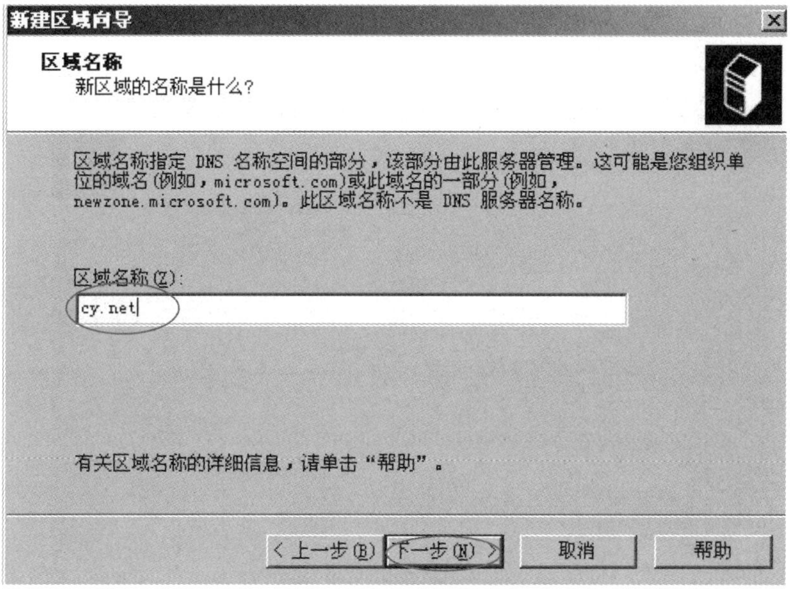

图 2-2-33 cy.net 区域名称

步骤 3 配置域名 cx.net：其方法同配置域名 cz.net，只要注意在"区域名称"文本框输入"cx.net"即可，如图 2-2-34 所示。

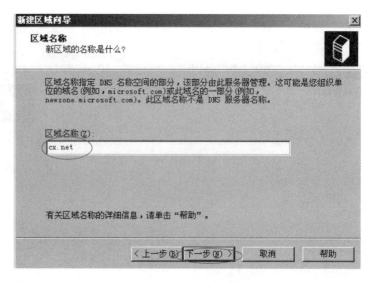

图 2-2-34 cx.net 区域名称

步骤 4 配置 DNS 的反向查找区域：在 DNS 控制台窗口中右击"反向查找区域"，单击快捷菜单的"新建区域"，打开"新建区域向导"对话框，单击"下一步"按钮；在出现的"区域向导"对话框中选择"主要区域"后单击"下一步"按钮；在"反向查找区域名称"对话框的"网络 ID"文本框中输入"192.168.0"，如图 2-2-35 所示，确认无误后单击"下一步"按钮；在出现的"区域文件"对话框中单击"下一步"按钮；在"动态更新"对话框中选择"不允许动态更新"后单击"下一步"按钮；最后出现"正在完成区域向导"对话框，单击"完成"按钮。

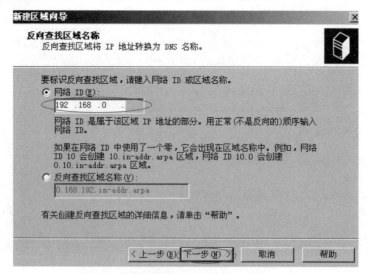

图 2-2-35 网络 ID

步骤 5 在域 cz.net 中添加主机记录：在正向查找区域中右击"cz.net"，单击快捷菜单的"新建主机"，打开"新建主机"对话框，在"名称"文

本框中输入 "www"，在 "IP 地址" 文本框中输入 "192.168.0.10"，勾选 "创建相关的指针(PTR)记录(C)"，单击 "添加主机" 按钮，如图 2-2-36 所示，结束后单击 "完成" 按钮。

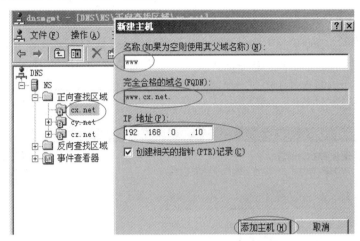

图 2-2-36　添加 www.cz.net 主机记录

　　步骤 6　分别在域 cy.net、cx.net 中添加主机记录，方法同步骤 5。

　　步骤 7　完成后的 DNS 配置结果如图 2-2-37 所示。

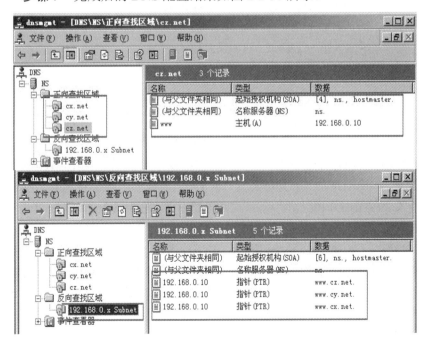

图 2-2-37　DNS 配置结果

3) 建立用户

　　建立用户 test1、test2、test3，其方法同 "新建 test1 用户"，如图 2-2-19 所示。

4) 建立文件夹

在 C 盘建立文件夹：test1、test2、test3，并设置相应权限，其方法同"设置网站文件夹权限"，分别如图 2-2-20、图 2-2-21、图 2-2-22 所示。

5) 子公司网站配置

步骤 1 新建 test1 子公司网站：其方法参考"在 IIS 中新建 Web 网站"的步骤，不同的是在"IP 地址和端口设置"对话框的"网站 IP 地址"文本框中输入"192.168.0.10"，"网站 TCP 端口"文本框中输入"80"，"此网站的主机头"文本框中输入"www. cz. net"，如图 2-2-38 所示。

主机头：如果该站点已经有域名，可以在主机头中输入域名。

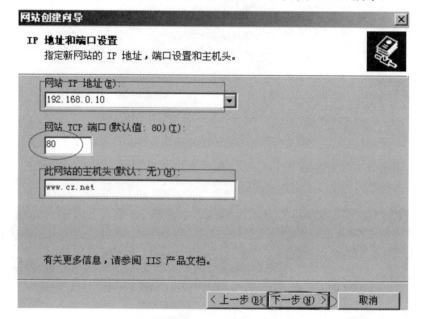

图 2-2-38 IP 地址和端口设置

步骤 2 新建 test2 子公司网站：其方法参考"在 IIS 中新建 Web 网站"的步骤，不同的是在"IP 地址和端口设置"对话框的"网站 IP 地址"文本框中输入"192.168.0.10"，"网站 TCP 端口"文本框中输入"80"，"此网站的主机头"文本框中输入"www.cy.net"，网站主目录的路径选择：C:\test2。

步骤 3 新建 test3 子公司网站：其方法参考"在 IIS 中新建 Web 网站"的步骤，不同的是在"IP 地址和端口设置"对话框的"网站 IP 地址"文本框中输入"192.168.0.10"，"网站 TCP 端口"文本框中输入"80"，"此网站的主机头"文本框中输入"www.cx.net"，网站主目录的路径选择：C:\test3。

完成的网站配置结果如图 2-2-39 所示。

6) 网站测试

在客户机的浏览器地址栏中输入"http://www.cz.net/"，按回车键，若登录网站主页成功则证明网站配置正确；然后再依次输入"ttp://www.cy.net/"、"http://www.cx.net/"，其结果如图 2-2-40 所示。

图 2-2-39 IIS 的网站配置

图 2-2-40 用域名测试网站成功

 我收获

课堂表现 👍□ ✊□ 👌□ ✌□ 👎□ 👆□

知识掌握 😊□ 😄□ 😐□ 😞□ 😣□ 😵□

我留言

我练习

1. 请在 VM01 中搭建一台 Web 服务器，实现多 IP 地址访问。

2. 请在 VM02 中搭建一台 Web 服务器，实现多端口地址访问。

3. 请在 VM03 中搭建一台 DNS/Web 服务器，实现域名访问。

4. 请思考总结。

(1) 网站配置完成后，为何打不开？

最常见的情况是没有把网站主页的文件名添加到默认文档列表中，IIS6 中网站的默认文档只有 4 个：Default.htm、Default.asp、index.htm 和 Default.aspx，如果你的网站主页名字不是这 4 个中的一个，就应该把它添加进去。如果不添加，就应该用带文件名的地址访问这个页面。

(2) 为什么我的 ASP 页面不能执行？

在 IIS6 中，ASP 文件必须在启用 "Active Server Pages" 时才能执行，如果安装 IIS 时，没有选中 "Active Server Pages"，则服务器默认不启用 "Active Server Pages"，也就不能执行 ASP 文件。

启用 "Active Server Pages" 的方法是：打开 "Internet 信息服务（IIS）管理器" 窗口，选中其中的 "Web 服务扩展"，然后启用里面的 "Active Server Pages"。

任务 3 FTP 服务器的安装与配置

我明了

在本任务中，了解 FTP 的基础知识，熟悉 IIS 的安装步骤；熟悉 IIS 管理器中 FTP 站点配置要领。

我掌握

本任务要求认识 FTP 的作用，掌握隔离用户的 FTP 站点和基于域名的 FTP 站点配置技巧。

我准备

1. 安装 FTP 的准备

(1) 文件传输协议 FTP(File Transfer Protocol)是 Internet 文件传送的基础。通过该协议,用户在 Internet 上可以从一个主机向另一个主机拷贝文件。

(2) 两个概念:"下载"(Download)和"上传"(Upload)。"下载"文件就是从远程主机拷贝文件至自己的计算机上;"上传"文件就是将文件从自己的计算机中拷贝至远程主机上。用 Internet 语言来说,用户可通过客户机程序向(从)远程主机上传(下载)文件。

(3) 匿名 FTP:是系统管理员建立的一个特殊用户 ID,名为 anonymous,Internet 上的任何人在任何地方都可使用该用户 ID。用户可通过它连接到远程主机上,并从其下载文件,而无需成为注册用户。

(4) FTP 用户:可分为匿名用户、不隔离用户和隔离用户。

2. 所需设备

计算机一台、Windows Server 2003 镜像文件(ISO)、VMware Workstation 软件。

3. 实验拓扑

我校要搭建一台 FTP 服务器,为师生提供资源服务,对于其公共资源则通过匿名 FTP 进行访问。其拓扑结构如图 2-3-1 所示。

图 2-3-1 FTP 配置拓扑结构

 我动手

1. 基于 IP 的一般 FTP 站点的建立与虚拟目录的配置

要求:学校在专用的 Web 服务器上配置 FTP 服务,为师生提供下载资源,实现资源共享,现参考图 2-3-1 所示的拓扑结构进行配置。

1) 安装 FTP 服务

打开"Windows 组件向导",在组件下,找到并单击"应用程序服务器",单击"详细信息",在"网络服务的子组件"中单击"Internet 信息服务(IIS)",然后单击"详细信息",勾选"文件传输协议 (FTP)服务",接着连续单击"确定"按钮,如图 2-3-2 所示。最后单击"下一步"按钮,直到安装结束后单击"完成"即可。

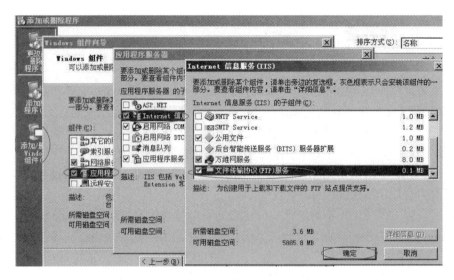

图 2-3-2　安装 FTP 服务

2) 默认 FTP 站点

步骤 1　打开"Internet 信息服务(IIS)管理器"窗口，右击"默认 FTP 站点"，单击快捷菜单的"属性"，在"FTP 站点标识"的"IP 地址"列表中选择一个 IP 地址"192.168.0.10"，如图 2-3-3 所示。

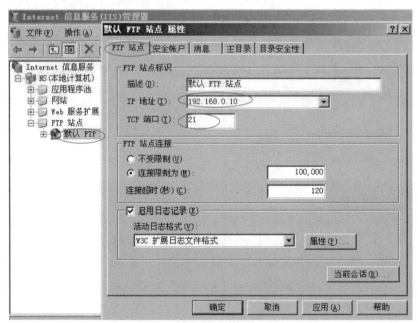

图 2-3-3　FTP 站点标识

步骤 2　在"默认 FTP 站点属性"对话框中单击"安全账户"选项卡，勾选"允许匿名连接"，根据需要可设置"用户名"、"密码"，如图 2-3-4 所示。

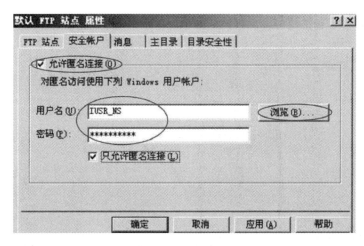

图 2-3-4　安全账户设置

步骤 3　在"默认 FTP 站点属性"对话框中单击"消息"选项卡，在"标题"文本框中输入 "此 FTP 站点供校内使用！"，在"欢迎"文本框中输入"欢迎光临！"，在"退出"文本框中输入"请安全退出"，如图 2-3-5 所示。

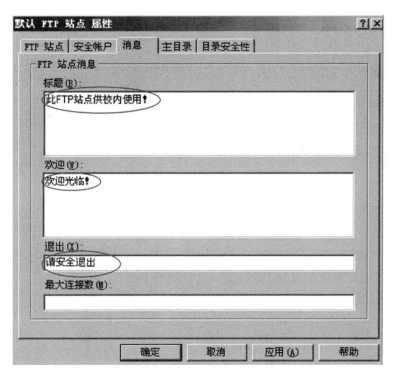

图 2-3-5　消息设置

步骤 4　在"默认 FTP 站点属性"对话框中单击"主目录"选项卡，设置"资源内容来源"、"FTP 站点目录"、权限、目录列表样式等，如图 2-3-6 所示。

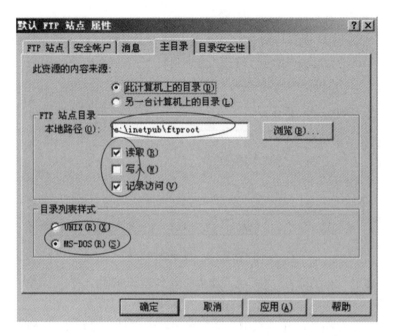

图 2-3-6 主目录设置

步骤 5 在客户机的浏览器地址栏输入"ftp://192.168.0.10/",若能连接到 FTP 页面,则默认 FTP 站点配置成功,如图 2-3-7 所示。

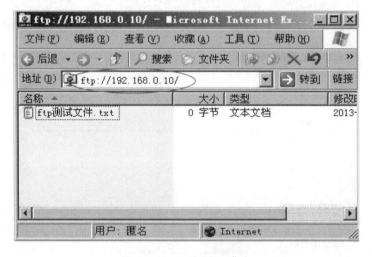

图 2-3-7 连接 FTP 成功

3) 新建 FTP 站点

步骤 1 右击"FTP 站点",单击"新建"→"FTP 站点",在此对话框中单击"下一步"按钮,在出现的"FTP 站点描述"对话框的"描述"文本框中输入"不隔离用户 FTP 站点",单击"下一步"按钮,如图 2-3-8 所示。

步骤 2 在"IP 地址和端口设置"对话框的"输入此 FTP 站点使用的 IP 地址"列表中选"192.168.0.9",端口为"21",单击"下一步"按钮,如图 2-3-9 所示。

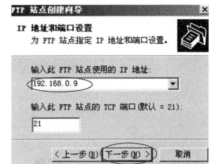

图 2-3-8 FTP 站点描述　　　　图 2-3-9 IP 地址和端口设置

步骤 3 在"FTP 用户隔离"对话框中选择"不隔离用户"项后单击"下一步"按钮，如图 2-3-10 所示。

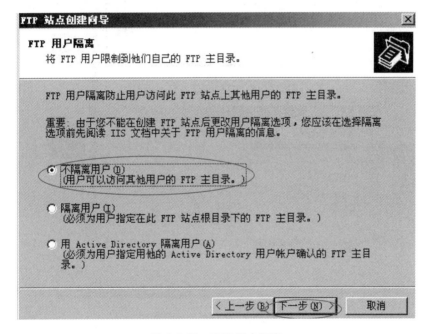

图 2-3-10 FTP 用户隔离

步骤 4 在"FTP 站点主目录"对话框的"路径"文本框中输入"D:\ftp\user1"，或者单击"浏览"按钮，在打开的"浏览文件夹"中选定其目录，单击"确定"按钮，返回后再单击"下一步"按钮，如图 2-3-11 所示。

步骤 5 在"FTP 站点访问权限"对话框中勾选其相应权限，如勾选"读取"后单击"下一步"按钮，如图 2-3-12 所示；最后在出现的完成向导中单击"完成"按钮，返回到控制台，右击"不隔离用户 FTP 站点"，单击快捷菜单的"浏览"，其结果如图 2-3-13 所示。

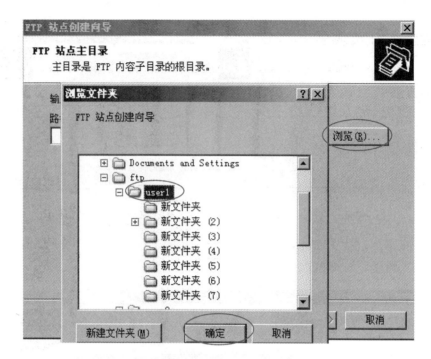

图 2-3-11　FTP 站点主目录设置

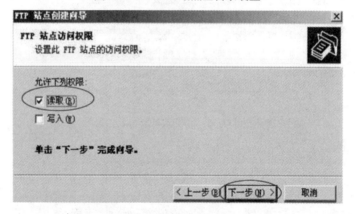

图 2-3-12　FTP 站点访问权限

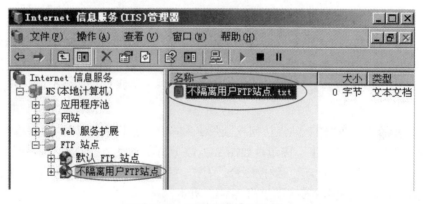

图 2-3-13　不隔离用户 FTP 站点

步骤6 在客户机的浏览器地址中输入"ftp://192.168.0.9/",按回车键，其结果如图2-3-14所示，则证明不隔离用户FTP站点建立成功。

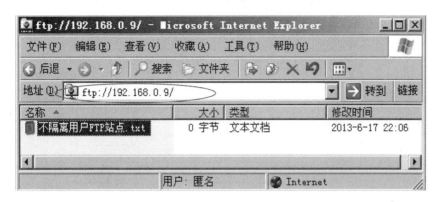

图2-3-14 连接不隔离用户FTP站点

4) 配置虚拟目录

步骤1 在D盘新建文件夹：D:\ftpuser\user1。

步骤2 右击IIS管理控制中的"不隔离用户FTP站点"，单击快捷菜单的"新建"→"虚拟目录"，在出现的欢迎向导中单击"下一步"按钮，在"虚拟目录别名"对话框的"别名"文本框中输入"user1"，单击"下一步"按钮，在出现的"FTP站点内容目录"对话框的路径文本框中输入"D:\ftpuser\user1"，单击"下一步"按钮；在"虚拟目录访问权限"对话框中勾选"读取"和"写入"，单击"下一步"按钮；最后在出现的完成向导对话框中单击"完成"按钮，其结果如图2-3-15所示。

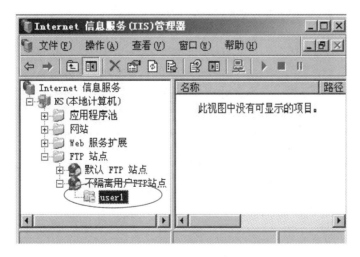

图2-3-15 新建的虚拟目录

步骤3 在客户机的浏览器地址栏输入"ftp://192.168.0.9/user1/"，按回车键，在连接的页面中新建一个文件夹：FTP成功，如图2-3-16所示。

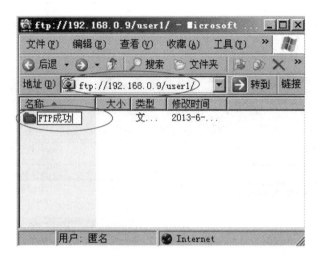

图 2-3-16 虚拟目录连接成功

2. 基于 IP 的隔离用户的 FTP 站点配置

要求：学校在专用的 Web 服务器上配置了 FTP 服务，为保障老师资料的安全，要将师生资源分开处理，则需要建立不同的用户，即隔离用户的 FTP 站点，现参考图 2-3-1 所示的拓扑结构进行配置。

1) 新建 FTP 账户

在"计算机管理"中右击"本地用户和组"下的"用户"，单击快捷菜单的"新用户"，打开"新用户"对话框，在"新用户"对话框中依次输入：用户名为 user1，全名为 FTP 账户，描述为 FTP 账户，密码为 user1，确认密码为 user1，勾选"密码永不过期"，确认无误后单击"创建"按钮，如图 2-3-17 所示。按此方法创建所需要的其他 FTP 账户，如 user2、user3 等。

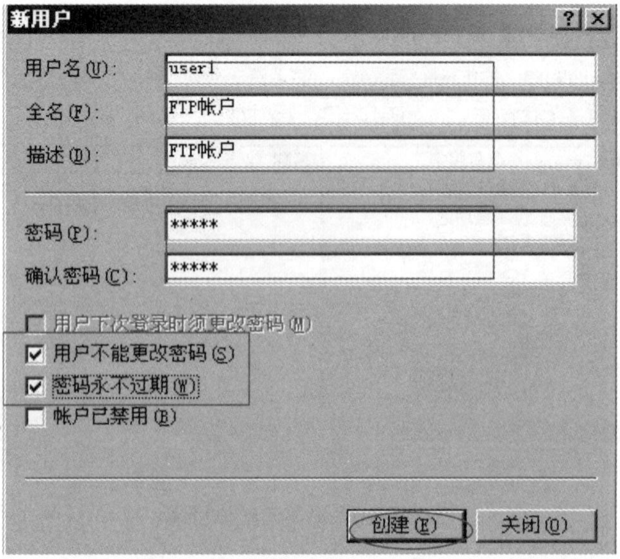

图 2-3-17 新建用户

2) 建立目录结构

在 D 盘建立如图 2-3-18 所示的目录结构。

图 2-3-18 FTP 目录结构

3) 安装 FTP

安装 FTP 服务，方法参考任务 3。

4) 隔离用户 FTP 站点配置

步骤 1 右击"FTP 站点"，单击"新建"→"FTP 站点"，在欢迎对话框中单击"下一步"按钮，在出现"FTP 站点描述"对话框的"描述"文本框中输入"隔离用户 FTP 站点"，单击"下一步"按钮，如图 2-3-19 所示。

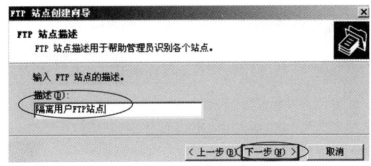

图 2-3-19 "FTP 站点描述"对话框

步骤 2 在"IP 地址和端口设置"对话框中，选定 IP 地址为"192.168.0.8"，端口为"21"，单击"下一步"按钮，如图 2-3-20 所示。

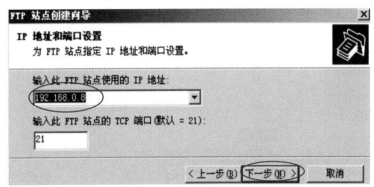

图 2-3-20 "IP 地址和端口设置"对话框

步骤 3 在"FTP 用户隔离"对话框中选择"隔离用户"项后单击"下一步"按钮，如图 2-3-21 所示。

步骤 4 在"FTP 站点主目录"对话框的"路径"文本框中输入"D:\zjzyFTP"，或者单击"浏览"按钮，在打开的"浏览文件夹"中选定其目录，单击"确定"按钮，返回后再单击"下一步"按钮，如图 2-3-22 所示。

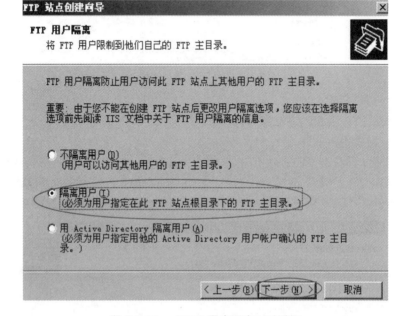

图 2-3-21 "FTP 用户隔离"对话框

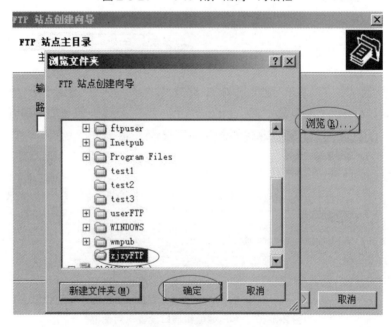

图 2-3-22 FTP 站点主目录设置

步骤5　在"FTP 站点访问权限"对话框中勾选其相应权限,如勾选"读取"和"写入"后单击"下一步"按钮,如图 2-3-23 所示;最后在出现的完成向导中单击"完成"按钮,返回到控制台,右击"隔离用户 FTP 站点",单击快捷菜单的"资源管理器",再双击右侧中的"localUser"文件夹,其结果如图 2-3-24 所示。

图 2-3-23　"FTP 站点访问权限"对话框

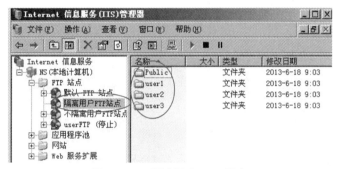

图 2-3-24　隔离用户 FTP 站点

步骤6　在客户机的浏览器地址中输入"ftp://192.168.0.8/",按回车键,单击"文件"菜单的"登录",在弹出的对话框中输入用户名、密码,如图 2-3-25 所示,单击"登录"按钮,连接到 user1 的主目录中,可上传与下载文件,如图 2-3-26 所示。

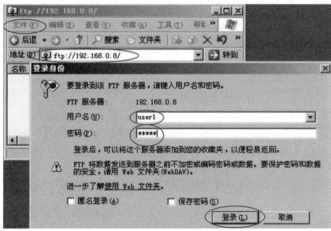

图 2-3-25　登录 FTP 用户

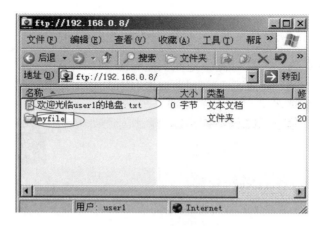

图 2-3-26　连接到 FTP

3. 基于域名的 FTP 站点的建立

要求：学校在专用的 DNS/Web 服务器上配置了 FTP 服务，实现师生资源的分开处理，现需要使用域名来登录 FTP 站点，参考图 2-3-1 所示的拓扑结构进行配置。

1) 安装 DNS，并完成配置

(1) 安装 DNS，参考任务 1 进行。

(2) 在 DNS 中添加主机记录，参考任务 2 进行。

步骤 1　可和 Web 的域名一样不变，如 cz.net。在登录时用"ftp://cz.net/"。

步骤 2　可新建一条主机记录，在 DNS 控制台中右击正向查找区域中的"cz.net"，单击快捷菜单的"新建主机"，打开"新建主机"对话框，在"名称"文本框中输入"ftp"，"IP 地址"文本框中输入"192.168.0.8"，勾选"创建相关的指针(PTR)记录(C)"项，单击"添加主机"按钮，如图 2-3-27 所示。

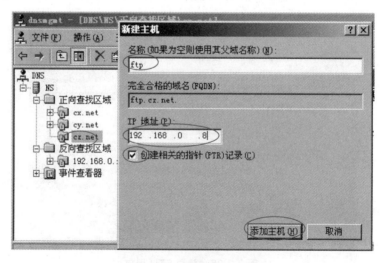

图 2-3-27　添加 FTP 主机

步骤 3 再单击"完成"按钮，实现 FTP 主机的添加，如图 2-3-28 所示。

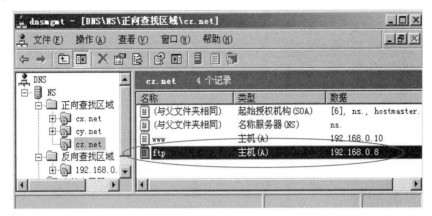

图 2-3-28 完成 FTP 主机记录的添加

2) 安装 IIS 和 FTP 服务

(1) IIS 和 FTP 服务的安装，参考任务 2 和任务 3 的步骤。

(2) 新建隔离用户的 FTP 站点，其配置参考任务 3 的步骤。

3) 新建用户

新建用户 user1、user2、user3 参考任务 3 的步骤。

4) 创建文件夹

在 D 盘创建隔离用户所需的文件夹，参考任务 3 的步骤。

5) 在客户机上用域名测试 FTP 站点

步骤 1 用默认的 Web 主机记录测试：在浏览器的地址栏中输入"ftp://www.cz.net/"，按回车键，若出现如图 2-3-29 所示的结果，则证明域名配置连接成功。

图 2-3-29 用 Web 域名连接 FTP 成功

步骤 2 用 FTP 主机记录测试：在浏览器的地址栏中输入"ftp://ftp.cz.net/"，按回车键，并用 user1 用户名进行登录，若出现如图 2-3-30 所示的结果，则证明域名配置连接成功。

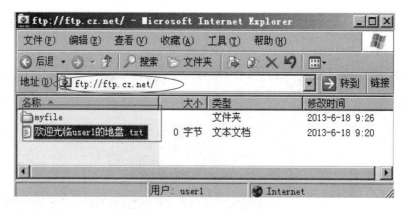

图 2-3-30 user1 用户连接成功

 我收获

课堂表现
知识掌握

 我留言

 我练习

1. 在 VM01 中安装 FTP 服务，自己创建一个 FTP 站点并能登录访问。
2. 创建一个 FTP 虚拟目录，能登录访问。
3. 创建隔离用户的 FTP 站点(用三个用户进行验证)。

任务 4 CA 服务器的安装与配置

 我明了

在本任务中，了解 CA 的基础知识，熟悉 CA 的安装步骤；熟悉数字证书的申请方法；熟悉 CA 在 Web 服务器的配置要领。

 我掌握

本任务要求认识 CA 的作用，掌握 CA 的安装、申请、管理，以及 CA

在 Web 服务器中的配置技巧。

 我准备

1. 安装 CA 的准备

(1) CA(Certificate Authority)即"认证机构",是负责签发证书、认证证书、管理已颁发证书的机构,是 PKI 的核心。

(2) CA 要制定政策和具体步骤来验证、识别用户的身份,对用户证书进行签名,以确保证书持有者的身份和公钥的拥有权。CA 也拥有自己的证书(内含公钥)和私钥,网上用户通过验证 CA 的签字从而信任 CA,任何用户都可以得到 CA 的证书,用于验证它所签发的证书。

(3) CA 必须是各行业各部门及公众共同信任的、认可的、权威的、不参与交易的第三方网上身份认证机构。

(4) 证书的申请可通过在浏览器中输入网址 http://hostname/certsrv/或 http://hostip/certsrv/进行数字证书的申请。

(5) 访问服务器:输入网址 https://hostip/或 http://hostname/。

2. 所需设备

计算机一台、Windows Server 2003 镜像文件(ISO)、VMware Workstation 软件。

3. 实验拓扑

我校为了保障数据安全和节约成本,方便师生用户与服务器之间的通信,决定在学校的 DNS/Web 服务器上引入证书服务。项目拓扑结构如图 2-4-1 所示。

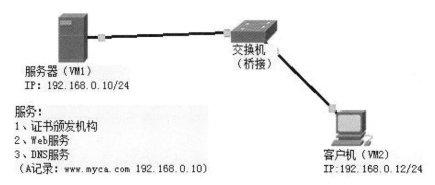

图 2-4-1 CA 证书配置拓扑结构

 我动手

1. 配置 CA 证书服务器

要求:为了引入证书服务,并从节约成本出发,在学校的 DNS/Web 服务器进行 CA 证书服务配置,参考图 2-4-1 进行实施。

如果安装了活动目录，在勾选"证书服务"时，不会出现如图 2-4-2 所示的窗口。

1) CA 证书的配置

步骤 1 安装好 IIS，其步骤参考任务 2。

步骤 2 在 Windows 组件中勾选"证书服务"，弹出如图 2-4-2 所示的信息提示对话框，单击"是"按钮，返回到组件对话框，接着单击"下一步"按钮。

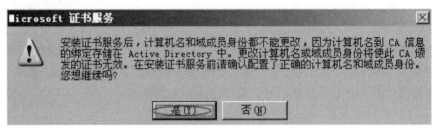

图 2-4-2 安装证书信息提示

默认情况下，"用自定义设置生成密钥对和 CA 证书"没有勾选。

步骤 3 在"CA 类型"对话框中选择"独立根 CA"，勾选"用自定义设置生成密钥对和 CA 证书"，如图 2-4-3 所示，接着单击"下一步"按钮。

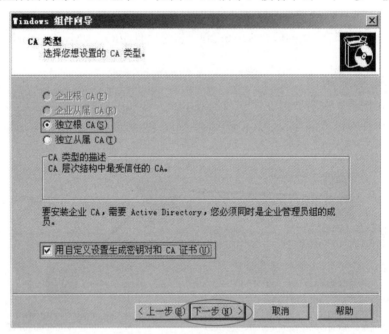

图 2-4-3 "CA 类型"对话框

步骤 4 在"公钥/私钥对"对话框中选其默认值，直接单击"下一步"按钮，如图 2-4-4 所示。

步骤 5 在"CA 识别信息"对话框中，填写 CA 的公用名称为 ZJZX，其他信息(如邮件、单位、部门等)可在"可分辨名称后缀"中添加，有效期限默认为 5 年(可根据需要作相应改动，此处默认)。单击"下一步"按钮，如图 2-4-5 所示。

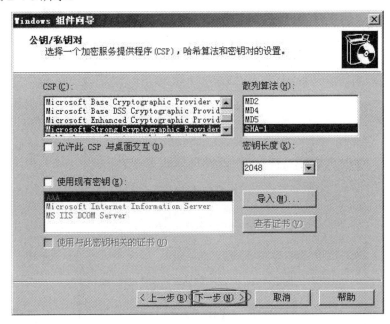

图 2-4-4 "公钥/私钥对"对话框

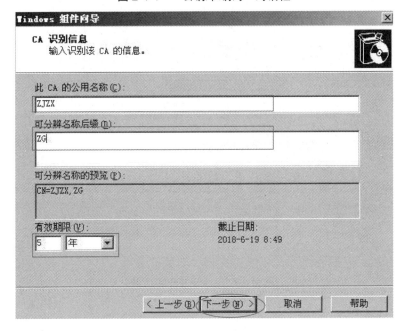

图 2-4-5 "CA 识别信息"对话框

步骤 6 在"证书数据库设置"对话框中,直接单击"下一步"按钮,在"Microsoft 证书服务"对话框中,单击"是"按钮,如图 2-4-6 所示。等待其自动安装配置,直到出现"Windows 组件向导"对话框后单击"完成"按钮。

在安装 IIS 时,必须为 IIS 启用 ASP 功能。

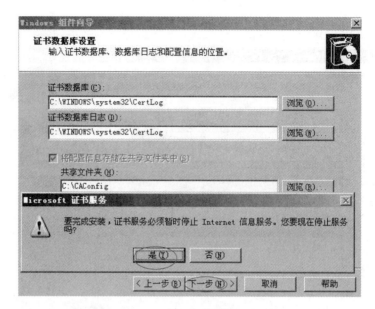

图 2-4-6 "证书数据库设置"对话框

步骤 7 证书安装完毕后，单击"开始"→"管理工具"→"证书颁发机构"，打开"证书"窗口，并且在 IIS 的默认网站中多了"CertSrv"等几项，如图 2-4-7 所示。

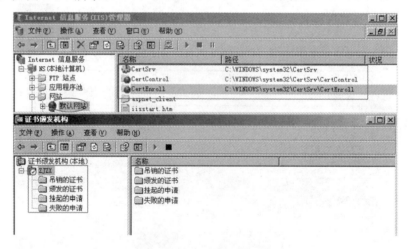

图 2-4-7 CA 证书安装结果

2) CA 证书的管理

(1) 颁发证书。

步骤 1 打开"证书颁发机构"对话框，单击左侧的"挂起的申请"，右击右侧的要颁发证书的申请 ID，单击快捷菜单的"所有任务"中的"颁发"，如图 2-4-8 所示。

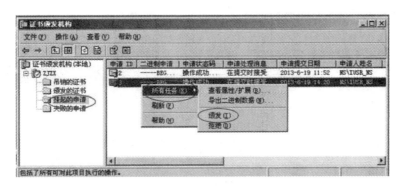

在"挂起的申请"里已经存在申请挂起等待颁发的证书。

图 2-4-8 颁发申请证书

步骤 2 单击"颁发的证书",刚才的挂起证书已经存入"颁发的证书"存储区,如图 2-4-9 所示。

图 2-4-9 颁发的证书

(2) 拒绝申请的证书。

在"挂起的申请"存储区右击要拒绝的申请 ID,单击快捷菜单的"所有任务"中的"拒绝",如图 2-4-10 所示。

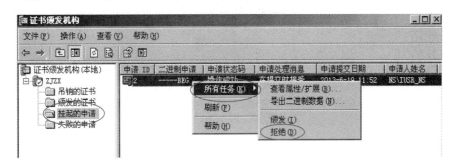

图 2-4-10 拒绝申请的证书

(3) 吊销证书。

步骤 1 在"颁发的证书"存储区右击要吊销的申请 ID,单击快捷菜单的"所有任务"中的"吊销证书",如图 2-4-11 所示。

步骤 2 在弹出的"证书吊销"对话框中,单击"理由码"下拉列表按钮,选择吊销理由,单击"是",如图 2-4-12 所示。

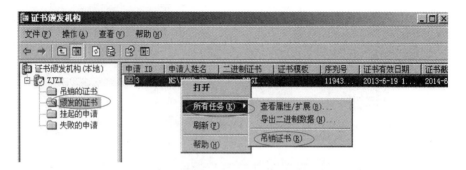

图 2-4-11 吊销证书

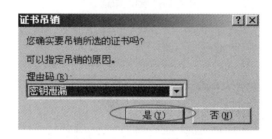

图 2-4-12 "证书吊销"对话框

(4) 解除吊销证书。

在"吊销的证书"存储区右击要解除吊销的申请 ID，单击快捷菜单的"所有任务"中的"解除吊销证书"，如图 2-4-13 所示。

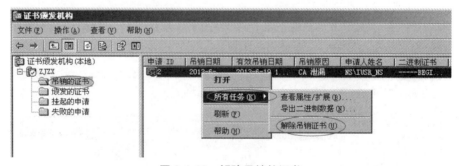

图 2-4-13 解除吊销的证书

2. Web 服务器证书配置

要求：在服务器上新建证书，完成证书申请与下载证书，完成网站的数字证书的安装。参考图 2-4-1 所示的拓扑结构进行配置。

1) 新建服务器证书

步骤 1 在 IIS 管理器中右击"默认网站"，单击快捷菜单的"属性"，弹出"默认网络 属性"对话框，单击"目录安全"选项卡，再单击"服务器证书"按钮，如图 2-4-14 所示，在打开的欢迎界面中单击"下一步"按钮。

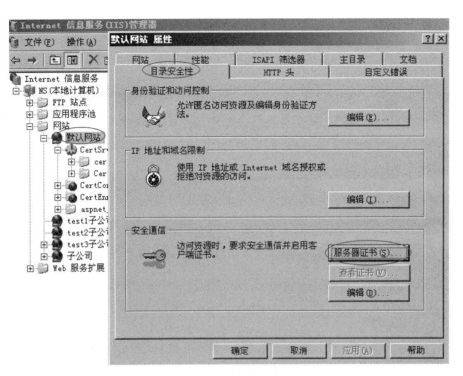

图 2-4-14 中的"查看证书"为灰色不可用，说明我们还未为"默认网站"配置数字证书。

申请人若在登录证书申请系统，并查看挂起，就会获取相应的证书。

图 2-4-14 默认网站属性

步骤 2 在"服务器证书"对话框中选择"新建证书"选项，单击"下一步"按钮，如图 2-4-15 所示。

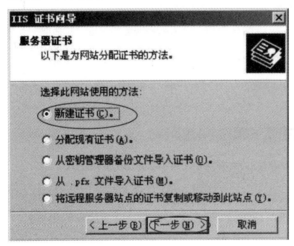

如果以前配置过数字证书，并且数字证书仍然可用，则选择"分配现有证书"即可。

图 2-4-15 "服务器证书"对话框

步骤 3 在"延迟或立即请求"对话框中选择"现在准备证书请求，但稍后发送"选项，单击"下一步"按钮，如图 2-4-16 所示。

步骤 4 在"名称和安全性设置"对话框中直接单击"下一步"按钮，如图 2-4-17 所示。

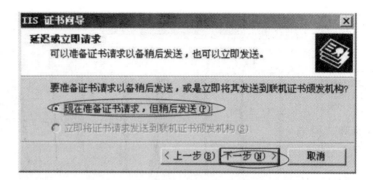

图 2-4-16 "延迟或立即请求"对话框

图 2-4-17 中的名称可以根据需要更改，不影响证书的使用。位长默认为 1024，一般已经足够安全，数值越大就越安全，但是数值越大系统的处理速度就会越慢。

图 2-4-17 "名称和安全性设置"对话框

步骤 5 在"单位信息"对话框的"单位"文本框中输入"职教中心"，"部门"文本框中输入"计算机室"，单击"下一步"按钮，如图 2-4-18 所示。

图 2-4-18 中的单位、部门请真实填写，并且是能够被证实的信息，因为 CA 管理员会根据这些信息进行审核。

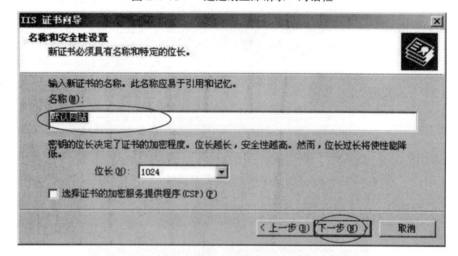

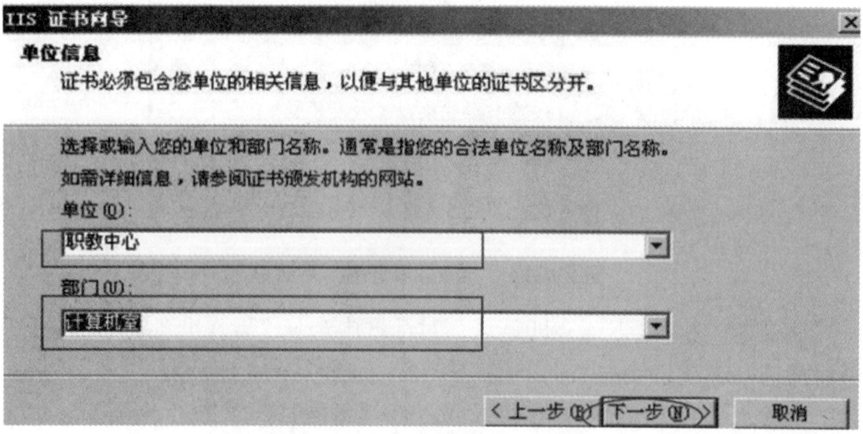

图 2-4-18 "单位信息"对话框

步骤 6 在"站点公用名称"对话框的"公用名称"文本框中输入 IP 地址"192.168.0.10",单击"下一步"按钮,如图 2-4-19 所示。

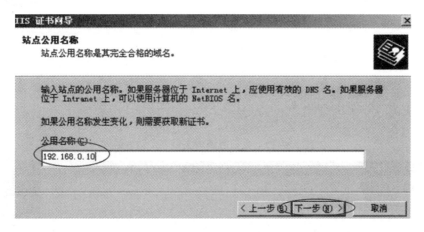

图 2-4-19 "站点公用名称"对话框

图 2-4-19 中的公用名称不能随便更改,只能是该网站的 DNS,如果尚未申请 DNS,则可以用 IP 地址代替。默认情况下是服务器的计算机名,但这种情况只适合于企业机构(AD 管理),我们要配置的是独立机构,所以公用名只能是 DNS 或 IP 地址。

步骤 7 在"地理信息"对话框的,"国家(地区)"列表中选"CN(中国)","省/自治区"列表中选"湖北","市县"列表中选"秭归",单击"下一步"按钮,如图 2-4-20 所示。

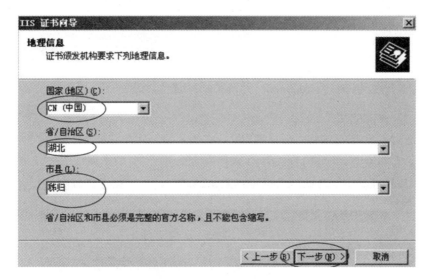

图 2-4-20 "地理信息"对话框

步骤 8 在"证书请求文件名"对话框中,默认值为 C:\certreq.txt,单击"下一步"按钮,如图 2-4-21 所示。

步骤 9 在"请求文件摘要"对话框中核对信息无误后单击"下一步"按钮,如图 2-4-22 所示。在出现的"完成 Web 服务器证书向导"对话框中单击"完成"按钮,返回到"默认网站属性"对话框。

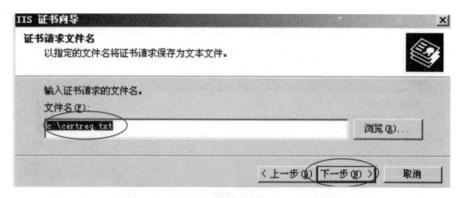

图 2-4-21 "证书请求文件名"对话框

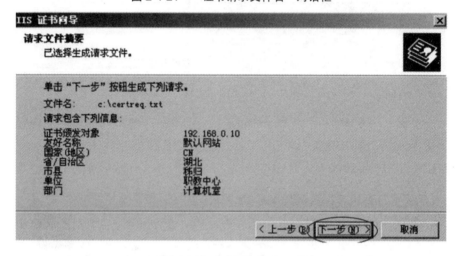

图 2-4-22 "请求文件摘要"对话框

2) 申请证书

步骤 1 在 DNS 中新建域名：myCA.com，并在 myCA.com 域中新建主机记录：www.myCA.com。其方法参考任务 1 进行。结果如图 2-4-23 所示。在 IIS 管理器中，将此域名绑定到默认网站中，方法参考任务 2。

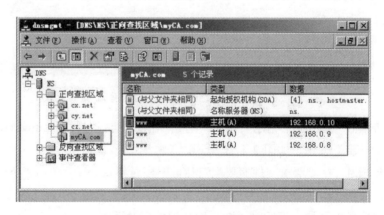

图 2-4-23 新建域名：myCA.com

步骤 2 在服务器的浏览器地址栏中输入"http://192.168.0.10/certsrv/certrqus.asp",或"http://www.myCA.com/certsrv/certrqus.asp",按回车键,单击其页面中的"申请一个证书",在出现的页面中再单击"高级证书申请",如图 2-4-24 所示。

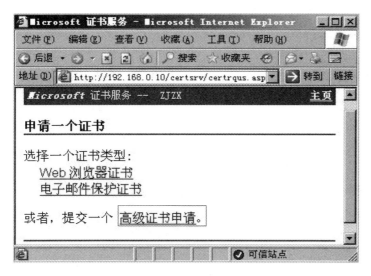

图 2-4-24　申请一个证书

步骤 3 在如图 2-4-25 所示的高级证书申请页面中单击"使用 base64 编码的 CMC 或 PKCS#10 文件提交一个证书申请,或使用 base64 编码的 PKCS#7 文件续订证书申请"项,打开如图 2-4-26 所示的页面。

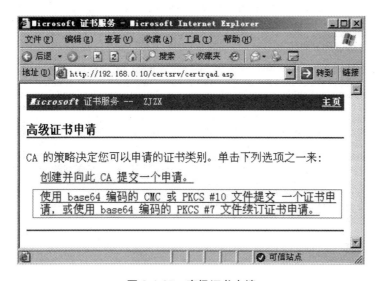

图 2-4-25　高级证书申请

步骤 4 打开 C:\certreq.txt 文件,如图 2-4-27 所示,将文件的编码全选,并执行"复制"命令。

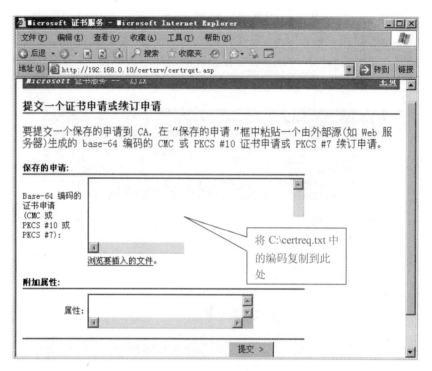

图 2-4-26 提交证书申请页面

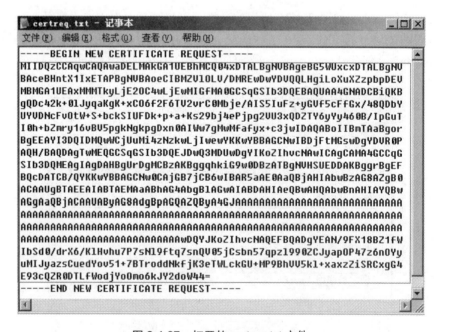

图 2-4-27 打开的 certreq.txt 文件

步骤 5 将 certreq.txt 文件中的编码粘贴到 "提交一个证书申请或续订申请" 页面的 "保存的申请" 栏中, 如图 2-4-28 所示, 最后单击 "提交" 按钮。到此该证书申请被挂起, 等待 CA 管理员对信息进行审核并颁发证书。

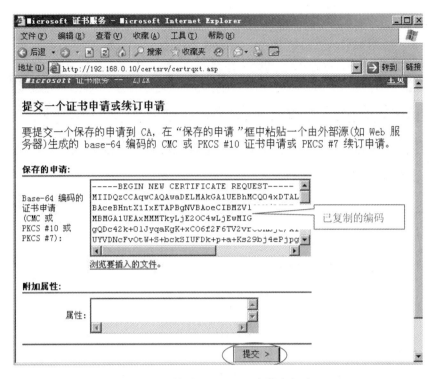

图 2-4-28　粘贴 certreq.txt 文件中的编码

3) 下载证书

步骤 1　再次打开 CA 的证书申请系统(即 http://192.168.0.10/certsrv/)，单击页面中的"查看挂起的证书申请的状态"，在打开的页面中单击"保存的申请证书"，如图 2-4-29 所示。

下载证书时必须经过
证书管理机构的颁发。

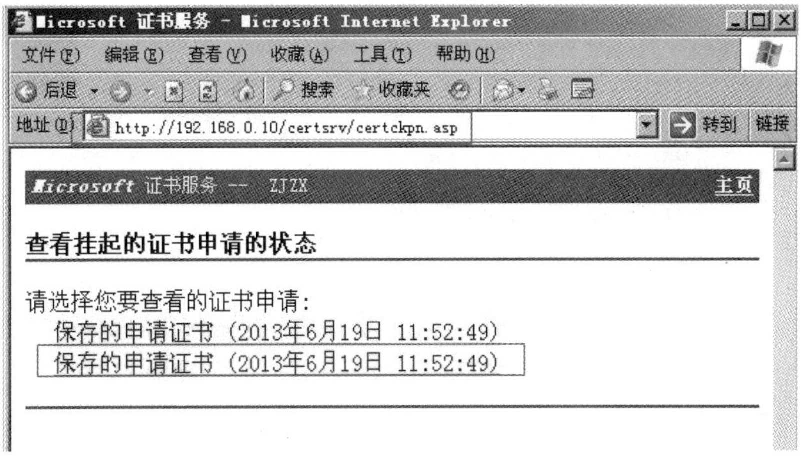

图 2-4-29　查看申请的证书

步骤 2　在"证书已颁发"页面中，选择"Base 64 编码"，单击"下载证书"链接，如图 2-4-30 所示，在弹出的"保存"对话框中单击"保存"按钮，在"另存为"对话框中，选择保存位置(如桌面上)，单击"保存"按

如果有需要也可以将
"证书链"也下载，证
书链里包含CA服务器
的数字证书。

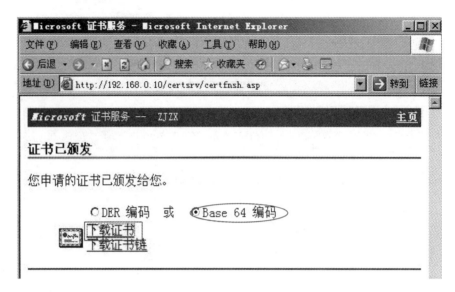

图 2-4-30　下载证书

钮，在桌面就会有一个 certnew.cer 的文件。

4) 数字证书的安装

步骤 1　返回到"默认网站 属性"的"目录安全性"对话框，单击"服务器证书"按钮，在出现的欢迎向导中单击"下一步"按钮，在"挂起的证书请求"对话框中选定"处理挂起的请求并安装证书"项，单击"下一步"按钮，如图 2-4-31 所示。

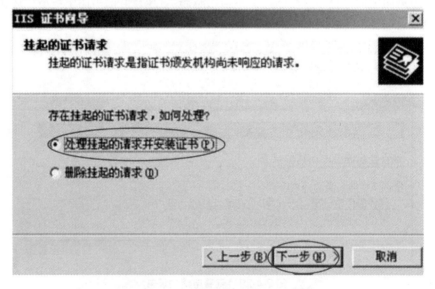

图 2-4-31　"挂起的证书请求"对话框

SSL 的默认端口号是
443。我们也可以设置
其他端口，但是设置成
其他端口时，用户访问
的时候必须在 URL 中
指定端口号。

步骤 2　在"处理挂起的请求"对话框中选择刚下载的证书文件后，单击"下一步"按钮，如图 2-4-32 所示。

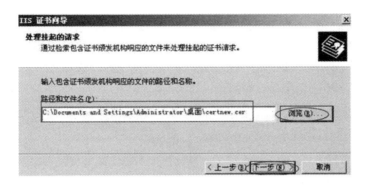

图 2-4-32 选择下载证书文件

步骤 3 在"SSL 端口"对话框的 SSL 端口文本框中输入端口号"443"，单击"下一步"按钮，如图 2-4-33 所示。

图 2-4-33 "SSL 端口"对话框

步骤 4 在"证书摘要"对话框中确认证书信息后，单击"下一步"按钮，如图 2-4-34 所示。

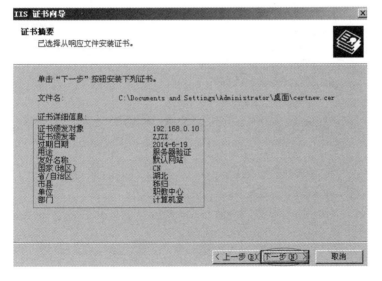

图 2-4-34 "证书摘要"对话框

若 Web 服务器还不信任我们自己配置的证书颁发机构，没关系，先到 CA 证书申请系统中下载 CA 根证书，安装完成后，Web 服务器才会信任该 CA 机构。

步骤 5 在出现的完成向导对话框中单击"完成"按钮，返回到"默认网站 属性"对话框，单击"查看证书"按钮，在"证书"对话框的"常规"选项卡中可以看到这个证书已生效；在"详细信息"选项卡中可将证书信息复制到文件以便保存，如图 2-4-35 所示。

这里的服务器已经信任 CA 机构了。

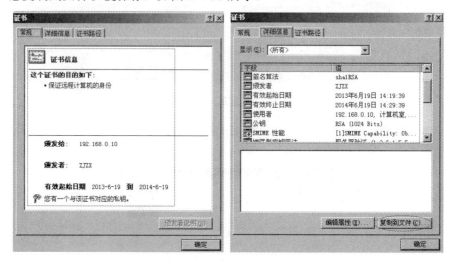

图 2-4-35 安装的证书信息

步骤 6 在"默认网站 属性"的"目录安全性"对话框中单击"编辑"按钮，打开"安全通信"对话框，勾选"要求安全通道(SSL)"，选定"要求客户端证书"项，单击"确定"按钮，如图 2-4-36 所示。至此 Web 服务器配置完毕。

在安全通信中，也可选择其他选项，视具体情况而定。

此时在控制台管理单元里什么都没有。

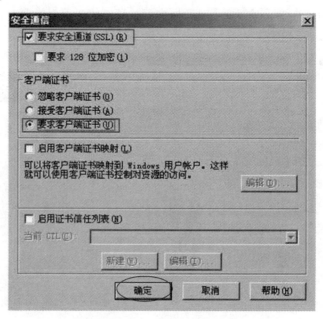

图 2-4-36 设置安全通道

5) 创建 CA 管理控制台

步骤 1　单击"开始"→"运行"，在运行栏输入 mmc，单击"确定"按钮，打开控制台，如图 2-4-37 所示。

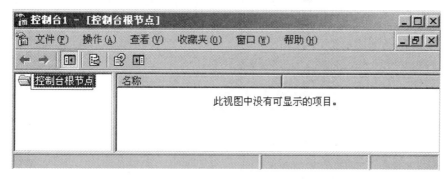

图 2-4-37　控制台 1

步骤 2　在"控制台"单击"文件"菜单的"添加/删除管理单元"，在弹出的对话框中单击"独立"选项卡，在"将管理单元添加到"列表中选择"控制台根节点"，单击"添加"按钮，在打开的"添加独立管理单元"对话框的"可用的独立管理单元"列表中选定"证书"，单击"添加"按钮，如图 2-4-38 所示。

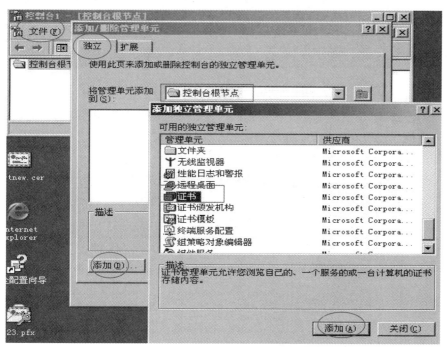

图 2-4-38　添加独立管理单元：证书

步骤 3　在弹出的"证书管理单元"窗口中选定"计算机账户"，单击"下一步"按钮，如图 2-4-39 所示。

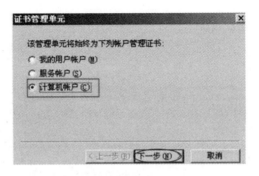

图 2-4-39　管理账户选择

我们还可以添加其他管理单元。

步骤 4　在"选择计算机"对话框中选定"本地计算机",单击"完成"按钮,如图 2-4-40 所示,返回到上一对话框中,单击"关闭"按钮,返回到上一对话框,再单击"确定"按钮,返回到控制台。

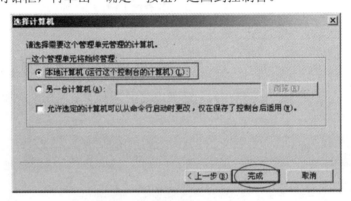

图 2-4-40　"选择计算机"对话框

步骤 5　在控制台中单击左侧的"受信任的根证书"的"证书"选项,在右侧区域可看到配置的根证书:ZJZX。若没有,则必须导入证书颁发机构的数字证书,如图 2-4-41 所示。

图 2-4-41　查看根证书:ZJZX

步骤 6 保存控制台 1 到管理工具中,单击"文件"→"另存为",在"另存为"对话框的"文件名"文本框中输入"CA 证书",单击"保存"按钮,以便下次使用。

3. 客户机申请数字证书

要求:在客户机上申请数字证书,完成证书的安装与配置,实现客户机安全访问网站。参考图 2-4-1 所示的拓扑结构进行配置。

1) 申请数字证书

步骤 1 浏览器地址栏中输入"http://www.myca.com/certsrv/certrqus.asp",按回车键,在页面中单击"申请一个证书",在打开的页面中单击"Web 浏览器证书",如图 2-4-42 所示。

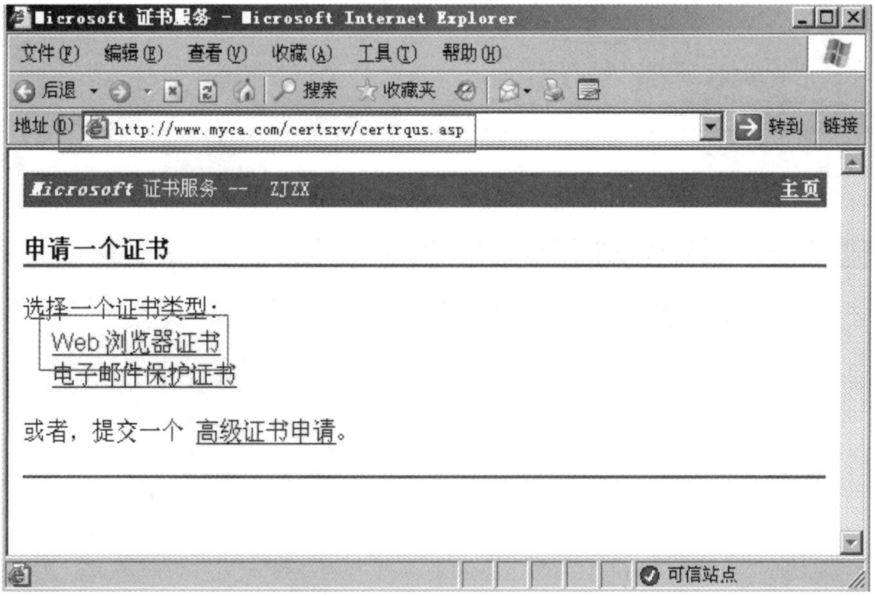

一般用户申请"Web 浏览器证书"即可,"高级证书申请"里有更多选项,也就有很多专业术语,高级用户也可单击"进入"按钮进行申请。

"国家(地区)"需用国际代码填写,如 CN 代表中国。

图 2-4-42 申请 Web 浏览器证书

步骤 2 在"Web 浏览器证书-识别信息"页面中,"姓名"是必填项,如王山,其他项目可不填,但由于 CA 服务器的管理员是根据申请人的详细信息决定是否颁发的,所以请尽量多填,并且要填写真实信息,因为 CA 管理员会验证申请人的真实信息,然后进行颁发。填写完后单击"更多选项:",勾选"启用强私钥保护"选项,单击"提交"按钮,如图 2-4-43 所示。

步骤 3 单击"潜在的脚本冲突"对话框的"是"按钮,如图 2-4-44 所示。

默认情况下,"启用强私钥保护"选项并没有勾选上,建议将它勾选上,单击"提交"按钮,就会让申请人设置证书的安全级别。如果不将安全级别设置为高级并用口令进行保护,则只要机器上装有该证书,任何人都可以用它作为认证,所以建议将证书设置为高级安全级别,用口令进行保护。

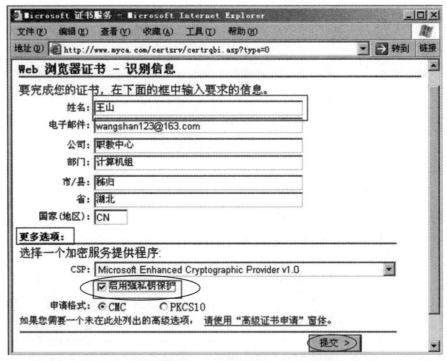

图 2-4-43　识别信息填写

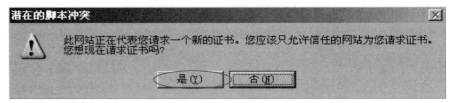

图 2-4-44　信息提示

默认的安全级别为"中"。

步骤 4　在弹出的对话框中单击"设置安全级别"按钮，在"选择适合这个项目的安全级别"中选择"高"，单击"下一步"按钮，如图 2-4-45 所示。

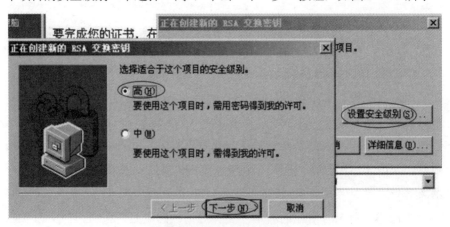

图 2-4-45　设置安全级别

步骤5 在弹出的对话框中输入密码，如 zjzx，确认后单击"完成"按钮，如图 2-4-46 所示。返回到上一对话框中，单击"确定"按钮，再返回到浏览器页面中，直此证书被挂起，等待 CA 管理员的审核。

输入密码，对证书进行加密，并记住密码。因为在以后调用该证书的时候，浏览器会弹出输入密码的窗口。

如果CA管理员核对信息后决定颁发此证书，则申请人在其颁发之后再次访问该系统。

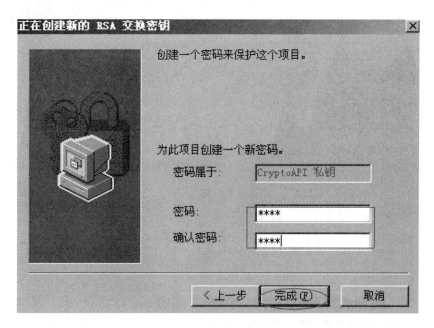

图 2-4-46 输入密码

步骤6 若 CA 管理员审核并颁发证书，在客户机浏览器地址栏中输入 "http://www.myca.com/certsrv/certckpn.asp"，按回车键，在页面中单击"查看挂起的证书申请的状态"，在打开的页面中单击"Web 浏览器证书"，如图 2-4-47 所示。

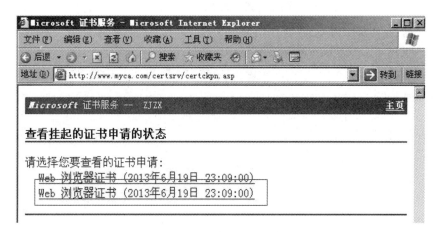

图 2-4-47 查看挂起的证书申请状态

步骤7 在打开的"证书已颁发"页面中单击"安装此证书"，弹出信息询问对话框，单击"是"按钮，如图 2-4-48 所示。

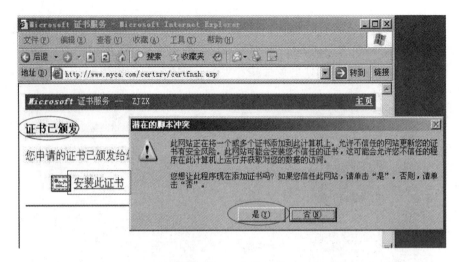

图 2-4-48　安装证书

刚才安装的数字证书，可单击浏览器上的"工具"→"Internet 选项"→"内容"→"证书"。

步骤 8　再次单击"是"按钮，完成证书的安装，如图 2-4-49 所示。

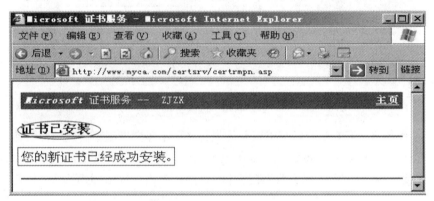

图 2-4-49　完成证书的安装

由于 Web 服务器已经配置成要求 SSL 通道，所以客户访问的时候不能再用 http 协议，而应该用 https 协议。

2) 测试数字证书

步骤 1　在客户机的浏览器地址栏中输入"https://www.myca.com/"或"https://192.168.0.10/"，按回车键，弹出"安全警报"对话框，直接单击"是"按钮，如图 2-4-50 所示。

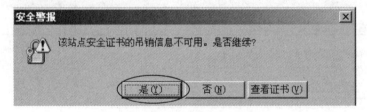

图 2-4-50　安全警报信息提示

步骤 2　打开"选择数字证书"对话框，如图 2-4-51 所示，在其选择证书列表框中选定刚申请的证书，也可单击"查看证书"按钮获得更多信息。

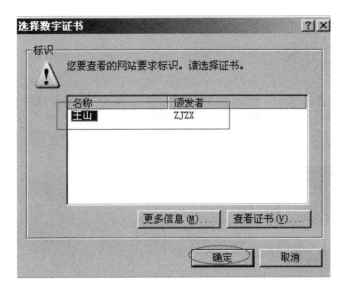

图 2-4-51 "选择数字证书"对话框

步骤 3 单击"确定"按钮，登录到网站，如图 2-4-52 所示，CA 服务器与客户机配置成功。

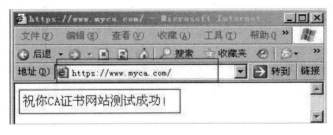

图 2-4-52 客户机登录网站成功

 **我收获**

课堂表现

知识掌握

 **我留言**

 **我练习**

自己设计拓扑配置图，要求：

(1) 在 VM01 中搭建一台 CA 服务器。

(2) 在客户机 VM02 申请并安装数字证书，实现域名访问 Web 服务器。

(3) 将配置步骤用文档的形式上交备查。

任务 5　安装与配置 DHCP 服务器

 我明了

在本任务中，了解 DHCP 的基础知识，熟悉 DHCP 的安装步骤；熟悉 DHCP 的配置要领。

 我掌握

本任务要求认识 DHCP 的作用，掌握 DHCP 的安装与 DHCP 的配置技巧。

 我准备

1. 理解 DHCP 服务

DHCP 是 Dynamic Host Configuration Protocol 的缩写，它是 TCP / IP 协议族中的一种，主要是用来给网络客户机分配动态的 IP 地址。

在使用时，当 DHCP 客户端程序发出一个信息，要求一个动态的 IP 地址时，DHCP 服务器会根据目前已经配置的地址，提供一个可供使用的 IP 地址和子网掩码给客户端。

2. 使用 DHCP 的优点

DHCP 使服务器能够动态地为网络中的其他主机提供 IP 地址。使用 DHCP 可以大大简化配置客户机 TCP / IP 的工作，尤其是当某些 TCP / IP 参数发生改变，如网络的大规模重建引起的 IP 地址和子网掩码更改时工作量更可简化。

DHCP 服务器是运行 Microsoft TCP / IP、DHCP 服务器软件和 Windows Server 的计算机，DHCP 客户机则是请求 TCP / IP 配置信息的 TCP / IP 主机。DHCP 使用客户机 / 服务器模型，网络管理员可以创建一个或多个维护 TCP / IP 配置信息的 DHCP 服务器，并且将其提供给客户机。

注意各分配方式的优缺点。

3. DHCP 分配地址的方式

常见的地址分配方式如下。

(1) 手工分配：在手工分配中，网络管理员在 DHCP 服务器上通过手工方法配置 DHCP 客户机的 IP 地址。当 DHCP 客户机要求网络服务时，DHCP 服务器把手工配置的 IP 地址传递给 DHCP 客户机。

(2) 自动分配：在自动分配中，不需要进行任何的 IP 地址手工分配。在 DHCP 客户机第一次向 DHCP 服务器租用到 IP 地址后，这个地址就永久地分配给了该 DHCP 客户机，而不会再分配给其他客户机。

(3) 动态分配：当 DHCP 客户机向 DHCP 服务器租用 IP 地址时，DHCP 服务器只是暂时分配给客户机一个 IP 地址。只要租约到期，这个地址就会还给 DHCP 服务器，以供其他客户机使用。如果 DHCP 客户机仍需要一个 IP 地址来完成工作，则可以再要求另外一个 IP 地址。

动态分配方法是唯一能够自动重复使用 IP 地址的方法。DHCP 客户机在不再需要 IP 地址时才放弃，如 DHCP 客户机要正常关闭时，它可以把 IP 地址释放给 DHCP 服务器，然后 DHCP 服务器就可以把该 IP 地址分配给申请 IP 地址的 DHCP 客户机。

4. 所需设备

计算机一台、Windows Server 2003 镜像文件(ISO)、VMware Workstation 软件。

5. 实验拓扑

我校实训室有几百台主机，若给每台主机配置一个静态 IP 地址，其工作量非常大，为了方便管理与提高效率，现搭建专用服务器来配置 DHCP 服务器，为实训室内的主机分配 IP 地址。其拓扑结构如图 2-5-1 所示。

在交换机上划分 VLAN 来区分三个网络。

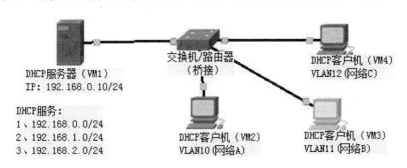

图 2-5-1　配置拓扑结构

 我动手

1. 搭建 DHCP 服务器及新建作用域

在此以网络 A 进行实现。

要求：我校实训室有 200 台计算机，规划到一个网络中，请使用 DHCP 服务器来分配 IP 地址，现在专用服务器上参考图 2-5-1 所示的拓扑结构来配置 DHCP 的普通作用域来实现此功能。

1) DHCP 服务的安装

在"添加/删除 Windows 组件"对话框中选定"网络服务"，单击"详细信息"按钮，以弹出的"网络服务"对话框中选定"动态主机配置协议(DHCP)"，单击"确定"按钮返回，单击"下一步"按钮，如图 2-5-2 所示，直到程序安装结束后单击"完成"按钮。

DHCP 服务器地址为：
192.168.0.10。

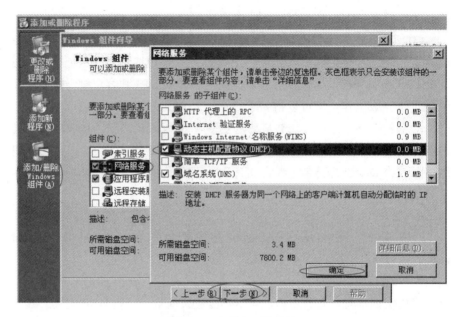

图 2-5-2 安装 DHCP 服务

2) DHCP 配置(新建作用域即 VLAN10)

步骤 1 启动 DHCP，单击"开始"→"管理工具"→"DHCP"，如图 2-5-3 所示。

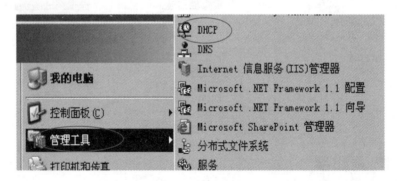

图 2-5-3 启动 DHCP

步骤 2 在 DHCP 控制台中，右击计算机名，如 ns[192.168.0.10]，单击快捷菜单的"新建作用域"，在弹出的"新建作用域向导"对话框中，单击"下一步"按钮，弹出"作用域名"对话框，在"名称"文本框中输入"vlan10"，在"描述"文本框中输入"网络 A"，单击"下一步"按钮，如图 2-5-4 所示。

步骤 3 在"IP 地址范围"对话框的"起始 IP 地址"文本框中输入"192.168.0.1"，"结束 IP 地址"文本框中输入"192.168.0.254"，确定 IP 地址的"长度"(如 24)，或输入"子网掩码"文本框中输入"255.255.255.0"，单击"下一步"按钮，如图 2-5-5 所示。

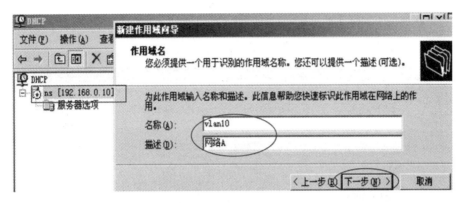

图 2-5-4　"作用域名"窗口

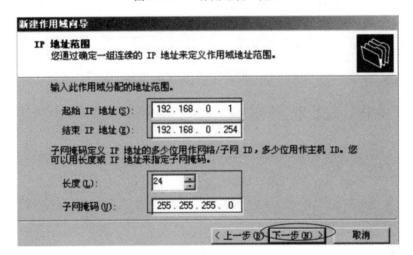

排除的地址若不连续，可反复添加来实现。

图 2-5-5　IP 地址范围

步骤 4　在"添加排除"对话框的"起始 IP 地址"文本框中输入"192.168.0.1"，"结束 IP 地址"文本框中输入"192.168.0.20"，单击"添加"按钮，结束后单击"下一步"按钮，如图 2-5-6 所示。

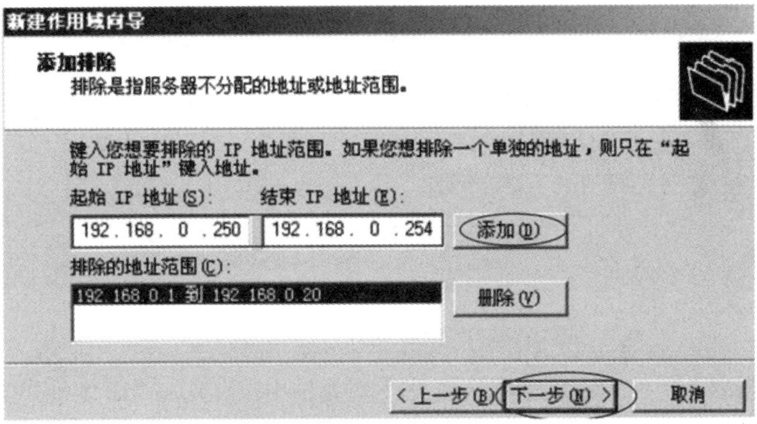

图 2-5-6　排除 IP 地址

步骤 5 在"租约期限"对话框中，选择好"限制为"中的"天、小时、分钟"，单击"下一步"按钮，如图 2-5-7 所示。

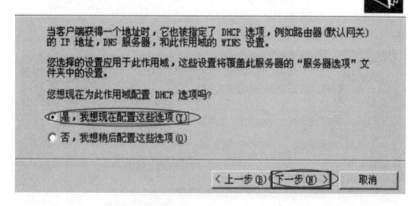

图 2-5-7 "租约期限"对话框

步骤 6 在"配置 DHCP 选项"对话框中，选定"是，我想现在配置这些选项(Y)"，再单击"下一步"按钮，如图 2-5-8 所示。

默认网关为路由器接口 IP 地址。

图 2-5-8 "配置 DHCP 选项"对话框

步骤 7 在"路由器(默认网关)"对话框中，首先在"IP 地址"文本框中输入"192.168.0.254"，单击"添加"按钮，单击"下一步"按钮，如图 2-5-9 所示。

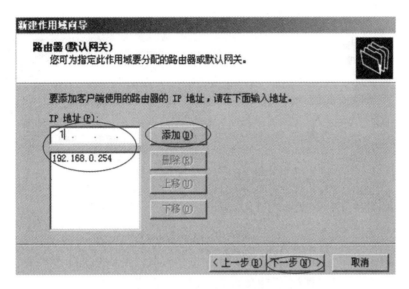

图 2-5-9 路由器(默认网关)

步骤 8 在弹出的"域名称和 DNS 服务器"对话框中，在"父域"文本框中输入本服务器的域名(如 cz.net)，在"服务器名"文本框中输入服务器名(如 ns)，在"IP 地址"文本框中输入 IP 地址(如 192.168.0.10)，然后单击"添加"按钮，再单击"下一步"按钮，如图 2-5-10 所示。

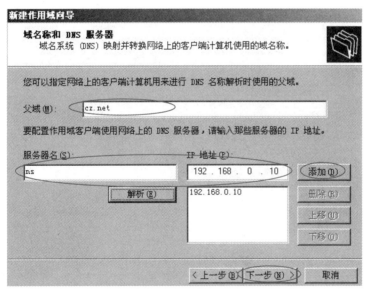

图 2-5-10 "域名称和 DNS 服务器"对话框

步骤 9 在弹出的"WINS 服务器"对话框中，若配置了此服务器就可进一步设置(同 DNS 的配置)，若没有配置，就直接单击"下一步"按钮，在出现的激活作用域中选择"是，我想现在激活此作用域"项，如图 2-5-11 所示，然后单击"下一步"按钮；最后在完成向导中单击"完成"按钮即可。

DHCP 必须授权，若不
授权，则无效。

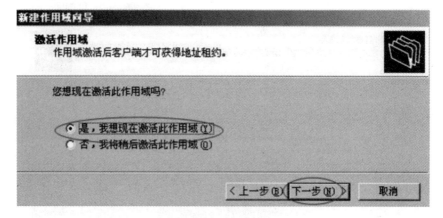

图 2-5-11 激活作用域

步骤 10 在 DHCP 窗口中，右击服务器名，在弹出的快捷菜单中单击
"授权"。也可对授权的 DHCP 撤销授权，在同栏右击服务器名，单击快
捷菜单的"撤销授权"。

3) 验证 DHCP

步骤 1 DHCP 客户机上，在"本地连接 属性"常规选项卡的列表中
单击"Internet 协议(TCP/IP)"，单击"属性"按钮，在弹出的"Internet 协
议(TCP/IP)属性"对话框的"常规"选项卡中选择"自动获得 IP 地址"，
最后单击"确定"按钮，返回到"本地连接 属性"对话框，再单击"确定"
按钮完成设置，如图 2-5-12 所示。

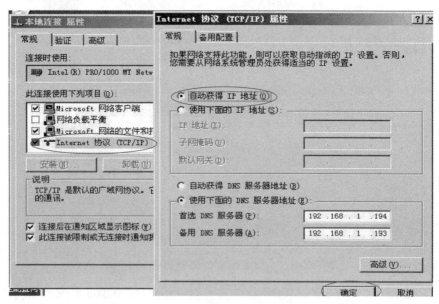

图 2-5-12 客户机 IP 地址设置

步骤 2 单击"开始"→"运行"，在运行对话框中输入"cmd"，单击
"确定"按钮，在打开的 DOS 命令窗口中输入"ipconfig"，按回车键，若

有 IP 地址显示，则证明 DHCP 服务器配置成功，如图 2-5-13 所示。

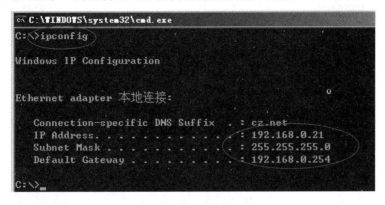

图 2-5-13　客户机的 IP 地址

2. 在 DHCP 新建超级作用域

要求：随着实训条件的不断改善，我校实训室的计算机突破了 600 台，为方便管理，现将其规划成三个网络，即网络 A、网络 B、网络 C，仍使用 DHCP 服务器来分配 IP 地址，现在专用服务器上参考图 2-5-1 所示的拓扑结构来配置 DHCP 超级作用域来实现此功能。

1) 安装 DHCP 服务器

参考之前的步骤进行操作。

在交换机或路由器上配置 DHCP 中继。

2) 新建超级作用域

步骤 1　在 DHCP 控制台中右击服务器名：ns(192.168.0.10)，单击快捷菜单的"新建超级作用域"，在打开的"欢迎使用新建超级作用域向导"对话框中单击"下一步"按钮，在"超级作用域名"对话框的"名称"文本框中输入"实训室主机"，单击"下一步"按钮，如图 2-5-14 所示。

步骤 2　在"选择作用域"对话框的"可选作用域"列表中，选定要添加到超级作用域中的作用域，单击"下一步"按钮，如图 2-5-15 所示。

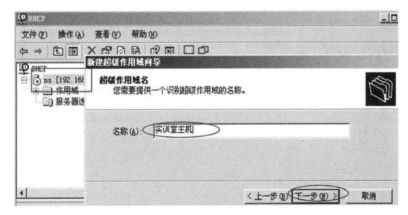

图 2-5-14　"超级作用域名"对话框

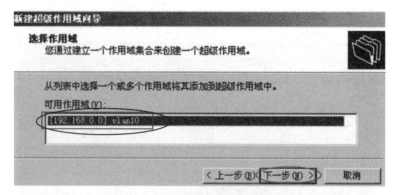

图 2-5-15 "选择作用域"对话框

步骤 3 在出现的"正在完成新建超级作用域向导"对话框中单击"完成"按钮，完成新建超级作用域，如图 2-5-16 所示。

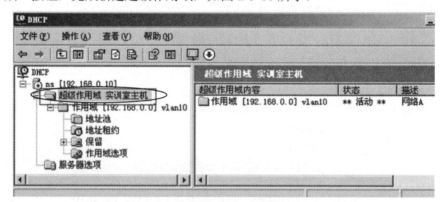

图 2-5-16 超级作用域 实训室主机

3) 给超级作用域添加作用域

也可先新建作用域，后建超级作用域。

步骤 1 新建作用域(VLAN11)：右击"超级作用域 实训室主机"，单击快捷菜单的"新建作用域"，在打开的"欢迎使用新建作用域向导"对话框中单击"下一步"按钮，在"作用域名"的"名称"文本框中输入"VLAN11"，"描述"文本框中输入"网络 B"，单击"下一步"按钮，如图 2-5-17 所示。

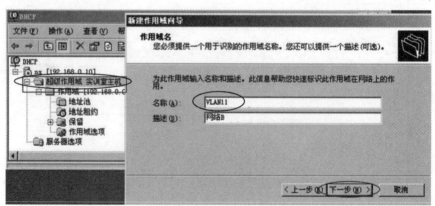

图 2-5-17 "作用域名"对话框

步骤 2 在"IP 地址范围"对话框的"起始 IP 地址"文本框中输入"192.168.1.1","结束 IP 地址"文本框中输入"192.168.1.254",在"长度"列表中选择"24","子网掩码"文本框中输入"255.255.255.0",单击"下一步"按钮，如图 2-5-18 所示。

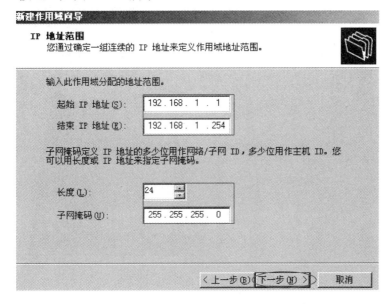

图 2-5-18　IP 地址范围

步骤 3 在"添加排除"对话框的"起始 IP 地址"文本框中输入"192.168.1.250","结束 IP 地址"文本框中输入"192.168.1.254",单击"添加"按钮，若还有则继续添加，最后单击"下一步"按钮，如图 2-5-19 所示。

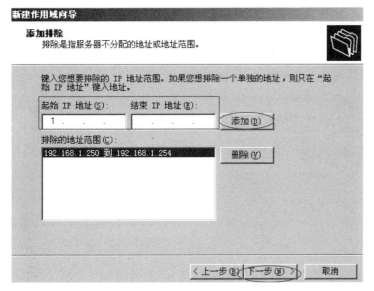

图 2-5-19　添加排除

步骤 4 在"租约期限"对话框中设置时间，如 4 天 5 小时，单击"下一步"按钮，如图 2-5-20 所示。

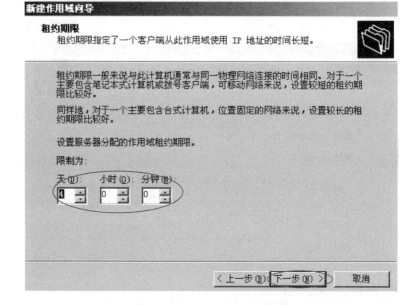

图 2-5-20 "租约期限"对话框

步骤 5 在"配置 DHCP"对话框中选择"是，我想现在配置这些选项"后，单击"下一步"按钮，如图 2-5-21 所示。

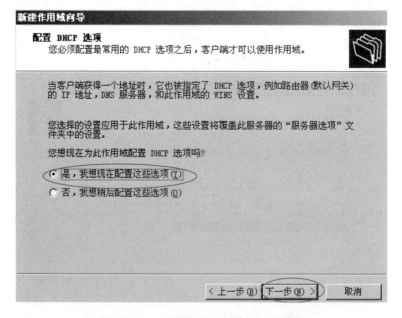

图 2-5-21 "配置 DHCP 选项"对话框

步骤 6 在"路由器(默认网关)"对话框的"IP 地址"文本框中输入"192.168.1.254"，依次单击"添加"按钮、"下一步"按钮，如图 2-5-22 所示。

步骤 7 在"域名称和 DNS 服务器"对话框的"父域"文本框中输入"cz.net",在"服务器名"文本框中输入"ns","IP 地址"文本框中输入"192.168.0.10",依次单击"添加"按钮、"下一步"按钮,如图 2-5-23 所示。

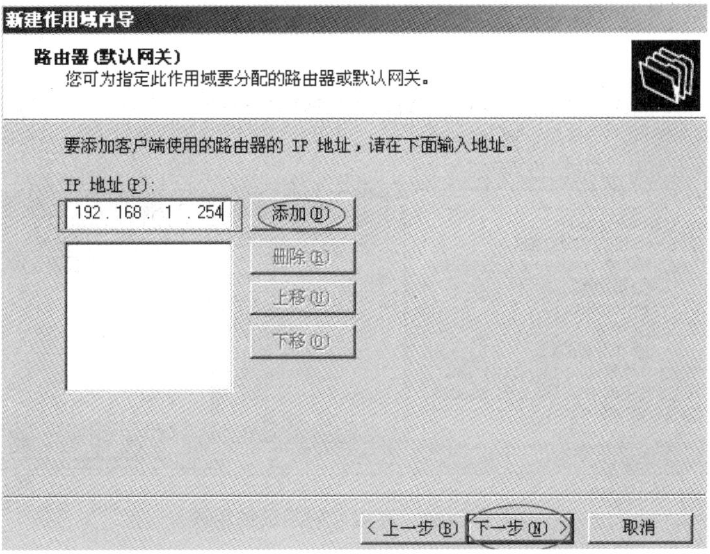

图 2-5-22 "路由器(默认网关)"对话框

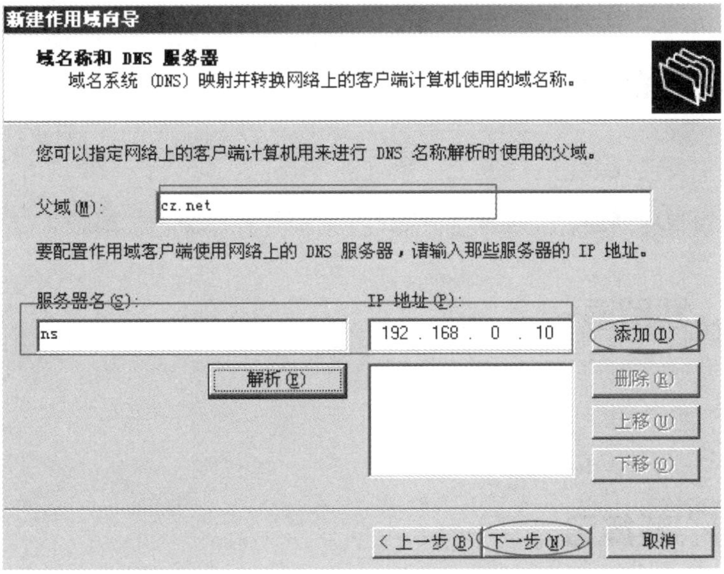

图 2-5-23 "域名称和 DNS 服务器"对话框

步骤 8 在"WINS 服务器"对话框中直接单击"下一步"按钮,打开"激活作用域"对话框,选择"是,我想现在激活此作用域"选项,单击"下一步"按钮,最后根据提示单击"完成"按钮。

步骤 9 重复上述步骤(1)~(8),添加 VLAN12 作用域。其区别是:IP

地址范围是 192.168.2.1~192.168.2.254，排除 IP 地址范围是：192.168.2.250~192.168.2.254，路由器(默认网关)是：192.168.2.254。其余的同 VLAN11 作用域。

步骤 10 对超级作用域进行"授权"，完成后的超级作用域如图 2-5-24 所示。

图 2-5-24 完成后的超级作用域

4) 测试

分别在客户机测试，方法同前，VM02、VM03、VM04 上都能获得正确的 IP 地址，结果如图 2-5-13 所示。

 我收获

课堂表现

知识掌握

 我留言

 **我练习**

1. 在 VM01 安装 DHCP 服务，创建一个作用域，实现 172.16.1.0~172.16.1.24 网段各主机的 IP 地址动态分配，要求排除 172.16.1.1~172.16.1.20、172.16.1.250~172.16.1.254 两部分地址，默认网关：172.16.1.254。

2. 创建一个超级作用域，实现四个网络的 IP 地址动态分配。其网段分别是：172.16.1.0~172.16.1.24、172.16.2.0~172.16.2.24、192.168.1.0~192.168.1.24、

192.168.2.0~192.168.2.24，排除后 10 个地址不用，租期分别为 3 天、5 天、4 天和 2 天，DNS 域名为 cz.com，其 IP 地址为 202.103.44.150，网关都设最后的一个地址。

任务 6　邮件服务器的安装与配置

我明了

在本任务中，了解邮件服务器的基础知识，熟悉邮件服务器的安装步骤；熟悉邮件服务器的配置要领。

我掌握

本任务要求认识邮件服务器的作用，掌握邮件服务器的安装与配置技巧。

我准备

1. 安装邮件服务器的准备

(1) Mail 服务器系统：由 POP3 服务、简单邮件传输协议(SMTP)服务以及电子邮件客户端三个组件组成。POP3 服务与 SMTP 服务一起使用，POP3 为用户提供邮件下载服务，SMTP 则用于发送邮件和邮件在服务器间的传递。电子邮件客户端是用于读取、撰写以及管理电子邮件的软件。

(2) 电子邮件：电子邮件(E-mail，也被大家昵称为"伊妹儿")是 Internet 应用最广的服务。电子邮件地址的典型格式的样式是 abc1@cz.net，这里@之前是您自己选择代表您的字符组合或代码，@之后是为您提供电子邮件服务的服务商名称，如 lybinbin288@163.com。

(3) SMTP：SMTP(Simple Mail Transfer Protocol)即简单邮件传输协议，它是一组用于由源地址到目的地址传送邮件的规则，由它来控制信件的发送或中转方式。SMTP 协议属于 TCP / IP 协议族，它帮助每台计算机在发送或中转信件时找到下一个目的地。通过 SMTP 协议所指定的服务器，我们就可以把 E-mail 寄到收信人的服务器上了。

(4) POP3：POP3(Post Office Protocol 3)即邮件协议的第 3 个版本，它规定怎样将个人计算机连接到 Internet 的邮件服务器和下载电子邮件的电子协议。它是 Internet 电子邮件的第一个离线协议标准，POP3 允许用户从服务器上把邮件存储到本地主机(即自己的计算机)上，同时删除保存在邮件服务器上的邮件，而 POP3 服务器则是遵循 POP3 协议的接收邮件服务器，用来接收电子邮件的。

(5) MX 记录：用于电子邮件系统发邮件时根据受信人的地址后缀来定位邮件服务器。例如，当收件人为"abc@cz.net"时，系统将对"cz.net"进行 DNS 中的 MX 记录解析。如果 MX 记录存在，系统就根据 MX 记录的优先级将邮件转发到与该 MX 相应的邮件服务器上。

2．所需设备

计算机一台、Windows Server 2003 镜像文件(ISO)、VMware Workstation 软件。

3．实验拓扑

我校为了信息的传输与交流，在专用服务器上配置邮件服务，实现师生的邮件传递，其拓扑结构如图 2-6-1 所示。

图 2-6-1　配置拓扑结构

 我动手

1．安装邮件服务

1) 邮件服务的安装

步骤 1　在"添加/删除 windows 组件"对话框中选定"电子邮件服务"，如图 2-6-2 所示。

邮件服务器地址为：
192.168.0.10。

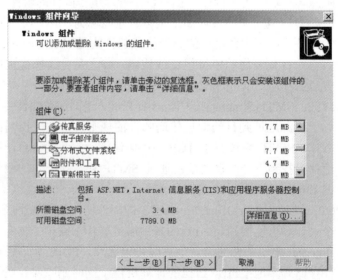

图 2-6-2　安装电子邮件服务

步骤 2　在"组件"对话框中继续选定"应用程序服务器"，单击"详细信息"按钮,在弹出的"应用程序服务器"对话框中选定"Internet 信息服务(IIS)",单击"详细信息",在其列表中选定"SMTP Service",单击 2次"确定"按钮返回,单击"下一步"按钮,如图 2-6-3 所示,直到程序安装结束后单击"完成"按钮。

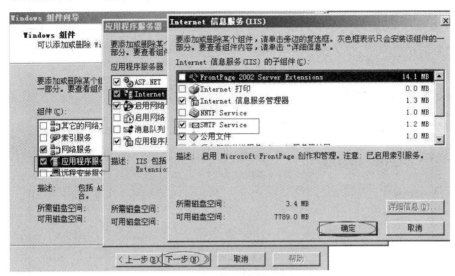

图 2-6-3   安装 SMTP 服务等服务

2) POP3 配置

步骤 1   启动 POP3,依次单击"开始"→"管理工具"→"POP3 服务"。

步骤 2   在"POP3 服务"对话框中单击左侧的服务器名:ns,再单击右侧的"服务器属性",打开"NS 属性"对话框,在"身份验证方法"列表中选择其用户类型(只有在邮件服务器没有安装为域控制器时,才可以更改身份验证方法),设置"服务器端口"、"日志级别",更改"根邮件目录"(如 C:\test3),设置结束后单击"确定"按钮,如图 2-6-4 所示。

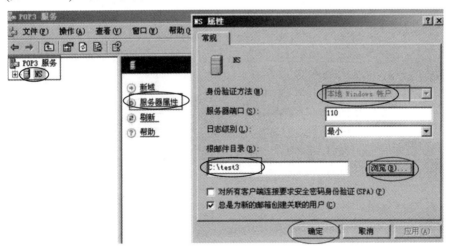

图 2-6-4   设置 POP3 服务

3) SMTP 配置

为了便于管理，可以为
SMTP 服务指定一个
IP 地址。

步骤 1　在"Internet 信息服务(IIS)管理器"窗口，右击"默认 SMTP 虚拟服务器"，单击快捷菜单的"属性"，在"常规"选项卡的"IP 地址"列表中选择 IP 地址为：192.168.0.10，如图 2-6-5 所示。也可进行连接数与时间进行设置。

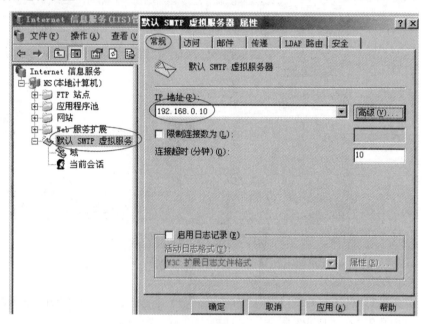

图 2-6-5　设置 SMTP 服务器的 IP 地址

步骤 2　在"默认 SMTP 虚拟服务器　属性"对话框的"邮件"选项卡中，对邮件的邮件大小、会话大小、每个连接的邮件数、每个邮件的收件人数等进行设置，同时也可更改死信目录，如图 2-6-6 所示。

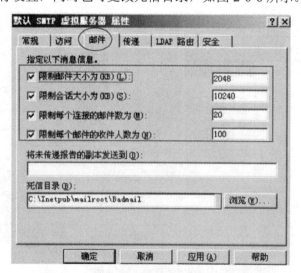

图 2-6-6　设置 SMTP 服务器的邮件限制

步骤 3 在"默认 SMTP 虚拟服务器 属性"对话框的"传递"选项卡中，单击"高级"，在"高级传递"对话框中，设置"最大跳数"为：15，"完全合格域名"为：cz.net，如图 2-6-7 所示。设置结束后单击"确定"按钮返回到"传递"选项卡中，最后单击"确定"按钮完成 SMTP 服务的配置。

如果服务器拥有很多用户，设置连接数和超时设置就显得非常重要了，这样可以有效地避免用户对服务器的滥用，提高服务器的使用效率。

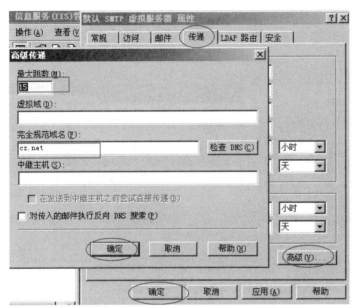

图 2-6-7 设置 SMTP 服务器的"传递"参数设置

4) DNS 配置

步骤 1 在 DNS 控制台中的 cz.net 域中新建三个主机记录：pop3.cz.net、smtp.cz.net、mail.cz.net。

步骤 2 在 cz.net 域中新两条邮件交换记录：其主机或域名一个不输，一个输主机名为：mail，完全合格的域名为：mail.cz.net。最终结果如图 2-6-8 所示。

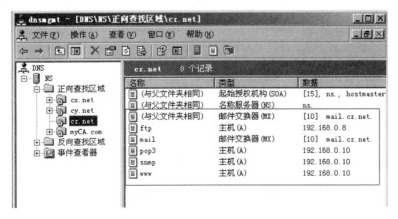

图 2-6-8 完成的 DNS 邮件主机及交换器设置

2. 邮箱管理与邮件测试

1) 用户邮件管理

(1) 创建邮箱。

步骤 1 在"POP3 服务"控制台中，单击服务器名：ns，再单击右侧中的"新域"，在打开的"添加域"对话框的"域名"文本框中输入"cz.net"，单击"确定"按钮完成域的创建，如图 2-6-9 所示。

图 2-6-9 新建域 cz.net

步骤 2 在"POP3 服务"控制台中，单击域名：cz.net，再单击右侧中的"添加邮箱"，在打开的"添加邮箱"对话框的"邮箱名"文本框中输入"abc1"，勾选"为此邮箱创建相关联的用户"，并输入密码，单击"确定"按钮完成邮箱的添加，如图 2-6-10 所示。

若已创建了与"邮箱名"相同的用户名，在此不勾选"为此邮箱创建相关联的用户"项。

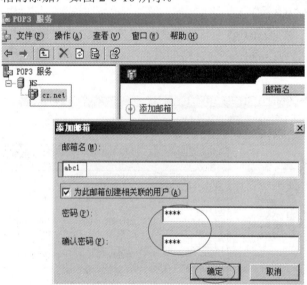

图 2-6-10 添加邮箱 abc1

步骤3　在弹出的"POP3 服务"对话框中，注意：其身份验证不同，其账户名也不同。单击"确定"按钮返回，如图 2-6-11 所示。

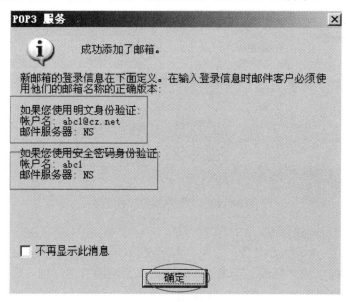

图 2-6-11　"POP3 服务"对话框

步骤4　重复操作添加邮箱名为：abc2、abc3，其结果如图 2-6-12 所示。

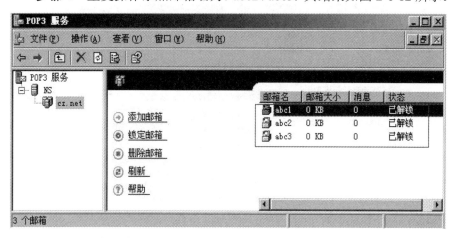

图 2-6-12　已经添加的电子邮箱

(2) 删除邮箱。

在"POP3 服务"控制台中，右击要删除的邮箱(如 abc3)，单击快捷菜单的"删除"，打开"删除邮箱"对话框，勾选"同时也删除与此邮箱相关联的用户账户"，单击"是"按钮，如图 2-6-13 所示。

(3) 锁定/解除锁定邮箱。

在"POP3 服务"控制台中，右击要锁定的邮箱(如 abc3)，单击快捷菜单的"锁定"，若要解除邮箱锁定，在快捷菜单中单击"解除锁定"即可。

如果需要暂时禁用某个邮箱账户，就没有必要删除，以备日后重新起用，这时可以锁定该邮箱账户。

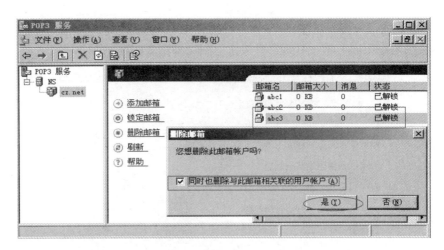

图 2-6-13　"删除邮箱"对话框

(4) 用户邮箱限制。

步骤 1　邮箱大小设置：右击"本地磁盘(C:)"，单击"本地磁盘(C:)属性"对话框中的"配额"选项卡，勾选"启用配额管理"项，设置磁盘的总容量、用户数量，如图 2-6-14 所示。

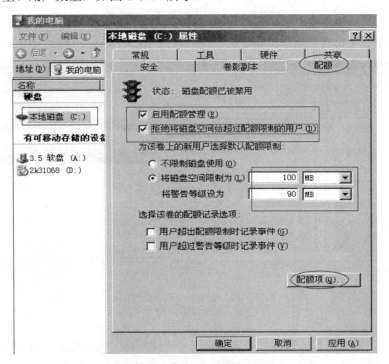

图 2-6-14　启用磁盘配额功能

用户选择可参考 FTP 中的用户设置。

步骤 2　邮箱账户磁盘容量设置：在"本地磁盘(C:)属性"对话框中的"配额"选项卡中，单击"配额项"按钮，在打开的"本地磁盘(C:)的配额项"窗口中，单击"配额"菜单中的"新建配额项"，弹出"选择用户"

对话框，依次单击"高级"、"立即查找"，在"搜索结果"列表中选择
用户(如 abc1)，再单击"确定"按钮，结果如图 2-6-15 所示。

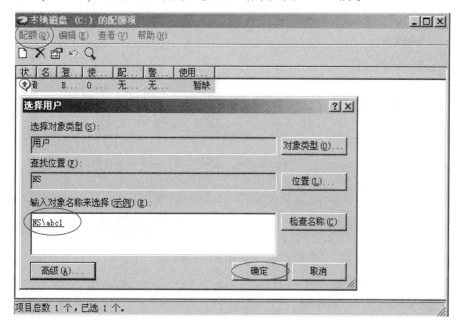

图 2-6-15 选定邮箱账户：abc1

步骤 3 在"选择用户"对话框中，单击"确定"按钮，在弹出的"添
加新配额项"对话框中，选定"将磁盘空间限制为"项，设置其空间为：
100 MB，"将警告等级设为"：90 MB，最后单击"确定"按钮，完成磁盘
配额的设置，如图 2-6-16 所示。

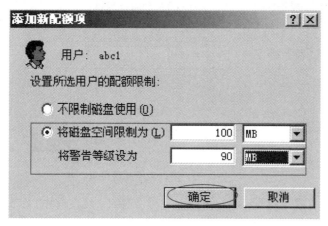

图 2-6-16 设置 abc1 的空间配额

2) 邮件测试

(1) Internet 连接设置。

步骤 1 在客户机上启动"Outlook Express"，打开"Internet 连接向导"

对话框，在"显示名"文本框中输入"abc1"，单击"下一步"按钮，如图 2-6-17 所示。

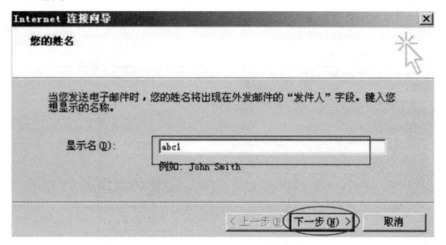

图 2-6-17　设置邮箱的"显示名"

步骤 2　在连接向导的"Internet 电子邮件地址"对话框的"电子邮件地址"文本框中输入"abc1@cz.net"，单击"下一步"按钮，如图 2-6-18 所示。

若不是第一次启动 Outlook Express 时，就直接进入到 Outlook Express 窗口。若要新建连接，可单击菜单"工具"→"账户"，在打开的"Internet 账户"对话框中单击"邮件"选项卡，再单击"添加"→"邮件"即可打开连接向导。

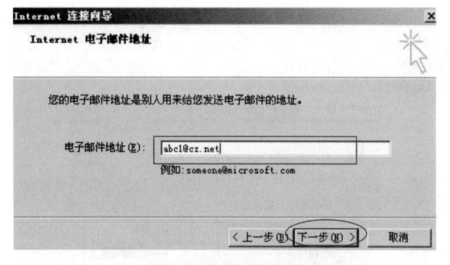

图 2-6-18　输入电子邮件地址

步骤 3　在"电子邮件服务器名"对话框的"接收邮件(POP3，IMAP 或 HTTP)服务器"文本框中输入"192.168.0.10"，在"发送邮件服务器(SMTP)"文本框中输入"192.168.0.10"，单击"下一步"按钮，如图 2-6-19 所示。

步骤 4　在"Internet 邮件登录"对话框的"账户名"文本框中输入"abc1@cz.net"，"密码"文本框中输入邮箱的密码，根据需要可勾选"记住密码"、"使用密码安全验证登录"选项，单击"下一步"按钮，如图

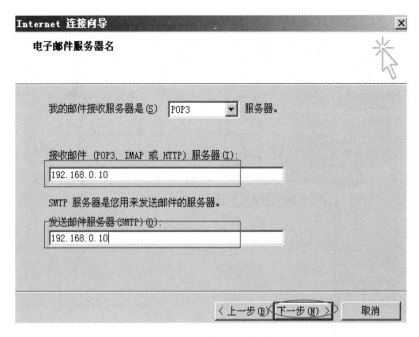

图 2-6-19 设置电子邮件服务器名

2-6-20 所示。接着单击"完成"按钮，完成 Internet 连接设置。

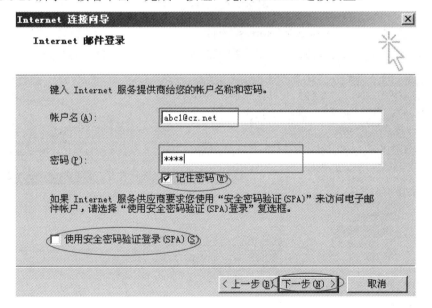

图 2-6-20 设置登录的邮箱信息

(2) 发送邮件。

步骤 1 在"Outlook Express"窗口中单击"创建邮件"按钮，打开邮件编辑窗口，在"收件人"文本框中输入"abc1@cz.net"，"主题"文本框中输入"mail 测试"，内容编辑栏中输入"邮件发送测试成功！"，结束后单击"发送"按钮，如图 2-6-21 所示。

请思考利用域名来收发邮件的方法。

图 2-6-21　mail 测试

　　步骤 2　在"Outlook Express"窗口中单击左侧的"已发送邮件"，在其右侧有一封发送的邮件，如图 2-6-22 所示，则证明邮件发送成功。

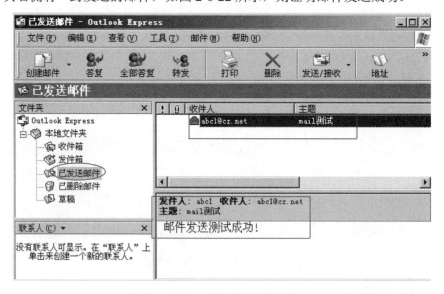

图 2-6-22　查看已发送的邮件

　　3) 接收邮件。

　　步骤 1　在"Outlook Express"窗口中单击"发送/接收"按钮，单击窗口左侧的"收件箱"，在双击右侧要打开的邮件，如图 2-6-23 所示。

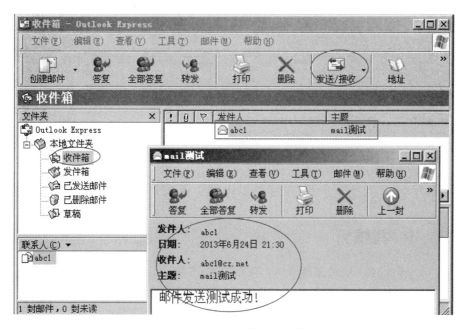

图 2-6-23 查看收到的邮箱

步骤 2 在打开的邮件中单击"答复"按钮，在其邮件编辑窗口中输入回复的内容(如邮件已收到)，然后单击"发送"按钮，如图 2-6-24 所示。

图 2-6-24 回复已收到的邮件

我收获

课堂表现

知识掌握

 我留言

 我练习

1. 在 VM01 安装邮件服务，添加三个邮箱，配置好 DNS 记录。
2. 在 VM02 安装 Outlook Express，实现邮件发送与接收。

项目三

搭建小型办公室网络

项目内容

本项目主要内容有：认识双绞线与网线制作；安装网卡与配置 IP 地址；共享网络文件；安装网络打印机。

项目目标

认识双绞线，掌握线序标准，学会网线制作；认识网卡，学会安装方法；理解 IP 地址的作用，学会 IP 地址配置方法；理解网络的作用，学会文件共享方法，学会安装网络打印机。

任务 1 制作网线

 我明了

在本任务中，了解传输介质——双绞线的性能，熟悉用双绞线制作网线的线序标准；熟悉网线的制作方法与测试标准。

 我掌握

本任务要求认识双绞线、网线制作的基本步骤与测试标准，掌握网线的制作技巧与检测方法。

 我准备

1. 制作网线的准备

(1) 双绞线的排线标准有以下两种。

① 标准 T568A 线序：绿白——1，绿——2，橙白——3，蓝——4，蓝白——5，橙——6，棕白——7，棕——8，如图 3-1-1(a)所示。

② 标准 T568B 线序：橙白——1，橙——2，绿白——3，蓝——4，蓝白——5，绿——6，棕白——7，棕——8，如图 3-1-1(b)所示。

(2) 直通线是网线两头的线芯都按 T568B 标准排序线头；交叉线是双绞线的一端使用 T568A 标准，另一端使用 T568B 标准进行排线。

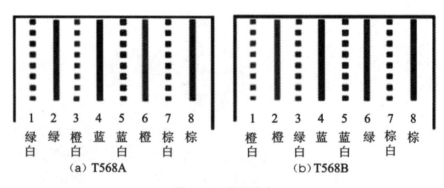

图 3-1-1 排线线序

(3) 网线制作过程为：准备工具、耗材，取线，剥线，排线，理线，压线，测线。

(4) 直通线的应用最广泛，它适用于不同设备之间，如路由器与交换机、计算机与交换机之间；交叉线一般用于相同设备的连接，如路由器与路由器、计算机与计算机之间。现在很多相同设备之间也支持直通线了，但还是建议使用交叉线。网线的长度一般为 1～2 m(不能超过 100 m)。图 3-1-2 所示的为已制作好的网线。

图 3-1-2　制作好的网线实物

(5) 使用测线仪检查，排除网线故障。

(6) 直通线：两端线序一致，要么都是 T568B，要么都是 T568A。

(7) 交叉线：一端为 T568B，另一端为 T568A。

2. 所需设备

一条双绞线，两个水晶头，一把网钳(压线钳)，一个测线仪。

 我动手

步骤 1　准备工具、耗材。准备好双绞线、水晶头、网钳(压线钳)、测线仪，如图 3-1-3 所示。

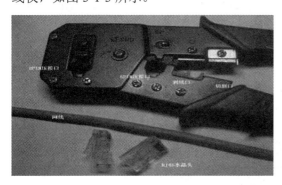

图 3-1-3　网线制作的工具及耗材

步骤 2　取线。利用压线钳的剪线刀口剪取适当长度的网线。

步骤 3　剥线。用压线钳的剪线刀口将线头剪齐，再将线头放入剥线刀口，稍微握紧压线钳慢慢旋转，让刀口划开双绞线的保护胶皮，拔下胶皮，如图 3-1-4 所示。

剥线长度为水晶头长度，这样可以有效避免剥线过长或过短。剥线过长一则不美观，另一方面因网线不能被水晶头卡住，容易松动；剥线过短，因有包皮存在，太厚，不能完全插到水晶头底部，造成水晶头插针不能与网线芯线完好接触，当然也不能制作成功了。

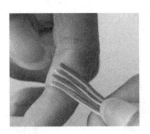

图 3-1-4 剥线

步骤4 排线。用手指摆开线缆，八根线芯按橙白、橙、绿白、蓝、蓝白、绿、棕白、棕顺序进行排序，排好后左手拇指与食指压着不松，如图 3-1-5 所示。

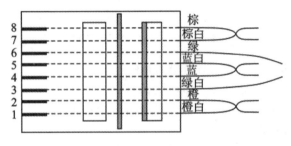

图 3-1-5 排线

将RJ-45头从无牙的一侧推入压线钳夹槽后，用力握紧线钳(如果您的力气不够大,可以使用双手一起压),将突出在外面的针脚全部压入水晶头内。

直通线两端都按照 T568B 标准进行排线：橙白、橙、绿白、蓝、蓝白、绿、棕白、棕。

交叉线排线，一端按照 T568B 标准进行排线：橙白、橙、绿白、蓝、蓝白、绿、棕白、棕；另一端按照 T568A 标准进行排线：绿白、绿、橙白、蓝、蓝白、橙、棕白、棕。

步骤5 理线。用网钳将线头剪平，一手以拇指和中指捏住水晶头，使有塑料弹片的一侧向下，针脚一方朝向远离自己的方向，并用食指抵住；另一手捏住双绞线外面的胶皮，缓缓用力将 8 条导线同时沿 RJ-45 头内的 8 个线槽插入，一直插到线槽的顶端，如图 3-1-6 所示。

图 3-1-6 理线

步骤 6　压线。利用网钳挤压水晶头，压紧水晶头使得水晶头的芯片与网线的线芯接触良好，如图 3-1-7 所示。

图 3-1-7　压线

步骤 7　参照以上方法制作好网线的另一端，制作好的网线两端如图 3-1-8 所示。

步骤 8　测线。水晶头的两端都做好后，即可用网线测试仪进行测试。如果测试仪上 8 个指示灯都依次为绿色闪过，则证明网线制作成功，如图 3-1-9 所示。

图 3-1-8　制作好的网线

图 3-1-9　测线

小提示：如果出现任何一个灯为红灯或黄灯，则证明存在断路或者接触不良现象，此时最好先对两端水晶头再用网钳压一次，再测，如果故障依旧，再检查一下两端芯线的排列顺序是否正确，如果不正确，剪掉错误的一端重新按另一端芯线排列顺序制作水晶头。如果芯线顺序正确，但测试仪在重新检测后仍显示红色灯或黄色灯，则表明其中肯定存在对应芯线接触不好。将另一端水晶头也剪掉重做，直到测试全为绿色指示灯闪过为止。对于制作方法，不同测试仪上的指示灯亮的顺序也不同，如果是直通线测试仪上的灯应该是依次顺序地亮。如果做的是交叉线，则测试仪的另一段的闪亮顺序应该是 3、6、1、4、5、2、7、8。

 我收获

课堂表现 □ □ □ □ □ □

知识掌握 □ □ □ □ □ □

 我留言

 我练习

1. 制作一条 2 m 的直通线。
2. 制作一条 3 m 的交叉线。

任务 2　调试网络(安装网卡与配置 IP 地址)

 我明了

在本任务中，了解网卡的作用，熟悉网卡的安装方法与 IP 地址的配置方法。

 我掌握

本次任务要求认识网卡、IP 地址的作用，掌握 IP 的配置方法与网络测试方法。

 我准备

1. 网卡(网络适配器)

(1) 认识网卡。一台计算机要与其他计算机联网，就必须要有网络适配器和网络通信协议，网络适配器属于通信的硬件，网络通信协议是通信的软件，网卡和网络通信协议在计算机网络中都是不可缺少的成员。

网络适配器(Network Interface Card, NIC)通常称为网卡，网卡是计算机网络中最基本的部件之一，它是连接 PC(个人计算机)与计算机网络的硬件设备，如图 3-2-1 所示。

图 3-2-1　网卡

计算机发送数据时把要传输的数据并行写到网卡的缓存上，网卡按特定的编码格式对要发送的数据进行编码，然后发送到传输介质上(如网线、光纤)；计算机接收数据时，网卡也能将其收到的信息转换成计算机能识别的数据，实现计算机与计算机网络通信。

(2) 较早的计算机网卡就是一张独立的卡，插在主机主板的 PCI 插槽中。随着计算机的发展和集成技术的成熟，有些计算机网卡集成于主机主板中，作为主板不可分割的一部分，打开主机机箱只能看到连接网线的网线接口而看不到独立网卡。

(3) 随着计算机技术和无线技术的发展，出现了新型网卡，如 USB 网卡、无线网卡、USB 无线网卡，如图 3-2-1 所示。

2. IP(Internet Protocol，网络之间互连的协议)

(1) IP 地址就是给每个 Internet 上的主机分配的一个 32 位二进制数字表示的地址。按照 TCP/IP 协议规定，IP 地址用二进制数据表示，每个 IP 地址长 32 bit(位)，4 B(字节)。为了方便使用，IP 地址经常被写成十进制形式，称为"点分十进制表示法"。

(2) 要使得计算机与网络中的其他计算机进行通信，就必须为计算机手工或者自动分配一个 IP 地址，计算机有了 IP 地址后才能与其他计算机进行通信。图 3-2-2 所示的为一台计算机的 IP 地址。

物理地址	74-DE-2B-58-92-A0
已启用 DHCP	是
IPv4 地址	192.168.1.100
IPv4 子网掩码	255.255.255.0

图 3-2-2　计算机的 IP 地址

(3) ipconfig 命令用于查看 IP 地址的配置信息，ipconfig/all 命令可全面查看网卡信息。

(4) ping 指令用于检测网络的连通性。

(5) 当使用 ping 命令查找问题所在或检验网络运行情况时，常常需要多次使用 ping 命令。如果所有 ping 的结果都显示是连通的，则说明网络的连通性和配置参数没有问题；如果某些 ping 的结果出现问题，则要根据 ping 的结果去查找问题并排除网络故障。

3. 所需设备

计算机一台、网卡一块、网络。

 我动手

主板集成网卡坏了就必须安装独立网卡。

1. 安装网卡

步骤 1 关闭主机电源，将网卡插在主板的 PCI 插槽中，并用螺钉固定，网卡插槽如图 3-2-3 所示。

也可选用其他接口的网卡。

图 3-2-3 主板上的 PCI 插槽

一般来说，每块网卡均有一个以上的 LED(Light Emitting Diode,发光二极管)指示灯，以指示网卡不同的工作状态，没有连接网线时灯是熄灭的，连接网线后常亮的灯为连接信号灯，表示已经和网络设备连接；时而闪烁的则是传输信号灯，该灯闪烁时表示有数据通过网卡在传输，即有数据通过网卡中转。

步骤 2 安装网卡驱动程序。启动计算机，进入 Windows 系统，系统会自动侦测到新硬件(如果系统无法自动侦测到新硬件，可以利用"控制面版"→"添加新硬件"命令安装)，即进入硬件安装向导，开始搜索驱动程序，根据提示进行安装即可。

步骤 3 在系统中查看操作系统已识别的网卡。在弹出的"计算机管理"窗口中，单击"设备管理器"选项卡，展开设备列表，右击"网络适配器"，在弹出的快捷菜单中选择"属性"。在"网卡属性"对话框中，观察设备信息，如果有"这个设备运转正常"字样，如图 3-2-4 所示，表明该网卡安装成功。

步骤 4 用网线将主机的网卡接口与网络设备(如交换机)相连，查看网卡指示灯是否变亮。

步骤 5 查看网卡的 MAC 地址。单击"开始"→"运行"，在弹出的"运行"对话框中输入 Dos 命令 cmd，按回车键，打开命令操作符操作界面，输入 Dos 命令"ipconfig /all"查看网卡物理地址(MAC)，如图 3-2-5 所示。

图 3-2-4 网卡属性

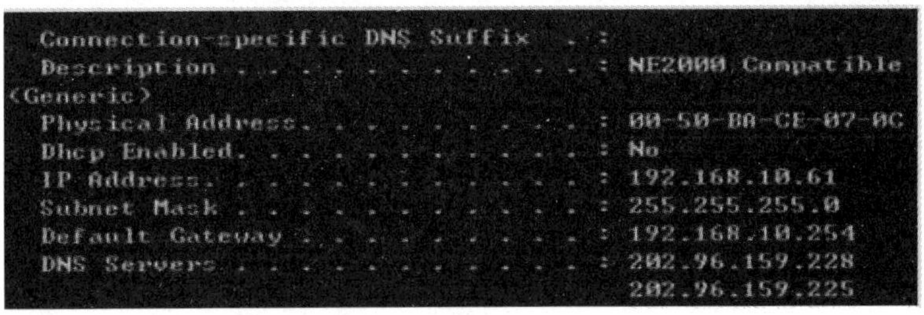

图 3-2-5 查看网卡的 MAC 地址

小提示：MAC(Media Access Control，介质访问控制)地址是识别 LAN(局域网)节点的标志。网卡的物理地址通常是由网卡生产厂家烧入网卡的 EPROM(一种闪存芯片，通常可以通过程序擦写)，它存储的是传输数据时真正赖以标志发出数据的计算机和接收数据的主机的地址。也就是说，在网络底层的物理传输过程中，是通过物理地址来识别主机的，它一般也是全球唯一的。例如，著名的以太网卡，其物理地址是 48 bit 的整数，如 00-50-BA-CE-07-0C，以机器可读的方式存入主机接口中。以太网地址管理机构(IEEE)将以太网地址，也就是 48 bit 的不同组合，分为若干独立的连续地址组，生产以太网网卡的厂家就购买其中一组，具体生产时，逐个地将唯一地址赋予以太网卡。MAC 地址就如同我们身份证上的身份证号码一样，具有全球唯一性。

2. 配置 IP 地址

步骤 1　选择"开始"→"控制面版"→"网络连接"→"本地连接"，在弹出的"本地连接 状态"对话框中单击"属性"按钮，打开"本地连接属性"对话框，双击"Internet 协议(TCP/IP)"选项，在弹出的"Internet 协议(TCP/IP)属性"对话框中设置 IP 地址、掩码、网关、DNS,如图 3-2-6 所示。

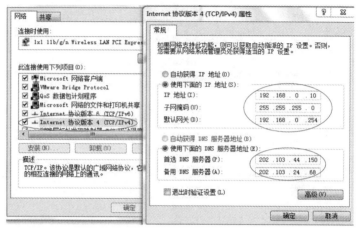

图 3-2-6 配置 IP 地址

步骤 2 单击"高级"按钮,在弹出的"高级 TCP/IP 设置"对话框中单击"添加"按钮,可以给网卡设置多个 IP 地址,如图 3-2-7 所示。

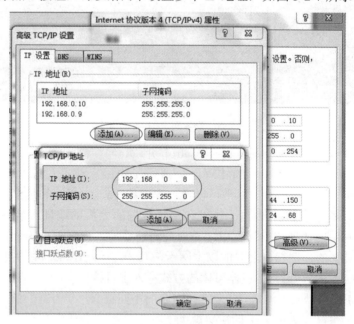

图 3-2-7 添加多个 IP 地址

步骤 3 使用 ping 命令检测网络的连接性。单击"开始"→"运行",在弹出的"运行"对话框中输入 Dos 命令 cmd,按回车键,打开命令操作符操作界面,输入 Dos 命令"ping IP 地址 /网关地址",则可以检测你的主机到网络上的某个主机/网关的链路是否连通。如果出现如图 3-2-8 所示的 ping 结果,则表示网络连通。

步骤 4 输入 ping 127.0.0.1，测试 TCP/IP 配置是否正确。

小提示：ping 局域网内其他 IP 是判断与局域网内特定的主机能否进行相互通信的方法，如图 3-2-8 所示。

Ping 命令是用于检测网络连通性、可到达性和名称解析的疑难问题的主要 TCP/IP 命令。

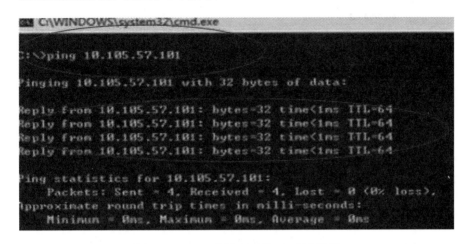

图 3-2-8 ping 主机 10.105.57.101 结果

 我收获

课堂表现 □ □ □ □ □ □

知识掌握 □ □ □ □ □ □

 我留言

 我练习

地点：网络实训室

要求：(1) 查看各自网卡的 MAC 地址；

(2) 查看各自主机的 IP 地址信息；

(3) 相互用 ping 命令验证局域网是否通信；

(4) 每两个人一组更改 IP 地址(要求在同一网络内)，看看能否相互通信。

任务 3 共享网络资源

 我明了

在本任务中，了解共享网络资源的作用，熟悉共享文件夹、打印机的方法以及共享文件的访问权限设置方法。

 我掌握

本任务要求理解共享网络资源的作用，掌握共享文件夹、打印机的方法以及网络访问权限配置技巧。

 我准备

1. 文件夹共享

(1) 文件夹共享是共享网络资源的一种方式。所谓共享文件夹就是指某个计算机用来和其他计算机间相互分享的文件夹，所谓的共享就是分享的意思。

(2) 共享文件夹权限的认识和设置。

2. 如何共享文件夹

(1) 启用来宾账户。

选择【控制面板】→【用户账户】→【启用来宾账户】。

(2) 安装 NetBEUI 协议。

查看"网上邻居"属性→查看"本地连接"属性→单击"安装"→查看"协议"→看其中 NetBEUI 协议是否存在，如果存在则安装这个协议。

(3) 查看本地安全策略设置是否禁用了 Guest 账号。

选择"控制面板"→"管理工具"→"本地安全策略"→"用户权利指派"，查看"拒绝从网络访问这台计算机"项的属性，看里面是否有 Guest 账户，如果有就把它删除掉。

(4) 设置共享文件夹。

如果不设置共享文件夹的话，网内的其他计算机无法访问到你的计算机。设置文件夹共享的方法有三种。第一种方法是：单击"工具"→"文件夹选项"→"查看"，使用简单文件夹共享。这样设置后，其他用户只能以 Guest 用户的身份访问你共享的文件或者文件夹。第二种方法是：选择"控制面板"→"管理工具"→"计算机管理"，在"计算机管理"对话框中，依次单击"文件夹共享"→"共享"，然后右击选择"新建共享"即可。第三种方法最简单，直接在你想要共享的文件夹上右击，通过"共享和安全"选项即可设置共享。

在 Windows XP 系统默认的情况下，该协议是已经安装好了的。

（5）建立工作组。

在 Windows 桌面上右击"我的电脑"，单击"属性"，然后单击"计算机名"选项卡，看看该选项卡中有没有出现局域网工作组名称，如 workgroup 等。然后单击"网络 ID"按钮，开始"网络标识向导"：单击"下一步"按钮，选择"本机是商业网络的一部分，用它连接到其他工作着的计算机"；单击"下一步"按钮，选择"公司使用没有域的网络"；单击"下一步"按钮，然后输入局域网的工作组名，这里我建议大家用"BROADVIEW"，再次单击"下一步"按钮，最后单击"完成"按钮完成设置。

重新启动计算机后，局域网内的计算机就可以互访了。

（6）用户权利指派。

选择"控制面板"→"管理工具"→"本地安全策略"，在"本地安全策略"对话框中，依次选择"本地策略"→"用户权利指派"，在右边的选项中依次对"从网络上访问这台计算机"和"拒绝从网络上访问这台计算机"这两个选项进行设置。

"从网络上访问这台计算机"选项需要将 Guest 用户和 everyone 添加进去；"拒绝从网络上访问这台计算机"需要将被拒绝的所有用户删除掉，默认情况下 Guest 用户是被拒绝访问的。禁用"使用空密码的本地用户只允许进行控制台登录"。

（7）Server 服务。

运行：在"运行"命令对话框中输入并运行 services.msc，在里边找到 Server 服务，看是否启动。

3. 隐藏共享文件夹

在 Windows XP 或 Windows Server 2003 系统中，对于设置为共享属性的文件夹而言，默认情况下可以被所有拥有访问权限的用户在"网上邻居"窗口中看到。其实可以将这些共享文件夹隐藏起来，从而只能通过 UNC 路径访问这些共享文件夹。

实现这一目的比较简单，只需在文件夹的共享名后加上$符号即可。例如，将文件夹"文档"的共享名设置为"文档$"，则在"网上邻居"窗口中是看不到被隐藏的共享文件夹的，只有通过 UNC 路径才能看到。这样一来，共享文件夹的安全性就多了一份保障。

4. 打印机知识

（1）打印机驱动程序。

打印机驱动程序是指计算机外置打印机的硬件驱动程序。计算机配置了打印机以后，必须在计算机上安装相应型号的打印机程序，如果仅仅安

这些方法的所有步骤并不是设置局域网都必须进行的，因为有些步骤在默认情况下已经设置。但是只要局域网出现了不能访问的现象，通过相应设置肯定能保证局域网的畅通。

装打印机而不安装打印机驱动程序，则没有办法打印文档。打印机驱动程序一般由打印机生产厂商提供，购买打印机时一般都附带有驱动程序的光盘，或从网络上下载。假若确实找不到打印机对应型号的驱动程序，也可以尝试从网络上下载打印机万能驱动程序。

(2) 网络打印机要接入网络，一定要有网络接口。常见的接入方式有两种：一种是自带打印服务器，打印服务器上有网络接口，只需插入网线并给该网络接口设置 IP 地址；另一种是使用外置式打印服务器，打印机通过并口或者 USB 口与打印服务器相连接，打印服务器再与网络连接。

5. 所需设备

计算机两台、打印机一台、网络连接设备。

6. 拓扑结构

我校每位教师都配备了计算机，要提高办公效率与资源共享，每个办公室需要组建一个小小的办公网络，实现文件和打印机的共享。其拓扑结构如图 3-3-1 所示。

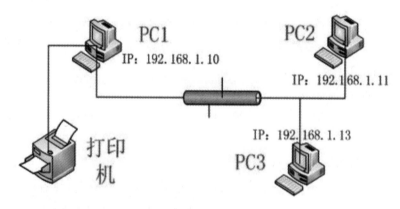

图 3-3-1 共享网络资源拓扑

 我动手

1. 共享网络文件

要求：为了文件处理的方便，在 PC1 上共享文件夹，实现办公室教师的文件互访，参照图 3-3-1 的拓扑结构进行设置。

(1) 新建一个文件夹，命名为"pub"，并将其设置为共享文件夹。

步骤 1 在"本地磁盘(D:)"窗口中右击，在弹出的快捷菜单中选择"新建"→"文件夹"，并将其新建的文件夹命名为"pub"。

步骤 2 右击 pub 文件夹，单击快捷菜单的"共享和安全"，在"pub 属性"对话框中选择"共享此文件夹"，如图 3-3-2 所示。

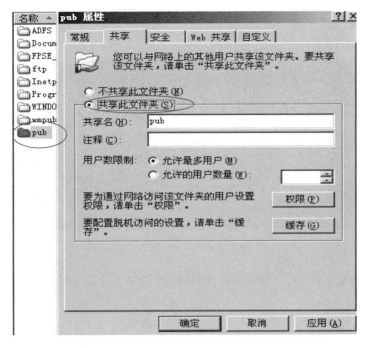

权限是用来限制网络用户对共享文件夹的操作权利,权限有完全控制、更改和读取三种。完全控制表示网络用户对共享文件夹中的文件拥有读/写、删除等所有操作的权限;更改表示网络用户对共享文件夹中的文件拥有重命名和修改操作的权限;读取则表示网络用户对共享文件中的文件只拥有查看的权限,不能对文件进行其他操作。

图 3-3-2 设置共享

(2) 设置共享权限,如图 3-3-3 所示。

图 3-3-3 共享权限

(3) 访问网络中共享文件夹内的共享资源。

步骤 1 在 PC1 桌面上选择"开始"→"运行",在弹出的"运行"对话框中输入"cmd"命令，在弹出的 Dos 命令操作符操作界面中输入"ipconfig"，查看 PC1 网卡的 IP 地址，如图 3-3-4 所示。

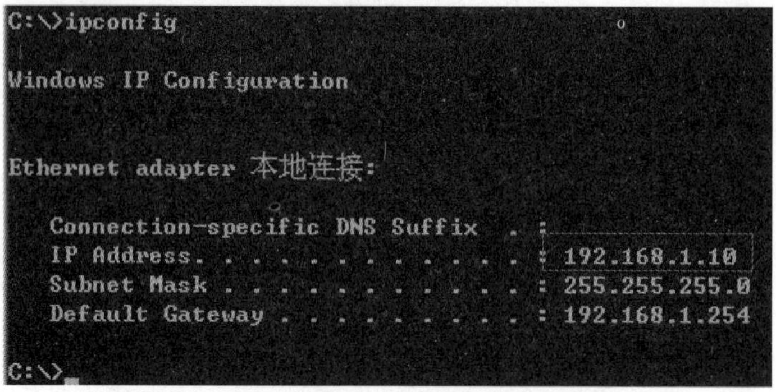

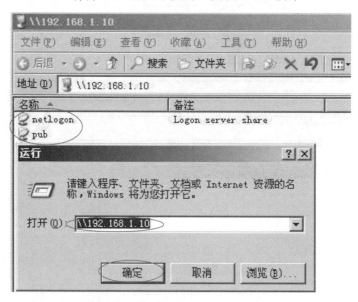

图 3-3-4 PC1 的 IP 地址

步骤 2 在 PC2 上通过 PC1 的 IP 地址访问 PC1 上的共享资源。在 PC2 桌面上选择"开始"→"运行"，在弹出的"运行"对话框中输入"\\192.168.1.10"打开 PC1 的共享资源，如图 3-3-5 所示。

图 3-3-5 在 PC2 上打开 PC1 共享

2. 安装网络打印机

要求：在 PC1 上安装一台打印机，配置成共享，实现办公室教师文件的打印，参照图 3-3-1 的拓扑结构进行设置。

(1) 在 PC1 上安装打印机驱动程序并设置打印共享。

步骤 1 在 PC1 桌面上选择"开始"→"设置"→"打印机和传真"，在弹出的"打印机和传真"窗口中单击"添加打印机"图标，如图 3-3-6 所示。

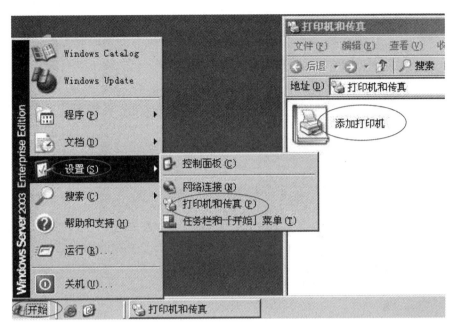

图 3-3-6 添加打印机

步骤 2 在弹出的"添加打印机向导"对话框中单击"下一步"按钮，进入如图 3-3-7 所示的界面，选择"连接到此计算机的本地打印机"。

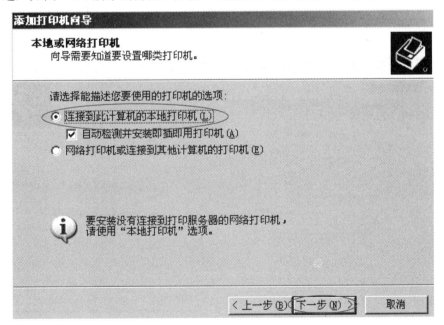

图 3-3-7 本地或网络打印机

步骤 3 单击"下一步"按钮，然后看打印机上标志的型号，如选择"厂商"为"HP"，"打印机"中选择"HP LaserJet 4LC"，然后单击"下一步"按钮，如图 3-3-8 所示。

如果要安装的打印机
的型号找不到，则单击
"从磁盘安装"按钮，
手动找到对应打印机
的驱动程序。

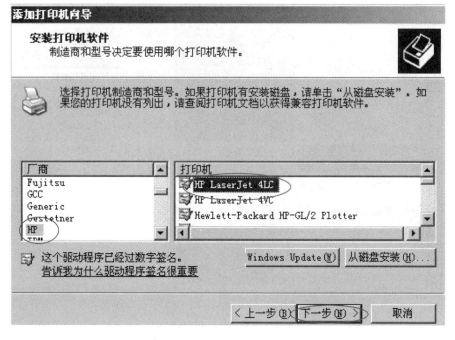

图 3-3-8　安装打印机软件

获取打印机驱动程序
的三个可选途径：一是
操作系统是否已带有
该打印机型号的驱动
程序；二是购买打印机
时商家配送的附带驱
动程序光盘；三是从网
络上下载打印机对应
型号的驱动程序或者
下载万能驱动程序。

步骤 4　按照提示单击"下一步"按钮。

步骤 5　若要设置打印机为共享，则在"共享名"文本框中输入设定的共享打印机的名字，如 HP LaserJ，如图 3-3-9 所示。

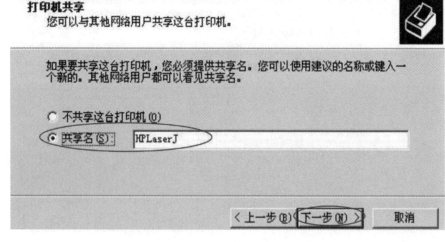

图 3-3-9　打印机共享

步骤 6　在"打印测试页"中选择"否"，单击"下一步"按钮，如图 3-3-10 所示。

步骤 7　安装完成之后就有图 3-3-11 所示的图标。

图 3-3-10 打印机测试页　　　　图 3-3-11 添加打印机完成

(2) 在 PC2 上安装网络打印机。

步骤 1 在 PC 2 桌面上选择"开始"→"设置"→"打印机和传真"，如图 3-3-6 所示。

步骤 2 在弹出的"打印机和传真"窗口中单击"添加打印机"图标，按照添加打印机向导的提示进行操作，选择安装模式为"网络打印机或连接到其他计算机的打印机"，如图 3-3-12 所示。

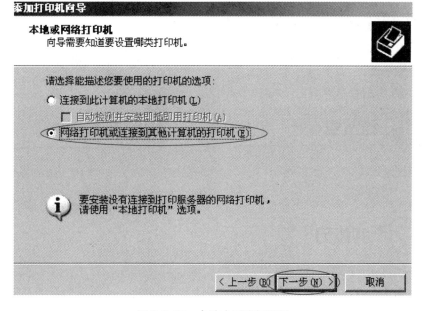

图 3-3-12 本地或网络打印机

步骤 3 设置连接到共享打印机。输入连接打印机的地址"\\IP\共享打印机名"，若共享打印机的计算机 IP 地址为 192.168.1.10，共享打印机的名字为：HP LaserJ，则在此为\\192.168.1.10\HPLaserJ，如图 3-3-13 所示，单击"下一步"按钮。

步骤 4 安装完成后，则在本地计算机上实现了安装网络打印机连接到共享打印机。

(3) 用同样的方法在 PC3、PC4 安装打印机。

(4) 在 PC2 上打印文档，若打印成功则证明共享成功。

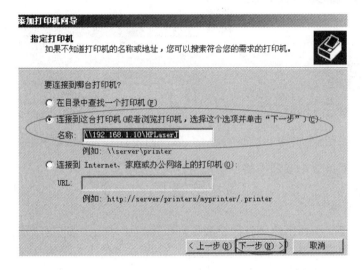

图 3-3-13　指定打印机

课堂表现　👍□　✊□　👌□　✌□　👎□　☝□
知识掌握　😊□　😆□　😌□　☹□　😠□　😜□

地点：网络实训室

要求：(1) 在计算机上创建共享文件夹 D:\temp，设置文件夹共享方式为只读。

(2) 在计算机上创建共享文件夹 D:\public，设置文件夹共享方式为读写，所有用户均可访问。

(3) 在计算机上创建共享文件夹 D:\file，设置文件夹共享方式为只读，只有 Administrator 用户才能访问。

(4) 安装 HP Laser Jet 打印机，并设置其为共享打印。

项目四

搭建小型局域网

项目内容

本项目主要内容有：配置二层交换机；单交换机 VLAN 隔离；跨交换机 VLAN 隔离；组建家庭无线局域网。

项目目标

认识二层交换机，掌握二层交换机的基本配置方法；理解 VLAN 原理，学会 VLAN 创建与配置方法；学会利用 VLAN 技术组建局域网；理解无线协议，能组建小型无线局域网。

任务 1 配置二层交换机

 我明了

在本任务中，通过认识二层交换机，熟悉其配置模式、命令基本使用方法及功能；熟悉其交换机查看的基本方法。

 我掌握

本任务要求掌握交换机的功能、配置模式、命令操作方法、查看方法，学会 telnet 远程登录的配置方法。

 我准备

注意与集线器的区别。

交换机(switch、交换式集线器)是一种基于 MAC 地址(网卡硬件地址)识别，能够在通信系统中完成信息交换功能的硬件设备，图 4-1-1 所示的为一个 24 口 RG-S2126G 二层交换机的实物图。二层交换机是功能比较简单的交换机，主要实现同网段数据的转发功能，常出现在网络内部应用中；而网络之间应用一般就需要由路由器或有路由功能的交换机(三层交换机)实现。

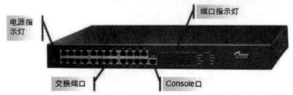

图 4-1-1 锐捷 RG-S2126G 系列增强型安全智能多层交换机

二层交换机作为网络建设的基础设施，是数据链路层的设备，能识别 MAC 地址，通过解析数据帧中的目的主机的 MAC 地址，将数据帧快速地从源端口转发至目的端口，从而避免与其他端口发生碰撞，它提高了网络的交换和传输速度。

1. 认识交换机

二层交换机所进行的数据交换是属于网络分层结构中第二层的范畴，它工作在数据链路层，它的功能是在网络内部传输帧，用于 LAN-LAN、LAN-WAN 的连接。其中，所谓的网络内部是指这一层的传输不涉及网间设备和网间寻址。一般地，一个以太网内的传输数据帧，一条广域网专线上的传输都由数据链路层负责。这里说到的帧是指所传输的数据的结构，由帧头、帧尾组成，头中有源、目两层地址，而帧尾中通常包含校验信息，头尾之间的内容即是用户的数据。

2. 交换机的内部组成

(1) CPU(交换机处理器)：交换机使用特殊用途集成电路芯片 ASIC，以实现高速的数据传输。

(2) RAM/DRAM(主存储器)：存储运行配置。

(3) Flash ROM(闪存储器)：存储系统软件映像文件等，是可擦可编程的 ROM。

(4) ROM(只读 ROM)：存储开机诊断程序、引导程序和操作系统软件。

(5) 接口电路：它指交换机各端口的内部电路。

3. 交换机的性能指标

(1) MPPS 是 Million Packet Per Second 的缩写，即每秒可转发多少个百万数据包。其值越大，交换机的交换处理速度就越快。

(2) 背板带宽也是衡量交换机性能的重要指标之一，它直接影响交换机数据包转发和数据流处理的能力。

4. 交换机的功能指标

(1) 支持组播。组播不同于单播(点对点通信)和广播，它可以跨网段将数据转发给网络中的一组节点，在视频点播、视频会议、多媒体通信中的应用较多。

(2) 支持 Qos。Qos 是 Quality of Service(服务质量)的缩写。

(3) 广播抑制功能。

(4) 支持端口聚合功能。

(5) 支持 802.1Q 协议。

(6) 支持流量控制。能够控制交换机的数据流量。

5. 超级终端使用

选择"开始"→"附件"→"通讯"→"超级终端"，打开超级终端程序。

6. 命令操作模式

(1) 用户模式"switch>"：查看交换机的信息，简单测试命令。

(2) 特权模式"switch#"：查看、管理交换机配置信息，测试、调试。

(3) 全局配置模式"switch(config)#"：配置交换机的整体参数。

(4) 接口配置模式"switch(config-if)"：配置交换机的接口参数。

7. 常见指令

(1) Enable：进入特权模式。

(2) config：进入全局配置模式。

(3) interface FastEthernet 0/1：进入交换机端口 Fa0/1。

(4) show version：查看设备内核软件、硬件版本。

(5) show：查看指令。

(6) 符号"？"：获取帮助，显示当前模式下所有可执行的命令。

(7) En：缩写指令 Enable。

(8) enable secret：配置用户 enable 口令。

(9) write：保存配置指令。

8. 命令的快捷键功能

Switch(config-if)#^z　!按组合键【Ctrl+z】退回到特权模式

Switch#

9. 补齐简写

命令行操作进行自动补齐简写时，要求所简写的文字必须能够唯一区别该命令。比如 switch#conf 可以代表 configure，但是 switch#co 无法代表 configure，因为 co 开头的命令有两个：copy 和 configure，设备无法区别。

10. 所需设备

计算机一台、RG-S2126S 一台、配置线一根、直通线一根。

 我动手

步骤 1　在交换机不带电的情况下，使用控制线将计算机与交换机 console(控制)端口相连接，如图 4-1-2 所示。

图 4-1-2　配置线的连接

步骤 2　打开交换机的电源开关，启动计算机，让交换机、计算机开始工作。

步骤 3　选择"开始"→"附件"→"通讯"→"超级终端"，打开超级终端程序，在超级终端建立与交换机的连接。输入连接的名字，选择适合的 COM 口，配置正确的参数，如图 4-1-3 所示。

步骤 4　进入交换机进行初始化配置。

(1) 设置交换机名字为 Switch1。

Switch>　!用户模式

Switch>enable　!由用户模式进入特权模式

Switch#　!特权模式

Switch#configure terminal　!由特权模式进入全局配置模式

Switch(config)#　!全局配置模式

Switch(config)#hostname Switch1　!设置交换机的名字为 Switch1

Switch1 (config)#

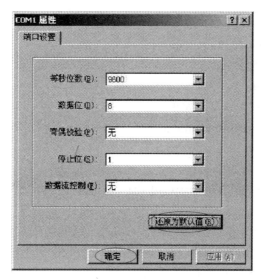

图 4-1-3 超级终端端口设置

小贴士：

①操作模式。"switch>"中的符号">"表示交换机处于用户模式，它是进入交换机后得到的第一个操作模式，在该模式下可以简单地查看交换机的软、硬件信息；"switch#configure terminal"中的"#"表示当前是在交换机的特权模式下操作；"switch(config)#"中的"(config)#"表示当前是在交换机的配置模式下进行操作。输入完一条指令之后按回车键表示确定输入，并执行指令。

②人性化的指令输入方式。输入符号"？"可获得帮助，如"switch#?"、"switch#configure?"均可获得对应的帮助信息，计算机会自动列举出当前模式下可以执行的指令。完整写法的指令"switch#configure terminal"可以简写为"switch#config"，而按【Tab】键会自动补齐 configure 指令，还可以通过按【↑】键或【↓】键使用历史指令。

(2) 查看交换机的有关信息。

Switch1 (config)#exit　!返回到上一级模式

Switch1#show version　!查看交换机的 RGNOS 版本信息

Switch1#show running-config　!查看当前正在运行的配置信息

Switch1#show interface fa0/24　!查看 fa0/24 端口的信息

(3) 配置交换机接口 Fa0/2。

Switch1 (config)#interface fa0/2　!进入 fa0/2 端口

Switch1 (config-if-FastEthernet0/2)#switch mode access　!设置 fa0/2 为 access 端口

Switch1 (config-if-FastEthernet0/2)#speed 100　!设置 fa0/2 的端口速率为 100 Mb/s

(4) 设置交换机 enable 密码为 admin。

Switch1 (config)#enable password admin

把配置文件 config.text 删除之后，再使用 dir 指令查看时就看不到该系统文件了，系统就恢复了出厂配置。

(5) 查看设备配置信息。

Switch1#show running-config

(6) 保存配置信息。

Switch1#write

(7) 删除配置，恢复初始配置。

Switch1#delete flash:config.text

步骤 5 配置 telnet。

Switch1 (config)#line vty 0 5 ！进入线程模式

Switch1 (config-line)#password 123 ！设置登录密码为 123

Switch1 (config-line)#login ！启动登录验证

Switch1 (config-line)#exit ！返回到上一级模式

Switch1 (config)#enable password 321 ！设置进入特权模式的密码为 321

Switch1 (config)#interface vlan 1 ！进入 VLAN1 端口

Switch1 (config-if-vlan1)#ip address 192.168.1.1 255.255.255.0 ！设置 VLAN1 的 IP 地址为 192.168.1.1

Switch1 (config-if-vlan1)#no shutdown ！启动 VLAN1 端口

Switch1 (config-if-vlan1)#end ！直接返回到特权模式下

Switch1#write ！保存当前配置信息

步骤 6 测试 telnet。

选择"开始"→"运行"，在"运行"对话框中输入"telnet 192.168.1.1"，单击"确定"按钮，如图 4-1-4 所示，依次输入设置的密码进入到交换机的配置界面，则表明 telnet 配置成功。

> 交换机默认状态下，所有端口均属于同一 VLAN，即 VLAN1。

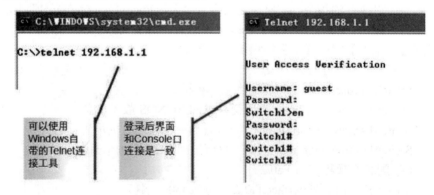

图 4-1-4 telnet 登录交换机界面

步骤 7 退出超级终端，结束操作。

 我收获

课堂表现

知识掌握 🙂□ 😐□ 😏□ 🙁□ 😣□ 😲□

 **我留言**

 我练习

按图 4-1-5 所示的网络拓扑结构把交换机与两台计算机连接起来，要求如下：

(1) 制作直通线，把两台计算机与交换机的 fa0/1、fa0/2 端口相连接，把 PC1 用配置线与交换机连接起来；

(2) 设置两台计算机 PC1、PC2 的 IP 地址；

(3) 在 PC1 上运行超级终端，登录到交换机的配置界面；

(4) 练习交换机的基本命令，识别交换机的各种模式，设置交换机的名字为 S2；

(5) 配置 telnet，并利用 PC2 登录验证；

(6) 查看与保存配置。

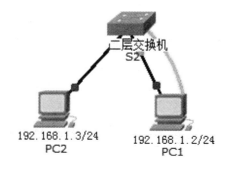

图 4-1-5 telnet 配置图

任务 2 单交换机 VLAN 隔离

 **我明了**

在本任务中，了解 VLAN 原理与功能，熟悉其创建 VLAN 及接口加入的基本配置方法。

我掌握

本任务要求掌握 VLAN 功能，学会创建 VLAN、接口添加的基本配置技能。

 我准备

1. 交换机的工作原理

交换机的工作原理是存储转发，它先将某个端口发送的数据帧存储下来，通过解析数据帧，获得目的 MAC 地址；然后在交换机的 MAC 地址与端口对应表中，检索该目的主机所连接到的交换机端口，找到后就立即将数据帧从源端口直接转发到目的端口。

利用交换机提高了数据的交换处理速度和效率，但连接在交换机上的所有设备仍都处于同一个广播域。由于在局域网技术中，广播帧是被大量使用的，这些大量的广播帧将占用大量的网络带宽，并给主机处理广播帧造成额外的负担。网络越大，用户数量越多，就越容易形成广播风暴。因此，必须对广播域进行隔离，以抑制广播风暴的产生。

可使用路由器来实现隔离广播域，路由器不会转发广播帧，但可有效分割广播域，并实现网间通信。由于路由器的成本较高，为了实现廉价的解决方案，于是诞生了虚拟局域网技术(VLAN)。

2. 虚拟局域网技术(VLAN)

虚拟局域网(virtual local area network,VLAN)是将局域网从逻辑上划分成若干子网的交换技术。每个子网形成的一个独立的网段称为一个 VLAN，每个网段内的所有主机间的通信和广播仅限于该 VLAN 内，广播帧不会被转发到其他网段，即一个 VLAN 就是一个广播域。VLAN 间是不能进行直接通信的，从而实现了对广播域的分割和隔离。

要实现 VLAN 间的通信，需借助外部路由器的路由转发来实现，或利用三层交换机的路由模块来实现。在目前的局域网组网中，普遍使用虚拟局域网技术来隔离和减小广播域。

3. 创建 VLAN

直接在全局模式下，输入 "VLAN 10" 即可创建 VLAN10。

4. 将一个端口加入 VLAN

例如：

Switch(config)#Interface fastethernet 0/1
Switch(config-if-FastEthernet0/1)#switchport accesss vlan 10

5. 将一组端口加入 VLAN

例如：

Switch(config)#Interface range fastethernet 0/1-10

Switch(config-if-range)#switchport   accesss vlan 10

6. 所需设备

计算机三台、RG-S2126S 一台、配置线一根、三条网线、水晶头。

 我动手

步骤 1 制作好三条直通线。

步骤 2 用网线将 PC1、PC2、PC3 分别与交换机的 fa0/1、fa0/2、fa0/16 端口相连接，如图 4-2-1 所示。

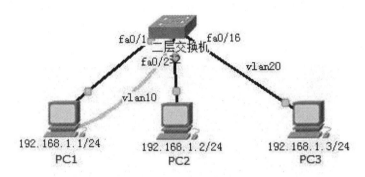

图 4-2-1 VLAN 配置拓扑图

步骤 3 给 PC1、PC2、PC3 分别设置 IP 地址为 192.168.1.1、192.168.1.2、192.168.1.3。

步骤 4 在 PC1 上使用 ping 命令验证 PC1 与 PC2 能否相互通信，PC1 与 PC3 能否相互通信。可观察到 PC1、PC2、PC3 相互连通，如图 4-2-2 所示。

```
PC>ping 192.168.1.2

Pinging 192.168.1.2 with 32 bytes of data:

Reply from 192.168.1.2: bytes=32 time=125ms TTL=128
Reply from 192.168.1.2: bytes=32 time=62ms TTL=128
Reply from 192.168.1.2: bytes=32 time=62ms TTL=128
Reply from 192.168.1.2: bytes=32 time=49ms TTL=128

Ping statistics for 192.168.1.2:
    Packets: Sent = 4, Received = 4, Lost = 0 (0% loss)
Approximate round trip times in milli-seconds:
    Minimum = 49ms, Maximum = 125ms, Average = 74ms
PC>ping 192.168.1.3

Pinging 192.168.1.3 with 32 bytes of data:

Reply from 192.168.1.3: bytes=32 time=109ms TTL=128
Reply from 192.168.1.3: bytes=32 time=62ms TTL=128
Reply from 192.168.1.3: bytes=32 time=63ms TTL=128
Reply from 192.168.1.3: bytes=32 time=62ms TTL=128
```

图 4-2-2 PC1 能 ping 通 PC2 和 PC3

步骤 5 用配置线将计算机 PC1 的 COM 口与交换机 console 口相连。

步骤 6 在 PC1 上选择"开始"→"附件"→"通讯"→"超级终端",打开超级终端程序,登录交换机的配置界面。

创建 VLAN 使用命令 vlan VLANID,删除 VLAN 使用指令 no vlan VLANID。

步骤 7 划分 VLAN。进入全局配置模式创建 VLAN10,将其命名为 jiaoshib;创建 VLAN20,将其命名为 caiwub。

步骤 8 将端口加入 VLAN。将 fa0/1 至 fa0/15 加入 VLAN10,fa0/16 至 fa0/20 加入 VLAN20。

把某端口加入 VLAN 使用指令"switchport access vlan 10";而把端口从 VLAN 中分离出来使用指令"no switchport access vlan 10"。

可以一个一个地将端口加入 VLAN,也可以将一组接口同时加入 VLAN。

步骤 9 在 PC1 上使用 ping 命令,验证知 PC1 与 PC2 能相互通信,PC1 与 PC3 不能相互通信, 如图 4-2-3 所示。

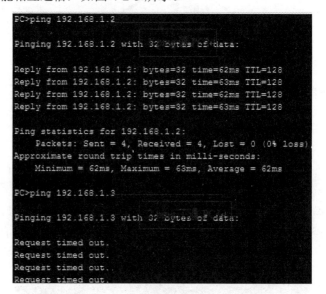

图 4-2-3 PC1 能 ping 通 PC2,但 ping 不通 PC3

步骤 10 保存交换机的配置。

Switch#write

 我收获

课堂表现 👍☐ ✊☐ 👌☐ ✌☐ 👎☐ 👊☐

知识掌握

 我留言

 **我练习**

1. 按图 4-2-4 所示的网络拓扑结构对交换机进行配置，要求如下：

(1) 设置 enable 密码为 bisai2013；

(2) 创建 vlan10、vlan20、vlan30；

(3) 将 fa0/1 至 fa0/10 加入 vlan10，fa0/11 至 fa0/20 加入 vlan20，fa0/21、fa0/22 加入 vlan30；

(4) 在 pc1 中 ping PC2 的 IP、ping PC3 的 IP、ping PC4 的 IP，并把 ping 的结果抓图保存为 T4-2-4-1.jpg;

(5) 导出配置文件，保存为 T21.text。

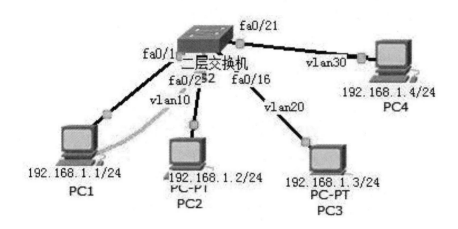

图 4-2-4 VLAN 配置实训拓扑(1)

2. 按图 4-2-5 所示的网络拓扑结构对交换机进行配置，要求如下：

(1) 设置 enable 密码为 admin2013;

(2) 创建 vlan10、vlan20、vlan30、vlan40，并将它们分别命名为 dksxb、jdb、nyfwb、jsjb;

(3) 将 fa0/1 至 fa0/5 加入 vlan10，fa0/6 至 fa0/10 加入 vlan20，fa0/11 至 fa0/15 加入 vlan30，fa0/16 至 fa0/20 加入 vlan40；

(4) 在 PC1 中 ping PC2 的 IP、ping PC3 的 IP，并把 ping 的结果抓图保存为 T4-2-4-3.jpg；

(5) 在 PC3 中 ping PC2 的 IP、ping PC4 的 IP，并把 ping 的结果抓图保存为 T4-2-4-4.jpg；

(6) 导出配置文件，保存为 T22.text。

3. 按图 4-2-6 所示拓扑结构对交换机进行配置，要求如下：

(1) 设置 enable 密码为 china2013；

(2) 创建 vlan100、vlan200；

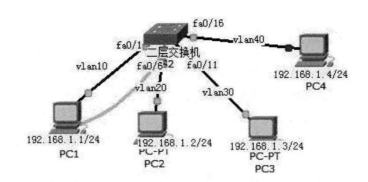

图 4-2-5　VLAN 配置实训拓扑(2)

(3) 将 fa0/1 至 fa0/10 加入 vlan100，fa0/11 至 fa0/20 加入 vlan200；

(4) 在 PC1 中 ping PC2 的 IP、ping PC3 的 IP，并把 ping 的结果抓图保存为 T4-2-4-5.jpg；

(5) 在 PC3 中 ping PC2 的 IP、ping PC4 的 IP，并把 ping 的结果抓图保存为 T4-2-4-6.jpg；

(6) 导出配置文件，保存为 T23.text。

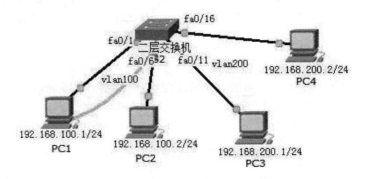

图 4-2-6　VLAN 配置实训拓扑(3)

任务 3　跨交换机 VLAN

 我明了

在本任务中，了解跨交换机 VLAN 的原理与功能，熟悉跨交换机 VLAN 的配置方法。

 我掌握

本任务要求掌握跨交换机 VLAN 的原理，学会跨交换机 VLAN 的创建方法与配置技巧。

我准备

1. 交换机接口分类

交换机接口可分为二层接口和三层接口，二层交换机只具有二层接口功能，三层交换机不仅具有二层接口功能，还具有三层接口功能，但默认状态下都处于二层接口状态。关于三层接口在后续任务中介绍，下面介绍二层接口。

二层接口分为 Access 接口和 Trunk(802.1Q)接口。

(1) Access 接口。Access 接口用于交换机与计算机(终端)之间连接。每个 Access 接口只能属于一个 VLAN，Access 接口只传输属于这个 VLAN 的帧。

Access 接口发送的数据帧是不带 IEEE 802.1Q 标签的，且只能接收以下 3 种格式的帧：untagged 帧；VLAN ID 为 Access 接口所属 VLAN 的 tagged 帧；VLAN ID 为 0 的 tagged 帧。

(2) Trunk 接口。Trunk 接口用于交换机与交换机之间的连接，通过此接口实现不同交换机、相同 VLAN 间传输数据。一个 Trunk 接口，在默认情况下属于本交换机所有 VLAN，它能够转发所有 VLAN 的帧。但是可以通过设置许可 VLAN 列表(allowed-VLANs)来限制转发的 VLAN.。

Trunk 接口可接收 untagged 帧和接口允许 VLAN 范围内的 tagged 帧。Trunk 接口发送的非默认 VLAN 的帧都是带标签的，而发送的默认 VLAN 的帧都不带标签。

2. IEEE 802.1Q 标准

IEEE 802.1Q 是 IEEE 关于虚拟局域网 VLAN 定义的标准，是对局域网 802.3 标准的扩展与补充。IEEE 802.1Q 帧格式在以太网 802.3 帧格式中的源地址和长度字段间插入 4 个字节，其中，前 2 个字节总是设置为 0X8100，称为 IEEE 802.1Q 标记类型。当数据链路层检测到 MAC 帧的源地址字段后面的 2 个字节的值是 0X8100 时，就知道现在插入了 4 字节的 VLAN 标记，于是就接着查找后面 2 个字节的内容。在后面 2 个字节中，前 3 位是用户优先级字段，接着是 1 位标记 1，最后 12 位是该虚拟局域网 VLAN 标识符 VID(VLAN ID)，它唯一地标志了这个以太网是属于哪一个 VLAN，IEEE 802.1Q 帧格式如图 4-3-1 所示。

3. Tag VLAN 原理

默认情况下交换机只有一个 VLAN1，且所有接口类型为 Access 接口，Access 接口只属于一个 VLAN，即所有接口都属于 VLAN1。因此，对于跨交换机实现同 VLAN 数据通信，需要在交换机间建立 Trunk(干道)链路。Trunk 链路的特点是允许多个 VLAN 的数据流通过，所有 VLAN 的数据都可以通过 Trunk 链路进行传输，如图 4-3-2 所示。

注意 Access 与 Trunk 端口的连接对象。

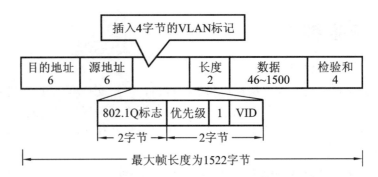

图 4-3-1 IEEE 802.1Q 帧格式

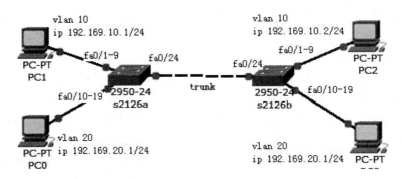

图 4-3-2 跨交换机 VLAN 拓扑结构

在跨交换机转发 VLAN 数据时，在交换机从 Trunk 接口转发数据前会在数据帧中插入 "Tag" 标签，到达另一交换机后，根据 Tag 标签中的 VLAN ID 可知道此数据属于哪个 VLAN，从而控制此数据帧的转发范围。需要注意的是，交换机在从 Access 接口转发数据前会剥去数据帧中的 Tag 标签，因为主机并不支持 802.1Q，无法识别带有 802.1Q 标签的数据帧。

4. Native VLAN

Native VLAN 是指在这个接口上收发的 untag 报文，都被认为是属于 Native VLAN 的。也就是说，在 Trunk 上发送属于 Native VLAN 的帧，则必然采用 untag 的方式。Trunk 接口的默认 Native VLAN 是 VLAN1。

5. 交换机 Trunk 接口配置命令

(1) 设置交换机接口类型。

Switch(config)# interface   fastethernet 0/1   !进入 Fa0/1 接口模式

Switch(config-if-FastEthernet0/1)#switchport mode access   !设置 Fa0/1 接口类型为 Access

Switch(config)# interface   fastethernet 0/24   !进入 Fa0/24 接口模式

Switch(config-if-FastEthernet0/24)#switchport mode Trunk   !设置 Fa0/24 接口类型为 Trunk

(2) 配置 Native VLAN。

Switch(config)# interface   fastethernet 0/24   !进入 Fa0/24 接口模式

Switch(config-if-FastEthernet0/24)#switchport mode trunk   !设置 Fa0/24 接口类型为 Trunk

Switch(config-if-FastEthernet0/24)#switchport   trunk native vlan 2 !设置交换机 Trunk 接口 Fa0/24 上转发 VLAN2 的报文为 untag 报文

6. 所需设备

计算机四台、RG-S2126S 二台、配置线一根、五条网线、水晶头。

7. 拓扑结构

拓扑结构如图 4-3-2 所示。

 我动手

步骤 1 制作好五条直通线。

步骤 2 用网线将 PC0、PC1、PC2、PC3 分别与交换机的对应接口相连接，如图 4-3-2 所示。

步骤 3 配置 s2126a 交换机。

(1) 创建 VLAN。

s2126a#configure terminal   ! 进入全局配置模式

s2126a (config)#vlan 10   ! 创建 VLAN10

s2126a (config-vlan)#name jsjb ! 给 VLAN10 命名为 jsjb

s2126a (config-vlan)#vlan 20   ! 创建 VLAN 20

s2126a (config-vlan)#name jdb   !给 VLAN20 命名为 JDB

s2126a (config-vlan)#exit !退出 VLAN 模式

(2) 添加接口。

s2126a (config)#interface range fastEthernet 0/1-9 ! 进入 Fa0/1~9 接口

s2126a (config-if-range)#switchport mode access ! 设置为 Access 接口

s2126a (config-if-range)#switchport access vlan 10 ! 设置接口属于 VLAN10

s2126a (config-if-range)#exit ! 退出接口模式，返回到全局配置模式

s2126a (config)#interface range fastEthernet 0/10-19

s2126a (config-if-range)#switchport mode access

s2126a (config-if-range)#switchport access vlan 20

s2126a (config-if-range)#exit

(3) 设置 Trunk。

s2126a (config)#interface fastEthernet 0/24 ! 进入 Fa0/24 接口

s2126a (config-if-FastEthernet0/24)#switchport mode trunk ! 设置 Fa0/24 为 Trunk 接口

(4) 保存配置。

s2126a #wr

Building configuration...

[OK]

s2126a#

步骤 4 配置 s2126b 交换机。

(1) 创建 VLAN。

s2126b#configure terminal ！进入全局配置模式

s2126b (config)#vlan 10 ！创建 VLAN10

s2126b (config-vlan)#name jsjb ！给 VLAN10 命名为 jsjb

s2126b (config-vlan)#vlan 20 ！创建 VLAN 20

s2126b (config-vlan)#name jdb !给 VLAN20 命名为 JDB

s2126b (config-vlan)#exit !退出 VLAN 模式

(2) 添加接口。

s2126b (config)#interface range fastEthernet 0/1-9 ！进入 Fa0/1~9 接口

s2126b (config-if-range)#switchport mode access ！设置为 Access 接口

s2126b (config-if-range)#switchport access vlan 10 ！设置接口属于 VLAN10

s2126b (config-if-range)#exit ！退出接口模式，返回到全局配置模式

s2126b (config)#interface range fastEthernet 0/10-19

s2126b (config-if-range)#switchport mode access

s2126b (config-if-range)#switchport access vlan 20

s2126b (config-if-range)#exit

(3) 设置 Trunk。

s2126b (config)#interface fastEthernet 0/24 ！进入 Fa0/24 接口

s2126b (config-if-FastEthernet0/24)#switchport mode trunk ！设置 Fa0/24 为 Trunk 接口

(4) 保存配置。

s2126b #wr

Building configuration...

[OK]

s2126b#

步骤 5 网络测试。通过 ping 命令测试处于 vlan10、vlan20 内的计算机相通，vlan10 与 vlan20 间不通。

PC2 与 PC1 互通，如图 4-3-3 所示，因为同属 VLAN10。

```
PC>ping 192.168.10.1

Pinging 192.168.10.1 with 32 bytes of data:

Reply from 192.168.10.1: bytes=32 time=187ms TTL=128
Reply from 192.168.10.1: bytes=32 time=78ms TTL=128
Reply from 192.168.10.1: bytes=32 time=94ms TTL=128
Reply from 192.168.10.1: bytes=32 time=94ms TTL=128

Ping statistics for 192.168.10.1:
    Packets: Sent = 4, Received = 4, Lost = 0 (0% loss),
Approximate round trip times in milli-seconds:
    Minimum = 78ms, Maximum = 187ms, Average = 113ms

PC>
```

图 4-3-3　在 PC2 上 ping 通 PC1

(1) PC0 与 PC3 互通，如图 4-3-4 所示，因为同属 VLAN20。

```
PC>ping 192.168.20.2

Pinging 192.168.20.2 with 32 bytes of data:

Reply from 192.168.20.2: bytes=32 time=172ms TTL=128
Reply from 192.168.20.2: bytes=32 time=94ms TTL=128
Reply from 192.168.20.2: bytes=32 time=93ms TTL=128
Reply from 192.168.20.2: bytes=32 time=94ms TTL=128

Ping statistics for 192.168.20.2:
    Packets: Sent = 4, Received = 4, Lost = 0 (0% loss),
Approximate round trip times in milli-seconds:
    Minimum = 93ms, Maximum = 172ms, Average = 113ms
```

图 4-3-4　在 PC0 上 ping 通 PC3

(2) PC0 与 PC1 不能互通，PC2 与 PC3 不能互通，如图 4-3-5 所示，因为它们分属于不同 VLAN。

```
PC>ping 192.168.10.1

Pinging 192.168.10.1 with 32 bytes of data:

Request timed out.
Request timed out.
Request timed out.
Request timed out.

Ping statistics for 192.168.10.1:
    Packets: Sent = 4, Received = 0, Lost = 4 (100% loss),
```

图 4-3-5　在 PC0 上 ping 不通 PC1

我收获

课堂表现 □ □ □ □ □ □

知识掌握 □ □ □ □ □ □

 我留言

 我练习

按图 4-3-6 所示的网络拓扑结构对交换机进行配置，要求如下：

使用两台锐捷 2126 交换机，分别在两台交换机上建立 vlan2、vlan3，每台交换机的每个 VLAN 内连接不同计算机。两台交换机间通过 Trunk 接口连接。通过 ping 命令进行测试，验证不同交换机的相同 VLAN 内主机能够 ping 通，不同 vlan 内主机不能 ping 通。请将配置过程以文档形式上交。

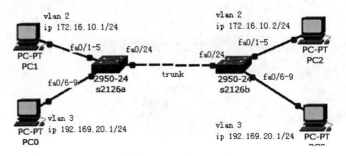

图 4-3-6　跨交换机实训拓扑结构

任务 4　组建家庭无线局域网

 我明了

在本任务中，了解无线组网原理与功能，熟悉无线路由器的基本配置方法。

 我掌握

本任务要求掌握无线网的功能，学会无线网络组建与基本配置技能。

我准备

1. 认识无线网络

20 世纪 80 年代是有线局域网发展与普及的年代。虽然有线局域网能够满足一般的工业自动化及办公自动化的要求，但这种网络存在许多不足，例如，传输速率不够高；布线烦琐，造成办公室线缆泛滥；无法从移动体访问局域网等。为了克服以上问题，人们开始从提高传输速率、支持可移动性方面着手来研制适应未来的局域网模式。

无线网络不需使用电子或光学导体。大多数情况下，地球的大气便是数据的物理性通路。从理论上讲，无线网络最好应用于难以布线的场合或远程通信。无线媒体有三种主要类型：无线电、微波和红外线。

无线局域网采用电磁波承载技术，无需线缆，缺点是价格较高，但联网方式灵活，常用于辅助联网。

2. 了解无线局域网的特点

在传输速率方面，局域网沿以太网、FDDI、快速以太网、ATM 局域网方向发展。局域网的另一个发展方向是无线局域网。无线局域网除了保有现有的局域网高速率的特点之外，还因为将无线电波或红外线作为传输媒体，不用布线即可灵活地组成可移动的局域网。随着信息时代的到来，越来越多的人要求能够随时随地接收各种信息，因而对从移动体访问局域网的要求变得更加迫切。因此，无线局域网具有广阔的发展前景。

无线局域网利用电磁波在空气中发送和接收数据，而无需线缆介质。无线局域网的数据传输速率现在已经能够达到 11 Mb/s，传输距离可远至 20 km 以上。它是对有线联网方式的一种补充和扩展，使联网的计算机具有可移动性，能快速、方便地解决使用有线方式不易实现的网络连通问题。与有线网线相比，无线局域网具有安装便捷、使用灵活、经济节约、易于扩展的优点。由于无线局域网具有多方面的优点，所以发展十分迅速。在最近几年里，无线局域网已经在医院、商店、工厂和学校等不适合网络布线的场合得到了广泛应用。

3. 认识无线网络接入设备

STA(station，工作站)是一个配备了无线网络设备的网络节点。具有无线网络适配器的个人计算机称为无线客户端。无线客户端能够直接相互通信或通过 AP 进行通信。

(1) Wireless LAN Card(无线网卡)一般有 PCMCIA、USB、PCI 等几种，PCMCIA 无线网卡主要用于便携机，USB 无线终端主要用于台式机，如图 4-4-1 所示。

认识无线设备与利用无线设备，以方便我们的学习和生活。

图 4-4-1 USB 接口的无线网卡

(2) AP(Access Point，无线接入点)相当于基站，主要作用是将无线网络接入以太网，另一个作用是将各无线网络客户端连接到一起(相当于以太网的集线器)，使装有无线网卡的 PC 通过 AP，共享无线局域网络，甚至广域网络的资源，一个 AP 能够在几十至上百米的范围内连接多个无线用户。无线 AP 如图 4-4-2 所示。

图 4-4-2 TP-Link 无线 AP

(3) Wireless Bridge(无线桥接器)主要是进行长距离传输(如两栋大楼间连接)时使用，由 AP 和高增益定向天线组成，如图 4-4-3 所示。

图 4-4-3 无线桥接器

4. 了解无线局域网的协议和标准

(1) CSMA/CA 协议。

总线型局域网在 MAC 层的标准协议是 CSMA/CD(载波侦听多点接入/冲突检测)，但由于无线产品的适配器不易检测信道是否存在冲突，因此 IEEE 802.11 定义了一种新的协议，即 CSMA/CA(载波侦听多点接入/避免冲撞)。一方面，可通过载波侦听查看介质是否空闲；另一方面，通过随机的时间等待，使信号发生冲突的概率减到最小，当介质被侦听到空闲时，则优先发送。为了系统更加稳固，IEEE 802.11 还提供了可确认帧 ACK 的

CSMA/CA。

(2) 802.11b 标准。

由于最初的 802.11 标准存在诸多缺陷，1999 年 IEEE 推出了 802.11b 标准。该标准工作在 2.4 GHz 频带，最大数据传输速率可达 11 Mb/s。

(3) 802.11a 标准。

由于 802.11b 工作在公共频段，容易与同一工作频段的蓝牙、微波等设备形成干扰，且其传输速率较低，为了解决这个问题，在 802.11b 标准推出的同年，802.11a 标准应运而生。该标准工作于 5.8 GHz 频段，最大数据传输速率提高到 54 Mb/s。

5. 所需设备

计算机两台、笔记本一台、TP-Link 无线路由器一台、ADSL Modem 一台、无线网卡、网线等。

6. 拓扑结构

家里原来只有一台计算机，通过 ADSL 上网，现在突然增加了一台计算机和一台笔记本，一到下班一家人都想在家里办公，需要上网，通过 ADSL 只能一台计算机上网，为了解决这个问题，网络管理员建议我购买一台 TP-LINK 无线路由器，通过无线路由器组建一个小型无线局域网，其拓扑结构如图 4-4-4 所示。

不同品牌的无线路由器的连接地址有所不同，请参照厂商附带的操作说明书进行。

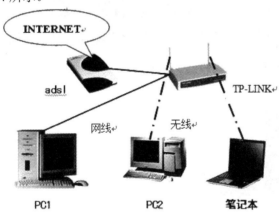

图 4-4-4 家庭无线组网拓扑结构图

 我动手

步骤 1 按照图 4-4-4 所示的拓扑结构，将链路连接好，开启电源，使其各设备处于工作状态。

步骤 2 为了初始化 TP-LINK 无线路由器，将计算机 PC1 用网线接上 TP-Link 无线路由器的 LIN 端口。

步骤 3 在 PC1 的 IE 浏览器地址栏中输入 192.168.1.1，按回车键，在"连接到 192.168.1.1 窗口"中相应位置输入"用户名"、"密码"，单击"确定"按钮,如图 4-4-5 所示。

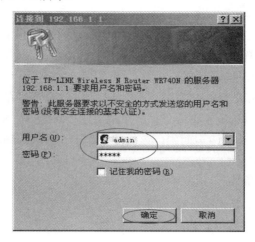

图 4-4-5　连接到 TP-LINK 路由器

　　步骤 4　在 TP-LINK 设置界面中单击左侧的"设置向导",在打开的设置向导页面中单击"下一步"按钮,如图 4-4-6 所示。

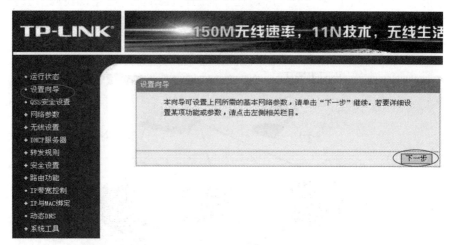

图 4-4-6　TP-LINK 路由器设置向导

　　步骤 5　在打开的上网方式页面中选择"PPPoE(ADSL 虚拟拨号)",单击"下一步"按钮,如图 4-4-7 所示。

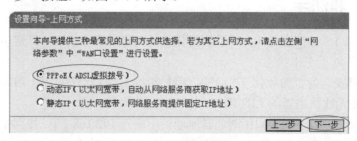

图 4-4-7　上网方式选择

步骤6　输入"上网账号"、"上网口令"、"确认口令"，单击"下一步"按钮，如图4-4-8所示。

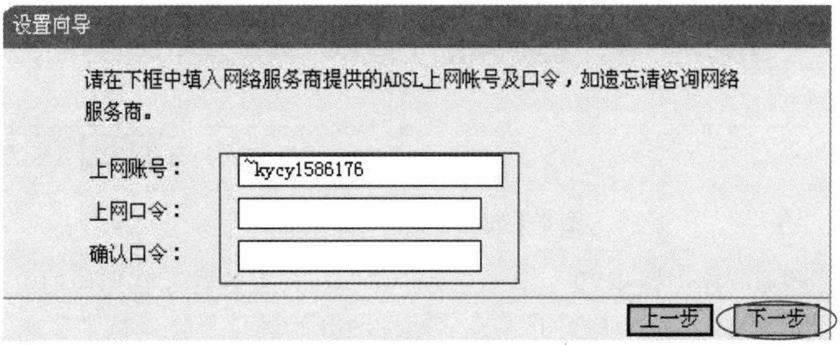

图 4-4-8　上网账号、口令设置

步骤7　在无线设置页面中，在"无线状态"列表中选择"开启"，"信道"列表中选择"自动"，"模式"列表中选择默认，"频道带宽"列表中选择"自动"；"无线安全"选项中选择"WPA-PSK/WPA2-PSK"，在"PSK 密码"文本框中输入密码；完成上述设置后单击"下一步"按钮，如图4-4-9所示。

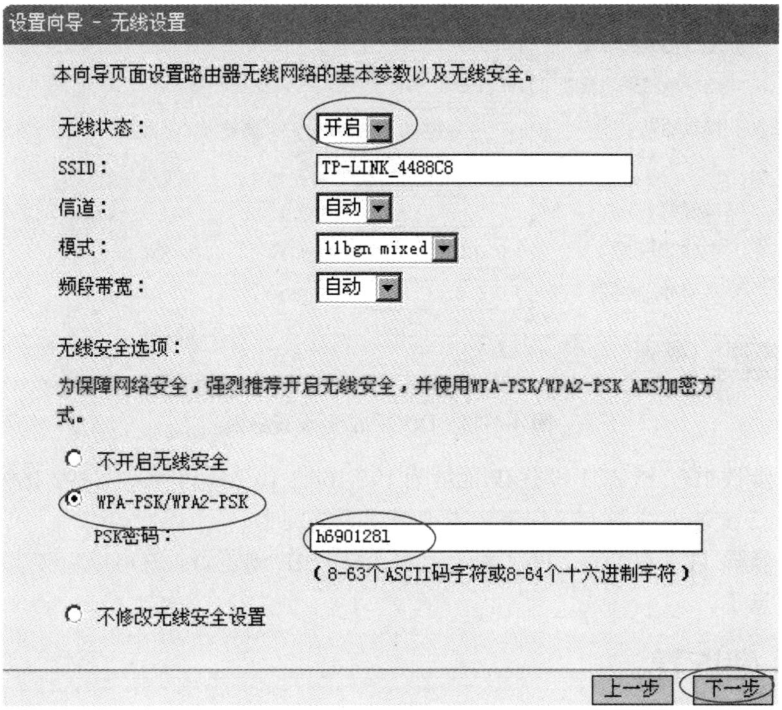

图 4-4-9　无线设置页面

步骤8　在弹出的设置完成对话框中，单击"重启"按钮，使主机设置生效，如图4-4-10所示。

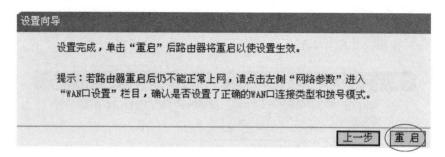

图 4-4-10　设置向导完成提示

步骤 9　路由器重启后，单击左侧的"DHCP 服务器"，在出现的"DHCP 服务"页面中，选择"启用"；在"地址池开始地址"文本框中输入 IP 地址，如 192.168.1.100；在"地址池结束地址"文本框中输入 IP 地址，如 192.168.1.200；在"地址租期"文本框中输入时间，如 120 min；其他项按要求进行设置，确认设置信息正确无误后单击"保存"按钮，如图 4-4-11 所示。最后关闭路由器设置界面。

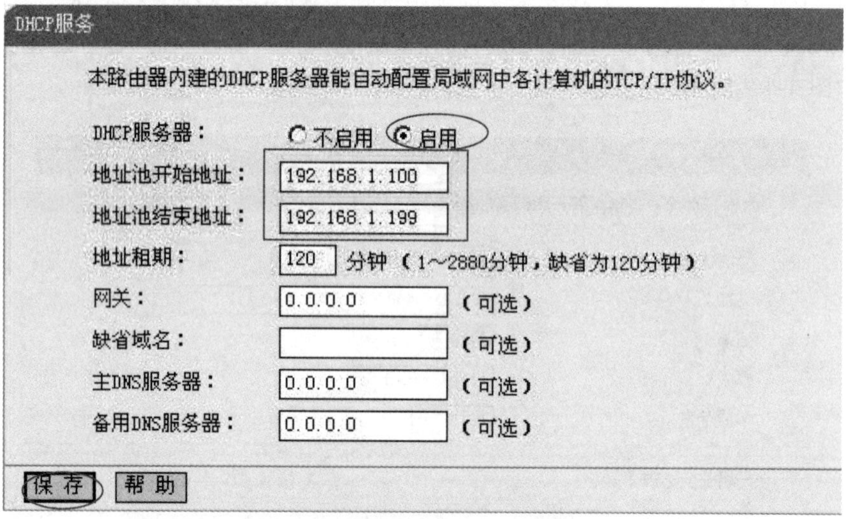

图 4-4-11　DHCP 服务设置界面

步骤 10　给 PC1 设置 IP 地址为 192.168.1.10/24，其网关为 192.168.1.1；在 PC2 安装无线网卡，在笔记本上启用无线网卡。

步骤 11　在 PC1、PC2 和笔记本上打开 IE 浏览器，就可以直接上网查看信息了。

课堂表现　👍□　✊□　🖐□　✌□　👎□　👆□

知识掌握　😊□　😠□　😌□　☹□　😣□　😲□

我留言

我练习

对 TP-LINK 无线路由器进行设置，实现其有线和无线上网，其外网地址为 192.168.34.100/24，网关为 192.168.34.254。设置好后老师或组长检查验收，并将操作方法用文档整理后上交。

项目五

搭建中型局域网

项目内容

本项目主要内容有：三层交换机的配置；交换机 SVI 通信；提高骨干网络带宽(端口聚合)；冗余链路，避免网络环路。

项目目标

认识三层交换机，掌握三层交换机的基本配置方法；理解 SVI 端口原理，学会 SVI 的配置方法；学会利用 SVI 技术组建网络；理解端口聚合原理，学会其提高网络带宽的配置方法；理解冗余链路，学会生成树协议的应用与配置方法。

任务 1 配置三层交换机

 我明了

在本任务中，了解三层交换机的功能、特点，熟悉三层交换机的基本配置命令及远程管理配置方法。

 我掌握

本任务要求理解三层交换机的功能、特点，掌握三层交换机的基本配置命令及远程管理配置技巧。

 我准备

注意与二层交换机的异同。

1. 配置三层交换机的准备

(1) 三层交换机相当于一个带有第三层路由功能的二层交换机，它可以像路由器一样识别数据包的 IP 信息。三层交换机的内部有一个 MAC 地址与 IP 地址的映射表，初始为空。当有数据包经过时，三层交换机将首先根据数据包中的目的 IP 地址扫描映射表，查找匹配的 IP 地址，如果找到则获得 MAC 地址，直接从二层交换机通过；否则，根据路由表转发到对应的端口上。转发数据包时，三层交换机会将数据包中的源数据包的 MAC 地址与 IP 地址的映射关系更新在映射表中，使下次目的地址为该 IP 的数据包能够直接进行映射。

(2) 三层交换机具有以下特点。

①优化的路由硬件和软件包提高了路由的效率。

②软硬结合使得数据交换效率更高。

③大部分的数据转发由第二层交换处理，只有少部分需要路由处理。

④子网增加时，只需与第三层交换模块的逻辑连接，而不需要像传统的路由器那样增加端口，从而大大节省了成本。

(3) 三层交换机默认全部端口属于 VLAN1，VLAN1 的 IP 地址一般作为三层交换机的管理地址。配置 VLAN1 端口与配置普通物理端口一样，需要先进入该端口，再进行配置。配置方法如下：

S3760(config)#interface vlan 1 　　　　!进入 VLAN1

S3760(config-vlan1)#ip address 192.168.1.1 255.255.255.0 　　!配置 VLAN1 的 IP 地址

(4) 在交换机内部有一个本地用户数据库，当某些服务需要用户验证时，可使用本地用户数据库进行匹配。管理员可以在全局模式下对用户表进行管理，使用"username<用户名>password<密码>"命令添加用户名和密码。例如，任务中添加Telnet用户名和密码的命令，用户名与密码都是admin：

S3760(config)#username admin password admin　!配置登录交换机的用户名和密码

(5) VTY(Virtual Type Terminal，虚拟终端连接)是指用户远程登录交换机所使用的线路。VTY一般有15条线路，在使用前需要对登录验证方式进行设置。本任务使用了0~4号五条VTY线路，即同时最多支持五个Telnet会话。登录验证使用本地用户数据库，命令配置如下：

S3760(config)#line vty 0 4　!进入VTY0~4号商品配置

S3760(config-line)#login local　!配置VTY端口使用本地数据库验证

S3760(config-line)#exit　!退出VTY端口配置

2. 所需设备

计算机两台、三层交换机一台、RJ-45控制线一条、网线两条。

3. 拓扑结构

拓扑结构如图5-1-1所示。

图5-1-1　配置拓扑结构

 我动手

我校计算机室为了能组建一个中型校园内部局域网，特采购了一台三层交换机，计划使用该交换机作为局域网的中心交换机。使用前，要先对三层交换机进行初始配置。使用控制线让计算机的串口与交换机的Console(控制)端口相连接，通过计算机超级终端对三层交换机进行配置。具体要求：把交换机的名字改为S3760，查看交换机的信息；设置交换机的Enable密码为123；并要配置其远程管理功能，最后保存交换机的配置。其拓扑结构如图5-1-1所示。

1. 基本配置实施步骤

步骤1　在三层交换机不带电的情况下，使用控制线将计算机与交换机Console(控制)端口相连接(见图5-1-1)。

步骤2　打开三层交换机的电源开关，启动计算机，让交换机、计算机开始工作。

步骤3　依次选择"开始"→"附件"→"通讯"→"超级终端"，打开超级终端程序。

步骤4　在超级终端与交换机建立连接。输入连接名字，选择合适的

COM 口，配置正确的参数。

步骤 5 进入三层交换机进行配置。

(1) 设置交换机名字为 S3760。

Switch> ！交换机用户模式

Switch>enable ！进入交换机特权模式

Switch#configure terminal ！进入交换机全局配置模式

Switch(config)#hostname S3760 ！改变交换机名字为 S3760

S3760(config)#exit ！结束配置，返回到特权模式

S3760#

(2) 设置交换机 Enable 密码为 123。

S3760# ！交换机特权模式

S3760#configure terminal ！进入交换机配置模式

S3760(config)#enable password 123 ！设置 enable 特权操作密码为 123，使用明文

S3760(config)#exit ！退出全局模式

S3760#exit ！退出特权模式

S3760>enable ！进入交换机特权模式

Password: ！输入密码 123 进入全局模式

S3760#

(3) 查看三层交换机的有关信息。

S3760#show running-config ！查看交换机的配置信息

Building configuration...

Current configuration : 1062 bytes

!

version 12.2

no service timestamps log datetime msec

no service timestamps debug datetime msec

no service password-encryption

!

hostname S3760 ！交换机名称

!

enable password 123 ！登录口令，没有加密

!

interface FastEthernet0/1 ！26 个端口信息

!

!

interface FastEthernet0/24

三层交换机的大部分命令与二层交换机相同，在学习时可参考二层交换机的命令。

!

interface GigabitEthernet0/1

!

interface GigabitEthernet0/2

!

interface Vlan1

no ip address

shutdown

!

ip classless

!

line con 0

line vty 0 4

login

!

end

(4) 保存配置信息。

S3760#write ！保存设备配置，把配置指令写入系统文件中

Building configuration...

[OK]

S3760#

2. 远程管理实施步骤

在上述基本配置的基础上，只需要配置其管理 IP 地址和线程登录密码即可完成。其步骤如下。

步骤 1 配置管理 IP 地址。

S3760# ！交换机特权模式

S3760#configure terminal ！进入交换机配置模式

S3760(config)#interface vlan 1 ！进入 VLAN 模式

S3760(config-vlan1)#ip address 192.168.1.253 255.255.255.0 ！配置登录 IP 地址

S3760(config-vlan1)#no shutdown ！启用 VLAN 接口

S3760(config-vlan1)#exit ！退出 VLAN 模式

S3760(config)#line vty 0 4 ！进入 VTY 端口配置

S3760(config-line)#password admin ！配置 VTY 登录密码

S3760(config-line)#login ！配置 VTY 端口使用登录验证

S3760(config-line)#exit ！退出 VTY 端口配置

S3760(config)#

步骤 2 在 PC1 上进入远程登录。选择"开始"→"运行"，在弹出的

"运行"对话框中输入"telnet 192.168.1.253"，单击"确定"按钮，即可远程登录到三层交换机。命令如下：

telnet 192.168.1.253　！在"运行"命令中输入

Trying 192.168.1.253 ...Open　　！连接到 192.168.1.253 主机

User Access Verification

Password:　　！输入登录密码"admin"

s3760>enable　！进入特权模式

Password:　　！输入进入特权模式密码"123"

s3760#

步骤3　保存三层交换机的配置。

S3760#write　！保存设备配置，把配置指令写入系统文件中

Building configuration...

[OK]

S3760#

小贴士：telnet 是 Internet 远程登录服务的标准协议和主要方式。使用 telnet 能实现在本地计算机上完成远程主机的工作。用户可以在本地计算机上使用 telnet 程序，用它连接到服务器。在 telnet 程序中输入命令，这些命令会在服务器上运行，就像直接在服务器的控制台上输入一样。

 我收获

课堂表现

知识掌握

 我留言

 我练习

地点：网络实训室

(1) 按图 5-1-2 所示的网络拓扑结构对三层交换机进行配置。

图 5-1-2　三层交换机配置拓扑结构 1

要求：修改三层交换机的名字为 SW1；配置 enable 密码为 ruijie；查看

三层交换机的配置信息；保存三层交换机的配置。

(2) 按图 5-1-3 所示的网络拓扑结构对三层交换机进行配置。

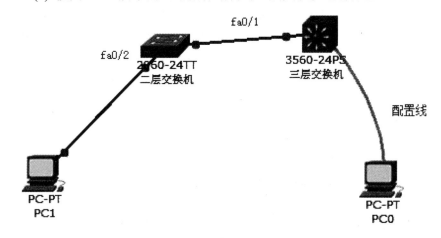

图 5-1-3 网络配置拓扑结构 2

要求：在 PC0 上使用超级终端配置三层交换机，将其名称修改为 SW3；在 SW3 上划分 VLAN，1 至 9 端口添加到 VLAN1，10 到 19 端口添加到 VLAN10；为 VLAN1 配置 IP 地址：192.168.1.254/24；VLAN10 配置 IP 地址：192.168.2.254/24；配置三层交换机的 telnet 服务，登录用户名为 admin，密码为 admin，最多允许 10 个用户同时远程登录；配置 PC1 的 IP 地址为：192.168.1.2/24，网关为：192.168.1.254，启动 telnet 程序，远程登录三层交换机，并查看其配置信息。

任务 2 交换机 SVI 通信

 我明了

在本任务中，了解 SVI 接口的作用，熟悉 SVI 接口配置方法。

 我掌握

本任务要求理解交换机 SVI 接口的作用，掌握 SVI 接口配置的方法与技巧。

 我准备

1. 交换机虚拟端口(SVI)

交换机除了具有一定数量的物理端口外，还具有逻辑端口，上一任务中我们配置交换机管理 IP 地址时就使用了逻辑端口。对于二层交换机,每个交换机都有一个虚拟逻辑端口作为管理端口使用,且只有该端口允许配置管理 IP 地址,默认情况 VLAN1 对应的端口为管理端口。对于三层交换机,每个 VLAN 都分配一个虚拟端口,每个虚拟端口都配置一个 IP 地址。

2. 设置三层交换机虚拟端口 IP 地址

三层交换机虚拟端口主要作为相应 VLAN 对应网段的网关使用,用于三层交换机数据包路由功能。在配置时除配置 IP 地址外,还要用"no shutdown"命令启动端口。

Switch#configure terminal　!进入全局配置模式

Switch(config)#vlan 10　!创建 VLAN10

Switch(config-vlan)#exit　!退出 VLAN 模式

Switch(config)#interface vlan 10　!进入 VLAN10 虚拟端口模式

Switch(config-vlan10)#ip address 192.168.10.254 255.255.255.0　!设置端口 IP 地址为:192.168.10.254,子网掩码为:255.255.255.0

Switch(config-vlan10)#no shutdown　! 启动 VLAN10 的虚拟端口

Switch(config-vlan10)#end　! 直接返回到特权模式

Switch#

3. 所需设备

计算机两台、三层交换机一台、RJ-45 控制线一条、网线两条。

4. 拓扑结构

我校分了四个教学部,即计算机教学部、机电教学部、旅游服务教学部和对口升学教学部。为了信息安全,平时只允许教学部内的计算机进行相互通信,因此在三层交换机上对不同的教学部划分了不同的 VLAN。最近学校开展学科组建设,要求同学和老师共同参与完成。此时需要各教学部之间进行信息共享交流,这就需要在三层交换机上启用 SVI 接口,以实现各 VLAN 之间的计算机相互访问。其拓扑结构图 5-2-1 所示。

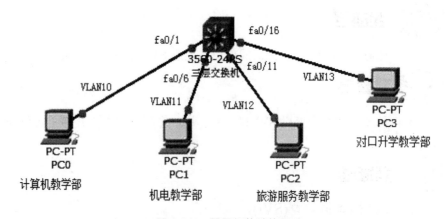

图 5-2-1　配置拓扑结构图

我动手

步骤 1 在三层交换机上创建 4 个 VLAN，即 VLAN10 分配给计算机教学部，VALN11 分配给机电教学部，VLAN12 分配给旅游服务教学部，VLAN13 分配给对口升学教学部。其 IP 地址分配如下。

VLAN10：192.168.10.0/24

VLAN11：192.168.11.0/24

VLAN12：192.168.12.0/24

VLAN13：192.168.13.0/24

步骤 2 对照图 5-2-1 所示的拓扑结构进行连线，确保连线正确后，打开三层交换机的电源开关，启动计算机，让交换机、计算机开始工作。

步骤 3 将配置线接在三层交换机和计算机 PC0 上，接好后在 PC0 中选择"开始"→"附件"→"通讯"→"超级终端"，打开超级终端程序。

步骤 4 进入三层交换机进行配置。

(1) 设置交换机名字为 S3760。

Switch> ！交换机用户模式

Switch>enable ！进入交换机特权模式

Switch#configure terminal ！进入交换机全局配置模式

Switch(config)#hostname S3760 ！改变交换机名字为 S3760

S3760(config)#exit ！结束配置，返回到特权模式

S3760#

(2) 创建 VLAN。

S3760 (config)#vlan 10 ！创建 VLAN10

S3760 (config-vlan)#name jsjjxb ！给 VLAN10 别名为 jsjjxb

S3760 (config-vlan)#vlan 11 ！创建 VLAN11

S3760 (config-vlan)#name jdjxb ！给 VLAN10 别名为 jdjxb

S3760 (config-vlan)#vlan 12 ！创建 VLAN12

S3760 (config-vlan)#name nyfwjxb ！给 VLAN10 别名为 nyfwjxb

S3760 (config-vlan)#vlan 13 ！创建 VLAN13

S3760 (config-vlan)# name dksxjxb ！给 VLAN10 别名为 dksxjxb

S3760 (config-vlan)#exit !退出 VLAN 模式

Switch(config)#

(3) 为 VLAN 分配接口。

S3760 (config)#interface range fa0/1-5 ！进入 1~5 接口

S3760 (config-if-range)#switchport access vlan 10 ！加入 VLAN10

S3760 (config-if-range)#exit ！退出接口模式

S3760 (config)#interface range fa0/6-10 ！进入 6~10 接口

S3760 (config-if-range)#switchport access vlan 11 ！加入 VLAN11

S3760 (config-if-range)#exit ！退出接口模式

S3760 (config)#interface range fa0/11-15 ！进入 11~15 接口

S3760 (config-if-range)#switchport access vlan 12 ！加入 VLAN12

S3760 (config-if-range)#exit ！退出接口模式

S3760 (config)#interface range fa0/16-20 ！进入 16~20 接口

S3760 (config-if-range)#switchport access vlan 13 ！加入 VLAN13

S3760 (config-if-range)#exit ！退出接口模式

S3760 (config)#

(4) 配置 SVI 接口。

s3760(config)#interface vlan 10

s3760(config-vlan10)#ip address 192.168.10.254 255.255.255.0

s3760(config-vlan10)#no shutdown

在三层交换机中配置
VLAN 的 IP 地址，将
其作为不同 VLAN 之
间数据进行通信的网
关。

s3760(config-vlan10)#interface vlan 11

s3760(config-vlan11)#ip address 192.168.11.254 255.255.255.0

s3760(config-vlan11)#no shutdown

s3760(config-vlan11)#interface vlan 12

s3760(config-vlan12)#ip address 192.168.12.254 255.255.255.0

s3760(config-vlan12)#no shutdown

s3760(config-vlan12)#interface vlan 13

s3760(config-vlan13)#ip address 192.168.13.254 255.255.255.0

s3760(config-valn13)#no shutdown

s3760(config-valn13)#exit

s3760(config)#

(5) 保存配置信息。

S3760#write ！保存设备配置，把配置指令写入系统文件中

Building configuration...

[OK]

S3760#

(6) 查看 switch 交换机配置情况。

S3760#show vlan ！显示 VLAN 配置情况

S3760#show ip route ！显示三层交换机路由表

步骤 5 网络测试。

配置 PC 的 IP 地址，通过 ping 命令测试其 PC 间的连通性。在 PC0 上 ping 通 PC1 的连通性，如图 5-2-2 所示。

图 5-2-2 PC0 能 ping 通 PC1

 我收获

课堂表现 👍□ ✊□ 👌□ ✌□ 👎□ 👍□

知识掌握 😊□ 😐□ 😕□ 😞□ 😆□ 😲□

 我留言

 **我练习**

地点：网络实训室

(1) 按图 5-2-3 所示的网络拓扑结构对三层交换机进行配置。

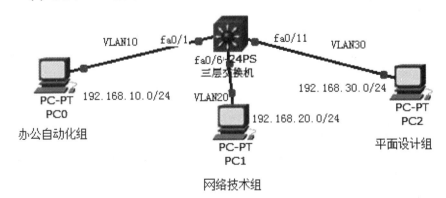

图 5-2-3 实训拓扑结构图 1

要求：连接三台 PC 与三层交换机，如图 5-2-3 所示；将三层交换机的名字修改为 S3760；将三层交换机划分为三个 VLAN，并将相应的接口添加到相应的 VLAN；配置各 VLAN 的 SVI 接口。

(2) 按图 5-2-4 所示的网络拓扑结构对三层交换机进行配置。

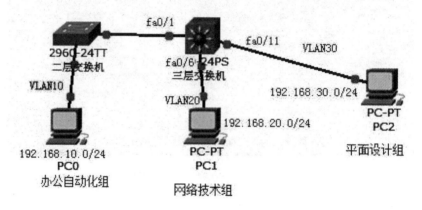

图 5-2-4　实训拓扑结构图 2

任务 3　提高骨干网络带宽(端口聚合)

 我明了

在本任务中，了解端口聚合的功能与原理，熟悉端口聚合的配置方法。

 我掌握

本任务要求理解端口聚合的作用，学会端口聚合的配置方法与技巧。

 我准备

1. 链路聚合技术

链路聚合技术是将交换机的多个物理端口分别连接，在逻辑上通过技术将其捆绑在一起，形成一个复合主干链路，从而提高主干链路的带宽，并且实现主干链路的均衡负载与链路冗余的网络效果，大大地提高主干链路的传输速度与增强网络的稳定性。

2. 链路聚合的特点

(1) 使用链路聚合技术捆绑在一起的端口可以作为单一连接端口，提供单一连接带宽，即它们带宽的总和。链路聚合一般用于连接骨干网络的服务器或者服务器群，网络数据流被动态地分配到各个端口，从而提高传输速率。

（2）使用链路聚合技术能提高网络的可靠性。如果多个聚合的物理端口的其中一个出现故障，则网络传输的数据流可以动态地转向其他端口传输，从而保证网络的正常工作。

（3）链路聚合技术只能在 100 M 以上的链路实现，而且不同品牌的交换机所支持的技术不同，使用时应该详细阅读相关手册。

3. 端口聚合条件

在配置交换机端口聚合时，需要注意以下问题。

（1）物理端口速度必须相同。即加入到聚合端口的所有成员端口速率必须相同，都为 100 Mb/s 或 1000 Mb/s 等。

（2）物理端口使用介质必须相同。即使用光纤作为介质的端口不可以和使用其他介质的端口(如双绞线作为介质的端口)同时作为一个聚合端口的成员。

（3）物理端口必须属于同一层次，且与 AP 也属于同一层次。即物理端口必须和聚合逻辑端口(如 AP1)同时属于二层端口或同时为三层端口。

4. 配置聚合端口

Switch(config)#interface range fa0/23-24 ！进入端口 fa0/23、24 配置模式

Switch(config-if-range)#port-group 1 ！ 将端口 fa0/23、24 聚合成逻辑端口 AP1

注意与思科的配置命令区别。

Switch(config-if-range)#exit ！退出端口模式，返回到全局配置模式

Switch(config)#

Switch(config)#interface aggregateport 1 ！ 进入聚合端口 AP1

Switch(config-if)#switchport mode trunk ！设置聚合端口为 Trunk 接口类型的端口

Switch(config-if)#end !返回到特权模式

Switch#

5. 查看聚合端口

6. 所需设备

计算机两台、三层交换机两台、RJ-45 控制线一条、网线 4 条。

7. 拓扑结构

我校有教学楼和行政楼各一栋，两栋楼之间用两台三层交换机连接，其带宽是 100M。当两栋楼之间计算机数量较多时，在同等条件下其传输速率会下降，即感觉到网速变慢。要解决这一问题，可在降低成本的基础上采用链路聚合技术，将几条 100 M 带宽聚合使用，提高骨干链路的带宽。其拓扑结构如图 5-3-1 所示。

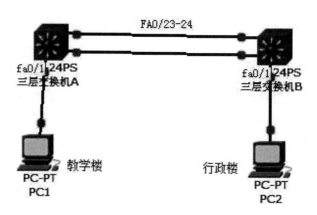

图 5-3-1 配置拓扑结构图

 我动手

步骤 1 用直通线连接 PC1 和三层交换机 A 的 fa0/1 端口，连接 PC2 和三层交换机 B 的 fa0/1 端口，交换机 A 的 fa0/23、24 分别与交换机 B 的 fa0/23、24 用交叉线相连，如图 5-3-1 所示。

步骤 2 打开三层交换机 A、B 的电源开关，启动计算机，让交换机、计算机开始工作。

步骤 3 将配置线接在三层交换机 A 和计算机 PC1 上，接好后在 PC1 中选择"开始"→"附件"→"通讯"→"超级终端"，打开超级终端程序，登录三层交换机 A 的配置界面。

步骤 4 配置三层交换机 A 的端口聚合。

SWA(config)#interface range fa0/23-24

SWA(config-if-range)#port-group 1

SWA(config-if-range)#exit

SWA(config)#interface aggregateport 1

SWA(config-if)#switchport mode trunk

SWA(config-if)#exit

SWA(config)#

步骤 5 保存三层交换机 A 的配置信息。

SWA#write ！保存设备配置，把配置指令写入系统文件中

Building configuration...

[OK]

SWA#

步骤 6 查看三层交换机 A 配置情况。

SWA#show running-config ！显示交换机 A 的配置情况

SWA#show aggregateport 1 summary ！显示 AP1 的配置信息

步骤 7　重复步骤 3、4、5、6 对其三层交换机 B 进行配置。

步骤 8　设置 PC1、PC2 的 IP 地址。

计 算 机	IP 地址	网 关
PC1	192.168.1.1/24	192.168.1.254
PC2	192.168.1.2/24	192.168.1.254

步骤 9　使用 PC1 ping PC2，测试结果如下。

交换机连接情况	结 果	原 因
正常	通	链路聚合正确，带宽 200 M
拔掉三层交换机 B 上 fa0/23 端口的网线	通	三层交换机 A 的 fa0/24 与 B 的 fa0/24 相通，带宽 100 M

 我收获

课堂表现 □ □ □ □ □ □

知识掌握 □ □ □ □ □ □

 我留言

我练习

地点：网络实训室

按图 5-3-2 所示的网络拓扑结构进行实训。在 SW1 与 SW2 之间配置端口聚合，实现相同 VLAN 间可通信。

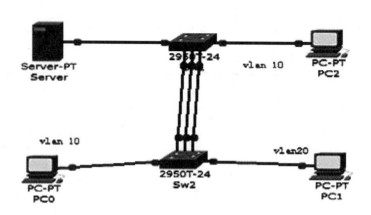

图 5-3-2 实训配置拓扑结构图

任务 4 避免网络环路

 我明了

在本任务中，了解冗余链路的功能与原理，熟悉避免网络环路的配置方法。

 我掌握

本任务要求理解冗余链路的作用，学会冗余链路的配置方法与技巧。

 我准备

注意锐捷网络设备与思科网络设备的配置命令区别。

1. 生成树协议概述

在骨干网络设备连接中，单一链路的连接很容易实现，但往往一个简单的故障就会造成网络的中断。因此在实际应用中，会在骨干设备之间增加一些链路作为备份连接，以提高网络的健壮性与稳定性。然而如果备份链路配置不当，往往会使网络出现环路，导致网络发生广播风暴、多帧复制和地址表的不稳定等问题，最终使网络瘫痪。

为了解决交换机的冗余环路带来的广播风暴等问题，就需要在交换机上启动生成树协议。生成树协议能通过软件协议，判断网络中存在环路的地方，暂时阻断冗余链路，使网络上两点之间只存在唯一路径，从而不会产生环路。

在交换机上启动生成树协议的命令是 spanning-tree，在全局模式下输入该命令即可立刻启动生成树协议。

生成树协议就是在具有物理回环的交换机网络上，生成没有回环的树形逻辑网络的方法。生成树协议使用生成树算法,在一个具有冗余路径的容错网络中计算出一个无环路的路径,使一部分端口处于转发状态,另一部分处于阻塞状态(备用状态),从而生成一个稳定的、无环路的生成树网络拓扑;而且一旦发现当前路径故障,生成树协议能立即激活相应的端口,打开备用链路,重新产生 STP 的网络拓扑,从而保持网络的正常工作。生成树协议的关键就是保证网络上任何一点到另一点的路径有且只有一条。使用生成树协议使具有冗余路径的网络既有了容错能力,同时又避免了产生回环带来的不利影响。

2. 生成树协议的类型

锐捷交换机中生成树协议的类型主要有 STP、RSTP、MSTP 三种。

MSTP 在锐捷网络设备上才有。

3. 生成树协议配置命令

交换机在默认状态下,生成树协议是处于关闭状态的,为了使用生成树协议必须启动生成树协议。

(1) 启动生成树协议命令。

Switch#config ! 进入全局配置模式

Switch(config)#spanning-tree ! 启动生成树协议

(2) 设置生成树协议类型命令。

Switch(config)#spanning-tree ! 启动生成树协议

Switch(config)#spanning-tree mode stp ! 设置 STP 类型生成树协议,在启动了生成树协议,就默认为 STP 类型。

要关闭 spanning-tree 协议,用 no spanning-tree 命令,如switch(config)#no spanning-tree。

Switch(config)#spanning-tree mode rstp ! 设置 RSTP 类型生成树协议

Switch(config)#spanning-tree mode mstp ! 设置 MSTP 类型生成树协议

(3) 设置交换机优先级命令。

Switch(config)#spanning-tree priority 4096 ! 设置交换机优先级为 4096

(4) 设置端口优先级命令。

Switch(config)#interface fa0/24 ! 进入 fa0/24 端口配置模式

Switch(config-if)#spanning-tree port-prioority 32 ! 设置 fa0/24 的优先级为 32

(5) 查看生成树信息命令。

Switch#show spanning-tree ! 查看生成树相关信息

Switch#show spanning-tree interface fa0/24 !查看 fa0/24 端口生成树信息

Switch#show spanning-tree summary ! 查看交换机 STP 转发状态

4. 所需设备

计算机两台、三层交换机二台、RJ-45 控制线一条、网线 4 条。

5. 拓扑结构

拓扑结构如图 5-4-1 所示。

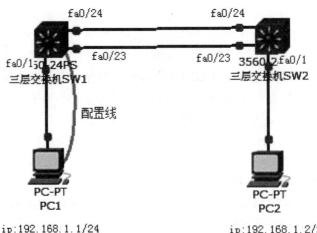

图 5-4-1 冗余配置拓扑

 我动手

步骤 1 对照图 5-4-1 所示的拓扑图进行交换机、PC 线路连接，并启动 PC、交换机，使开始工作。

步骤 2 配置 PC1、PC2 的 IP 地址，其地址如图 5-4-1 所示。

步骤 3 使用 PC1 ping PC2。

提示：其结果是不通，交换机端口的灯不断飞快闪烁。

步骤 4 将配置线接在三层交换机 SW1 和计算机 PC1 上，接好后在 PC1 中选择"开始"→"附件"→"通讯"→"超级终端"，打开超级终端程序，登录三层交换机 SW1 的配置界面。

步骤 5 配置三层交换机 SW1 的生成树协议。

Switch#configure ! 进入全局配置模式

Switch(config)#hostname sw1 ! 给交换机改名为 SW1

Sw1(config)#spanning-tree ! 配置生成树协议

Sw1(config)#exit ! 退出全局配置模式

Sw1#

步骤 6 保存三层交换机 SW1 的配置信息。

SW1#write ! 保存设备配置，把配置指令写入系统文件中

Building configuration...

[OK]

SW1#

步骤 7 查看三层交换机 SW1 配置情况。

SW1#show running-config ! 显示交换机 SW1 的配置情况

SW1# show spanning-tree summary ! 查看生成树状态情况

步骤 8 重复步骤 4、5、6、7 对三层交换机 SW2 进行配置。

步骤 9 使用 PC1 ping PC2，测试结果如下。

交换机连接情况	结　果
正常	通
拔掉三层交换机 B 上 fa0/23 端口的网线	通

 我收获

课堂表现 👍□　✊□　👌□　✌️□　👎□　🤙□

知识掌握 😊□　😃□　😏□　🙁□　😖□　😵□

 我留言

 我练习

地点：网络实训室

(1) 按图 5-4-2 所示的网络拓扑结构配置 STP 实训。连接交换机设备及 PC，并且修改交换机名称为 SW1、SW2、SW3；在三台三层交换机上分别启动生成树协议，解决网络环路问题；配置 PC1、PC2 的 IP 地址，并在 PC1 上 ping 通 PC2。

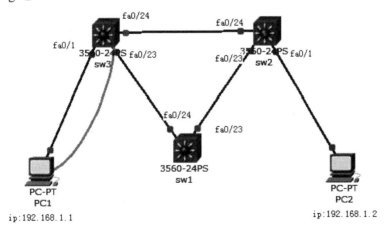

图 5-4-2　冗余实训拓扑

(2) 按图 5-4-2 所示的网络拓扑结构配置 RSTP 实训。在练习题 1 的基础上，将生成树类型修改为 RSTP，其余的不变。

项目六

搭建园区网

项目内容

　　本项目主要内容有：路由器的基本配置；设置路由器端口 IP 地址；单臂路由的配置与应用；静态路由配置；动态路由 RIP 配置；OSPF 单区域路由协议；配置 ACL 限制上网时间；配置 ACL 限制网络访问；静态 NAT 配置；动态 NAT 配置。

项目目标

　　认识路由器，掌握路由器的基本配置方法；理解路由的工作原理，学会单臂路由、静态路由的配置方法；理解 RIP、OSPF 协议，学会 RIP、OSPF 的配置方法；理解 ACL 原理，学会 ACL 的应用及基本配置方法；理解 NAT 原理，学会 NAT 的应用及配置方法。

任务 1 路由器的基本配置

我明了

在本任务中，了解路由器的组成与各种配置模式，熟悉路由器的基本命令及配置方法。

我掌握

本任务要求理解路由器的组成与各种配置模式，学会路由器的基本命令及配置方法与技巧。

我准备

路由是指导 IP 数据包发送的路径信息。

1. 路由器概述

路由器(router)是互联网的主要节点设备。路由器通过路由决定数据的转发，转发策略称为路由选择(routing)，这也是路由器名称的由来。路由器提供了在异构网络互联机制中，实现将数据包从一个网络发送到另一个网络。路由就是指导 IP 数据包发送的路径信息。

在互联网中进行路由选择要使用路由器，路由器只是根据所收到的数据包头的目的地址选择一个合适的路径，将数据包传送给下一个路由器，路径上最后的路由器负责将数据包送交目的主机。每个路由器只负责自己本站数据包通过最优的路径转发，通过多个路由器一站一站的接力将数据包通过最佳路径转发到目的地，当然有时候由于实施一些路由策略，数据包通过的路径并不一定是最佳路径。

2. 路由器内部组成

路由器的内部是一块印刷电路板，电路板上有许多大规模集成电路，还有一些插槽，用于扩充 Flash、内存(RAM)、接口和总线。实际上路由器和计算机一样，有四个基本部件：CPU、内存(RAM)、接口和总线。路由器是一台有特殊用途的计算机，它是专门用来做路由的。路由器与普通计算机的差别很明显，路由器没有显示器、软驱、硬盘、键盘及多媒体部件，但它有 NVRAM、Flash 部件。

路由器依靠路由表进行路由选择。

3. 路由选择

路由器转发数据包的关键是路由表，每个路由器中都保存着一张路由表，表中每条路由项都指明数据到某个子网应通过路由器的哪个物理接口发送出去。

4. 路由器的基本命令

(1) exit　!返回上一级操作模式

(2) del config.text　! 删除配置文件

(3) write　! 保存配置

(4) configure terminal　! 进入全局配置模式

(5) hostname routerA　! 配置设备名称为 routerA

(6) enable secret 123 或者 enable password 123　! 设备路由器的特权模式的密码为 123，secret 指密码以非明文显示，password 指密码以明文显示

(7) show running-config　! 查看当前生效的配置信息

(8) show version　! 查看版本信息

路由器的基本命令与交换机的命令相似，操作方法也相似。

5. 所需设备

计算机一台、路由器一台、RJ-45 控制线一条、网线一条。

6. 拓扑结构

我校新换了一台路由器，现需对其进行初始配置，以便以后的管理与应用。拓扑结构如图 6-1-1 所示。

图 6-1-1　配置路由器 R1

 我动手

步骤 1　在路由器不带电的情况下，对照图 6-1-1 所示的拓扑图进行路由器 R1、PC0 线路连接，并启动 PC0、路由器，使其开始工作。

方法同交换机。

步骤 2　将配置线接在路由器 R1 和计算机 PC0 上，接好后在 PC0 中选择"开始"→"附件"→"通讯"→"超级终端"，打开超级终端程序，登录路由器 R1 的配置界面。

步骤 3　进入路由器进行初始化配置。

(1) 设置路由器名字为 R1。

Router>　! 路由器用户模式

Router>enable　!进入路由器特权模式

Router#configure terminal　! 进入路由器全局配置模式

Router(config)#hostname R1　! 改名为 R1

R1(config)#exit　! 退出全局模式

R1#

(2) 设置路由器的 enable 密码。

R1#configure terminal　! 进入全局配置模式

R1(config)#enable password 123 ！设置路由器 enable 密码为 123
R1(config)#
(3) 参看路由器的有关信息
R1#show version ！查看路由器的版本信息
R1#show running-config ！查看路由器配置信息
Building configuration...

Current configuration : 468 bytes
!
version 12.4
no service timestamps log datetime msec
no service timestamps debug datetime msec
no service password-encryption
!
hostname R1 ！路由器名称为 R1
!
enable password 123 ！配置的 enable 密码为 123
!
interface FastEthernet0/0
  no ip address
  duplex auto
  speed auto
  shutdown
!
interface FastEthernet0/1
  no ip address
  duplex auto
  speed auto
  shutdown
!
interface Vlan1
  no ip address
  shutdown
!
ip classless
!
line con 0
line vty 0 4
  login
!

end

R1#

步骤4 测试 enable 密码是否生效。

R1>enable ！重新进入特权模式

Password: ！提示需要输入正确的登录口令才能进入特权模式

R1# ！输入正确的登录口令后，进入了特权模式

步骤5 保存配置

R1#write ！保存设备配置，把配置指令写入系统文件中

Building configuration...

[OK]

R1#

配置完毕后需要保存配置，否则重启设备之后，配置信息会丢失。

 我收获

课堂表现 □ □ □ □ □ □

知识掌握 □ □ □ □ □ □

 我留言

 我练习

地点：网络实训室

按图 6-1-2 所示的网络拓扑结构对路由器进行配置。要求：

(1) 将路由器的名字修改为 R2；

(2) 设置 enable 密码为 123；

(3) 设置 VTY 登录密码为 321；

(4) 保存配置；

(5) 查看路由器版本信息；

(6) 查看路由器当前配置信息。

图 6-1-2 配置路由器 R2

任务 2 设置路由器端口 IP

 我明了

在本任务中，了解网关的作用，熟悉路由器端口 IP 及远程管理的配置方法。

 我掌握

本任务要求理解网关的作用，学会路由器端口 IP 及远程管理的配置方法与技巧。

 我准备

你是如何理解网关的？

1. 网关概述

网关(gateway)又称网间连接器、协议转换器，如图 6-2-1 所示。网关在传输层上实现网络互联，它是最复杂的网络互联设备，仅用于两个高层协议不同的网络互联。网关的结构与路由器的类似，不同的是互联层。网关既可以用于广域网互连，也可以用于局域网互连。

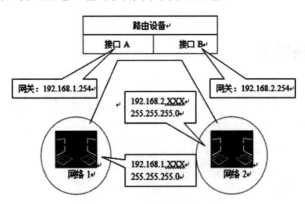

图 6-2-1 路由设备的网关

默认网关(default gateway)意思是当主机找不到可用的网关时，就把数据包发给默认的网关，由这个网关来处理数据包。目前，计算机使用的网关一般指默认网关。

路由器端口的默认情况为关闭状态，交换机端口的默认状态为激活(启用或打开)状态。

2. 配置命令

Router> ！进入路由器的用户模式
Router>enable ！进入路由器的特权模式
Router#configure terminal ！进入路由器的全局配置模式

Router(config)#interface fa0/0 ！进入 fa0/0 端口

Router(config-if)#ip address 192.168.1.254 255.255.255.0 ！给端口 fa0/0 配置 IP 地址为 192.168.1.254，子网掩码为 255.255.255.0

Router(config-if)#no shutdown ！启用(激活)fa0/0 端口

Router(config-if)#exit ！返回到全局配置模式

Router(config)#line vty 0 4 ！进入路由器的线程配置模式

Router(config-line)#password 321 ！配置密码为 321

Router(config-line)#login ！开启远程功能

Router(config-line)#end ！返回到路由器的特权模式

Router#

3. 三层交换机路由配置命令

Switch> ！进入交换机的用户模式

Switch>enable ！进入交换机的特权模式

Switch#configure terminal ！进入交换机的全局配置模式

Switch(config)#interface fastEthernet 0/1 ！进入 fa0/1 端口

Switch(config-if)#no switchport ！启用端口的三层(路由)功能

Switch(config-if)#ip address 192.168.1.254 255.255.255.0 ！给端口 fa0/1 配置 IP 地址为 192.168.1.254，子网掩码为 255.255.255.0

Switch(config-if)#no shutdown ！启用(激活)fa0/1 端口

Switch(config-if)#end ！返回到特权模式

Switch#

> 设置远程管理后，可以更方便地管理设备。路由器的 Loopback 地址、端口的 IP 地址都可以作为远程管理路由器的地址。

4. 所需设备

计算机两台、路由器一台、RJ-45 控制线一条、网线两条。

5. 拓扑结构

我校的计算机部和旅游部分别使用 192.168.1.0/24、192.168.2.0/24 网段 IP，现要求两个部融合在一起，实现互相通信、共享网络资源。PC1 代表计算机部的一台计算机，PC2 代表旅游部的一台计算机，其拓扑结构如图 6-2-2 所示。

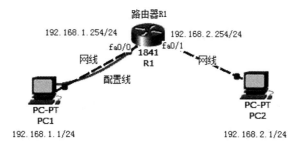

图 6-2-2 拓扑结构图

 我动手

步骤 1　在路由器不带电的情况下，对照图 6-2-2 所示的拓扑图进行路由器 R1、PC1、PC2 线路连接，并启动 PC1、PC2、路由器，使其开始工作。

步骤 2　将配置线接在路由器 R1 和计算机 PC1 上，接好后在 PC1 中选择"开始"→"附件"→"通讯"→"超级终端"，打开超级终端程序，登录路由器 R1 的配置界面。

步骤 3　进入路由器进行初始化配置。

(1) 设置路由器名字为 R1。

Router>　! 路由器用户模式

Router>enable　!进入路由器特权模式

Router#configure terminal　! 进入路由器全局配置模式

Router(config)#hostname R1　! 改名为 R1

R1(config)#exit　! 退出全局模式

R1#

(2) 设置路由器的 fa0/0 端口 IP 地址并启用该端口。

R1#configure terminal　! 进入全局配置模式

R1(config)#int erface fa0/0　! 进入 fa0/0 端口

R1(config-if)#ip address 192.168.1.254 255.255.255.0　! 给端口 fa0/0 配置 IP 地址为 192.168.1.254，子网掩码为 255.255.255.0

R1(config-if)#no shutdown　! 启用(激活)fa0/0 端口

R1(config-if)#

(3) 设置路由器的 fa0/1 端口 IP 地址并启用该端口。

R1#configure terminal　! 进入全局配置模式

R1 (config)#interface fa0/1　! 进入 fa0/1 端口

R1(config-if)#ip address 192.168.2.254 255.255.255.0　! 给端口 fa0/1 配置 IP 地址为 192.168.2.254，子网掩码为 255.255.255.0

R1(config-if)#no shutdown　! 启用(激活)fa0/1 端口

R1(config-if)#

(4) 参看路由器的有关信息。

R1#show version　! 查看路由器的版本信息

R1#show running-config　! 查看路由器配置信息

Building configuration...

Current configuration : 480 bytes

version 12.4

no service timestamps log datetime msec

no service timestamps debug datetime msec

no service password-encryption

!

hostname R1　！路由器的名称为 R1

!

interface FastEthernet0/0

　ip address 192.168.1.254 255.255.255.0　！配置了的 IP 地址

　duplex auto

　speed auto

!

interface FastEthernet0/1

　ip address 192.168.2.254 255.255.255.0　！配置了的 IP 地址

　duplex auto

　speed auto

!

interface Vlan1

　no ip address

　shutdown

!

ip classless

!

line con 0

line vty 0 4

　login

!

end

R1#

步骤 4　设置 PC1、PC2 的 IP 地址，然后使用 ping 进行测试。

(1) 对照拓扑结构图配置 PC1、PC2 的 IP 地址。

(2) 在 PC1 上使用 ping 命令测试，测试结果如图 6-2-3 所示。

步骤 5　保存配置

R1#write　！保存设备配置，把配置指令写入系统文件中

路由器能使 192.168.1.0/24 与 192.168.2.0/24 两个不同网络的计算机连接起来且相互通信。

Building configuration...

[OK]

R1#

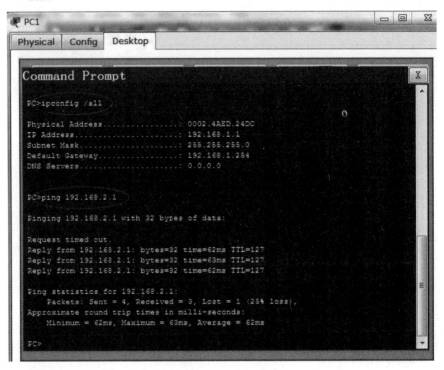

图 6-2-3　PC1、PC2 互通

 我收获

课堂表现 👍□ ✊□ 🖖□ ✌□ 👎□ 👍□

知识掌握 😊□ 😠□ 😔□ 😟□ 😣□ 😲□

 我留言

 我练习

地点：网络实训室

(1) 按图 6-2-4 所示的网络拓扑结构对路由器进行配置。要求：

①将路由器的名字修改为 R2；

②设置 enable 密码为 123，设置远程登录的密码为 321；

③配置路由器端口的 IP 地址，在 PC1、PC2 上使用 ping 命令进行测试；

④在 PC2 上远程登录到路由器 R2 上，查看路由器的当前配置信息；

⑤保存配置。

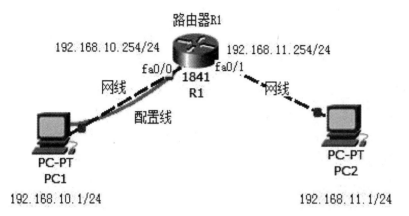

图 6-2-4　实训拓扑结构图 1

(2) 按图 6-2-5 所示的网络拓扑结构对三层交换机进行配置。要求：

①将三层交换机的名字修改为 SW1；

②设置 enable 密码为 123；

③设置 VTY 登录密码为 321；

④配置三层交换机端口的 IP 地址，在 PC1、PC2 上使用 ping 命令进行测试；

⑤保存配置；

⑥查看路由器当前配置信息。

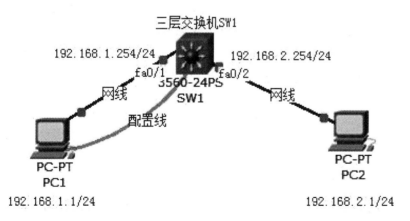

图 6-2-5　实训拓扑结构图 2

任务 3　单臂路由的配置与应用

 我明了

在本任务中，了解路由器子端口的作用及协议，熟悉路由器的子端口配置方法。

 我掌握

本任务要求理解路由器子端口的作用及协议，学会路由器的子端口配置方法与技巧。

 我准备

理解协议，利于实训。

单臂路由是指在路由器的一个接口上通过配置子接口(或"逻辑接口"，并不存在真正的物理接口)的方式，实现原来相互隔离的不同 VLAN(虚拟局域网)之间的互联互通。从拓扑结构图上看，在交换机与路由器之间，数据从一条线路进去，又从同一条线路出来，两条线路重合，故形象地称之为"单臂路由"。利用子端口实现 VLAN 间通信，节省了路由器端口资源，但是所有数据包都要通过该物理端口传输，如果传输数据量大、对传输速率要求高等情况就不是很适用。

1. 802.1Q 协议

802.1Q 是用于支持虚拟 LAN 之间通信的 IEEE 标准。IEEE 802.1Q 使用内部标记机制，即在原始以太网的源地址和类型/长度字段之间插入一个四字节的标记字段，此时，帧发生了改变，因此中继设备会重新计算修改后的数据帧的校验序列。802.1Q 也称为 dot1q。

路由器子端口的逻辑特性与物理端口是一样的，我们需要给子端口配置 IP 地址，此地址作为子端口关联的 VLAN 的网关。同时，需要在各子端口上封装 802.1Q 协议，使得路由端口能够识别接收 802.1Q 数据帧。当 VLAN 中的设备需要将数据发送给其他子网时，会将数据帧发送给子端口，之后路由器通过查找路由表，根据数据中的目的 IP 地址决定数据从哪个子端口发出，从而到达相应的 VLAN 中。

2. 单臂路由

路由器和交换机连接，使用 802.1Q 来启动路由器上的子端口，实现子端口与相应 VLAN 关联。利用路由器一个物理端口来实现 VLAN 间通信，一般称这种方式为单臂路由。在配置单臂路由时，与路由器连接的交换机端口要设置为 Trunk 模式，以便可以接收和发送多个 VLAN 中的数据。

3. 子端口配置命令

Router(config)#interface fa0/1.1　！创建并进入子端口 1

Router(config-subif)#encapsulation dot1Q 2　！封闭 802.1Q 协议并加入 VLAN2

Router(config-subif)#ip address 192.168.1.254 255.255.255.0　！设置 IP

Router(config-subif)#no shutdown　！启用(激活)子端口

Router(config-subif)#

4. 交换机 VLAN 间实现数据包转发方式

交换机 VLAN 间实现数据包转发方式通常有 3 种方式：通过交换机 SVI 方式、通过单臂路由方式(子端口)及通过路由器路由端口方式，各种方式特点不同。

(1) 利用交换机 SVI 方式实现 VLAN 间路由，在交换机内部实现效率较高、速度快，是使用最多的一种方式。

(2) 与利用路由端口实现 VLAN 间路由相比，单臂路由利用一个路由端口可以实现多个 VLAN 间路由，对于路由端口的使用效率更好。与 SVI 方式实现 VLAN 间路由相比，单臂路由方式在路由器上必须为每一个 VLAN 都创建一个子端口，限制了 VLAN 网络的灵活部署。同时，多个 VLAN 的流量都要通过一个物理端口进行转发，容易在此端口形成网络瓶颈。

(3) 利用路由器路由端口方式实现 VLAN 间路由，每一个 VLAN 占有一个路由器端口，端口使用效率低，但不需封装 IEEE 802.1Q 标准。

5. 所需设备

计算机两台，路由器一台，二层交换机一台，RJ-45 控制线一条、网线 3 条。

6. 拓扑结构

我校为了提高内部网络的工作效率和管理，现按部门划分 VLAN。将计算机部归属于 VLAN2，旅游部归属于 VLAN3，并分别使用 192.168.1.0/24、192.168.2.0/24 网段 IP。两个部的计算机由二层交换机接入网络，使用一台路由器来实现互相通信、共享网络资源。PC1 代表计算机部的一台计算机，PC2 代表旅游部的一台计算机，其拓扑结构如图 6-3-1 所示。

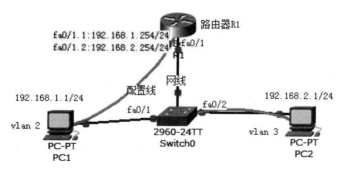

图 6-3-1　单臂路由拓扑结构图

我动手

步骤 1　在各设备不带电的情况下，对照图 6-3-1 所示的拓扑图进行路由器 R1、Switch0、PC1、PC2 线路连接，并启动各设备，使其开始工作。

步骤 2　将配置线接在路由器 R1 和计算机 PC1 上，接好后在 PC1 中选择"开始"→"附件"→"通讯"→"超级终端"，打开超级终端程序，登录路由器 R1 的配置界面。

步骤 3　进入路由器进行配置。

(1) 设置路由器名字为 R1。

Router>　! 路由器用户模式

Router>enable !进入路由器特权模式

Router#configure terminal　! 进入路由器全局配置模式

Router(config)#hostname R1　! 改名为 R1

R1(config)#exit　! 退出全局模式

R1#

(2) 设置路由器的 fa0/1.1 子端口 IP 地址并启用该端口。

R1#configure terminal　! 进入全局配置模式

R1 (config)#interface fa0/1.1　! 创建并进入 fa0/1.1 子端口

R1(config-subif)#encapsulation dot1Q 2　! 封闭 802.1Q 协议并加入 VLAN2

R1(config-subif)#ip address 192.168.1.254 255.255.255.0　! 给子端口 fa0/1.1 配置 IP 地址为 192.168.1.254，子网掩码为 255.255.255.0

R1(config-subif)#no shutdown　! 启用(激活)fa0/1.1 子端口

R1(config- subif)#

(3) 设置路由器的 fa0/1.2 子端口 IP 地址并启用该端口。

R1 (config)#interface fa0/1.2　! 创建并进入 fa0/1.2 子端口

R1(config-subif)#encapsulation dot1Q 3　! 封闭 802.1Q 协议并加入 VLAN3

R1(config-subif)#ip address 192.168.2.254 255.255.255.0　! 给子端口 fa0/1.2 配置 IP 地址为 192.168.2.254，子网掩码为 255.255.255.0

R1(config-subif)#no shutdown　! 启用(激活)fa0/1.2 子端口

R1(config- subif)#exit ! 返回到全局配置模式

R1(config)#interface fa0/1　! 进入 fa0/1 端口

R1(config-if)#no shutdown　! 启用(激活)fa0/1 端口

R1(config-if)#

与交换机结合起来，有利于掌握。

把一个物理端口当成多个逻辑端口使用时，往往需要在该端口上启用子端口，并要封闭 dot1q 协议。通过一个个的逻辑子端口实现物理端口以一当多的功能。

(4) 保存配置。

R1#write ! 保存设备配置，把配置指令写入系统文件中

Building configuration...

[OK]

R1#

步骤 4 将配置线接在二层交换机 Switch0 和计算机 PC2 上，接好后在 PC2 中选择"开始"→"附件"→"通讯"→"超级终端"，打开超级终端程序，登录二层交换机 Switch0 的配置界面。

步骤 5 配置二层交换机。

(1) 改名并划分 VLAN。

Switch(config)#hostname switch0 ! 更名为 switch0

Switch0(config)#vlan 2 ! 创建 VLAN2

Switch0(config-vlan)#name jsjb ! 给 VLAN2 定义名称为 jsjb

Switch0(config-vlan)#vlan 3 ! 创建 VLAN3

Switch0(config-vlan)#name nyb ! 给 VLAN3 定义名称为 nyb

Switch0(config-vlan)#exit !返回到全局配置模式

(2) 给 VLAN 添加端口。

switch0(config)#interface fa0/1 ! 进入 fa0/1 端口

switch0(config-if)#switchport access vlan2 ! 将 fa0/1 端口添加到 VLAN2

switch0(config-if)#exit ! 返回到全局配置模式

switch0(config)#interface fa0/2 ! 进入 fa0/2 端口

switch0(config-if)#switchport access vlan 3 ! 将 fa0/2 端口添加到 VLAN3

switch0(config-if)#exit ! 返回到全局配置模式

(3) 设置 Trunk 端口。

switch0(config)#interface fa0/24 ! 进入 fa0/24 端口

switch0(config-if)#switchport mode trunk ! 设置 fa0/24 端口为 Trunk 端口

(4) 保存配置。

switch0#wr

Building configuration...

[OK]

switch0#

步骤 6 设置 PC1、PC2 的 IP 地址，然后使用 ping 进行测试。

(1) 对照图 6-3-1 所示的拓扑图，配置 PC1、PC2 的 IP 地址。

(2) 在 PC1 上使用 ping 命令，测试结果如图 6-3-2 所示。

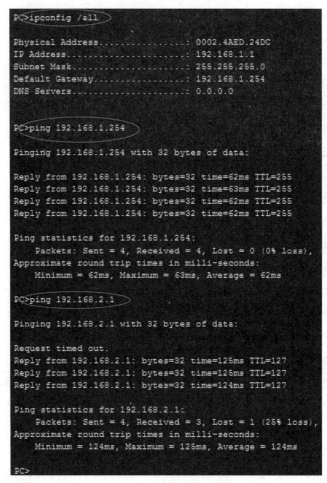

图 6-3-2　PC1、PC2 互通

 我收获

课堂表现　□　□　□　□　□　□

知识掌握　□　□　□　□　□　□

 我留言

 我练习

地点：网络实训室

按图 6-3-3 所示的网络拓扑结构对路由器、二层交换机进行配置，要求如下。

(1) 将路由器的名字修改为 R2；在 R2 的 fa0/1 端口上创建三个子端口并将其加入到相应的 VLAN。

(2) 将二层交换机的名字修改为 SW1；创建三个 VLAN，即 VLAN2、VLAN3、VLAN4，并将相应的端口添加到 VLAN；将 fa0/24 端口设置成 Trunk 端口。

(3) 配置 PC1、PC2 的 IP 地址，在 PC1、PC2 上使用 ping 命令进行测试；

(4) 保存配置路由器、交换机的配置。

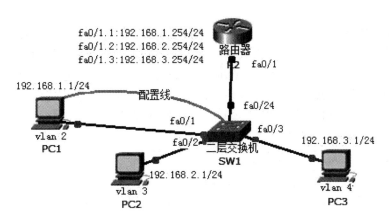

图 6-3-3 实训拓扑结构图

任务 4 静态路由配置

 我明了

在本任务中，了解静态路协议的作用，熟悉静态路由的配置命令及配置方法。

 我掌握

本任务要求理解静态路由协议的作用，学会静态路由的配置方法与技

巧。

我准备

理解静态，弄清协议。

1. 静态路由协议

路由器是网络层经常使用的设备之一，每个端口连接不同网络，由其将不同局域网连接成互联网络。路由器实现不同 IP 网段主机间的相互访问，另外，路由器还能实现不同通信协议网段主机间的相互访问，不转发广播数据包。一般情况下，路由器是作为小型网络出口或大型网络的互连设备来使用的。

静态路由协议是一种特殊的路由协议，适用于比较简单而且相对固定的网络。当网络的拓扑结构发生改变的时候，使用静态路由协议的路由器的路由信息不会跟着发生改变，而是需要网管人员手动修改路由器中的静态路由信息才能保障网络畅通。静态路由协议的缺点是，网络结构发生改变时，需要手工修改路由信息；优点是，可节省网络带宽和提高网络安全性。

路由表是什么？

2. 路由表

路由器利用路由表转发数据，路由表中的路由信息包括路由信息获得途径(来源)、目的网络和转发端口或下一跳地址。当路由器收到一个数据包要将其转发出去时，通过查看数据包中的目的地址，然后查找路由表可以得到转发数据包的最佳路径。当路由表中无法查到数据应该如何转发时，与交换机不同，路由器会丢弃此数据包。

3. 静态路由协议的配置方法

在路由器上配置静态路由协议时，下一跳路由器的地址指的是与本路由器直接相连的下一跳路由器接口，如图 6-4-1 所示。

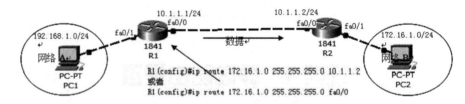

图 6-4-1　图解手工添加静态路由

配置静态路由信息的命令格式如下：

Ip route　目的网络号　子网掩码　下一跳路由器端口 IP 地址或端口号

4. 默认路由

默认路由是一种特殊的静态路由，其命令格式为：

Ip route　0.0.0.0　0.0.0.0　下一跳路由器端口 IP 地址或端口号

5. 所需设备

计算机两台、路由器两台、RJ-45 控制线 1 条、网线 4 条。

6. 拓扑结构

我校为了提高内部网络的工作效率和管理，将办公和实训分成了两个不同的网络，即教师办公使用 172.16.1.0/24 网段，学生实训使用 192.168.1.0/24 网段。现在我校实现了无纸化考试，需要用两台路由器将其互连来实现互相通信、共享网络资源。PC1 代表实训室的一台计算机，PC2 代表教师办公的一台计算机，其拓扑结构如图 6-4-2 所示。

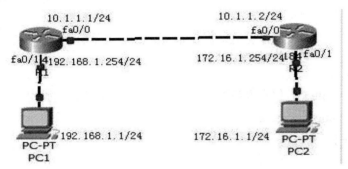

图 6-4-2 静态路由案例拓扑结构图

步骤 1 在各设备不带电的情况下，对照图 6-4-2 所示的拓扑结构图进行路由器 R1、R2、PC1、PC2 线路连接，并启动各设备，使其开始工作。

步骤 2 将配置线接在路由器 R1 和计算机 PC1 上，接好后在 PC1 中选择"开始"→"附件"→"通讯"→"超级终端"，打开超级终端程序，登录路由器 R1 的配置界面。

步骤 3 配置路由器 R1。

(1) 设置路由器名字为 R1。

Router> !路由器用户模式

Router>enable !进入路由器特权模式

Router#configure terminal ! 进入路由器全局配置模式

Router(config)#hostname R1 ! 改名为 R1

R1(config)#exit ! 退出全局模式

R1#

(2) 设置路由器 R1 的 fa0/1 端口 IP 地址并启用该端口。

R1#configure terminal ! 进入全局配置模式

R1 (config)#interface fa0/1 ! 创建并进入 fa0/1 端口

R1(config-if)#ip address 192.168.1.254 255.255.255.0 ! 给端口 fa0/1 配置 IP 地址为 192.168.1.254，子网掩码为 255.255.255.0

R1(config-if)#no shutdown ! 启用(激活)fa0/1 端口

R1(config-if)#

(3) 设置路由器的 fa0/0 端口 IP 地址并启用该端口。

R1 (config)#interface fa0/0　! 创建并进入 fa0/0 端口

R1(config-if)#ip address 10.1.1.1 255.255.255.0　! 给子端口 fa0/0 配置 IP 地址为 10.1.1.1，子网掩码为 255.255.255.0

R1(config-if)#no shutdown　! 启用(激活)fa0/0 端口

R1(config- if)#

(4) 配置静态路由。

R1 (config)#ip route 172.16.1.0 255.255.255.0 10.1.1.2　! 设置访问 172.16.1.0/24 网段信息从 10.1.1.2 端口出去

(5) 保存配置。

R1#write　! 保存设备配置，把配置指令写入系统文件中

Building configuration...

[OK]

R1#

步骤 4　将配置线接在路由器 R2 和计算机 PC2 上，接好后在 PC2 中选择"开始"→"附件"→"通讯"→"超级终端"，打开超级终端程序，登录路由器 R2 的配置界面。

步骤 5　配置路由器 R2。

(1) 设置路由器名字为 R2。

Router>　! 路由器用户模式

Router>enable　! 进入路由器特权模式

Router#configure terminal　! 进入路由器全局配置模式

Router(config)#hostname R2　! 改名为 R2

R2(config)#exit　! 退出全局模式

R2#

(2) 设置路由器 R2 的 fa0/1 端口 IP 地址并启用该端口。

R2#configure terminal　! 进入全局配置模式

R2 (config)#interface fa0/1　! 创建并进入 fa0/1 端口

R2(config-if)#ip address 172.16.1.254 255.255.255.0　! 给端口 fa0/1 配置 IP 地址为 172.16.1.254，子网掩码为 255.255.255.0

R2(config-if)#no shutdown　! 启用(激活)fa0/1 端口

R2(config-if)#

(3) 设置路由器的 fa0/0 端口 IP 地址并启用该端口。

R2 (config)#interface fa0/0　! 创建并进入 fa0/0 端口

R2(config-if)#ip address 10.1.1.2 255.255.255.0　! 给子端口 fa0/0 配置 IP 地址为 10.1.1.2，子网掩码为 255.255.255.0

R2(config-if)#no shutdown　! 启用(激活)fa0/0 端口

R2(config- if)#

(4) 配置静态路由。

R2 (config)#ip route 192.168.1.0 255.255.255.0 10.1.1.1 ！设置访问 192.168.1.0/24 网段信息从 10.1.1.1 端口出去

(5) 保存配置。

R2#write ！保存设备配置，把配置指令写入系统文件中

Building configuration...

[OK]

R1#

步骤 6 设置 PC1、PC2 的 IP 地址，然后使用 ping 命令进行测试。

(1) 对照拓扑结构图配置 PC1、PC2 的 IP 地址。

(2) 在 PC1 上使用 ping 命令，测试结果如图 6-4-3 所示。

```
PC>ping 192.168.1.254
Pinging 192.168.1.254 with 32 bytes of data:
Reply from 192.168.1.254: bytes=32 time=62ms TTL=255
Reply from 192.168.1.254: bytes=32 time=32ms TTL=255
Reply from 192.168.1.254: bytes=32 time=31ms TTL=255
Reply from 192.168.1.254: bytes=32 time=31ms TTL=255

Ping statistics for 192.168.1.254:
    Packets: Sent = 4, Received = 4, Lost = 0 (0% loss),
Approximate round trip times in milli-seconds:
    Minimum = 31ms, Maximum = 62ms, Average = 39ms

PC>ping 10.1.1.2
Pinging 10.1.1.2 with 32 bytes of data:
Reply from 10.1.1.2: bytes=32 time=62ms TTL=254
Reply from 10.1.1.2: bytes=32 time=63ms TTL=254
Reply from 10.1.1.2: bytes=32 time=62ms TTL=254
Reply from 10.1.1.2: bytes=32 time=62ms TTL=254

Ping statistics for 10.1.1.2:
    Packets: Sent = 4, Received = 4, Lost = 0 (0% loss),
Approximate round trip times in milli-seconds:
    Minimum = 62ms, Maximum = 63ms, Average = 62ms

PC>ping 172.16.1.1
Pinging 172.16.1.1 with 32 bytes of data:
Reply from 172.16.1.1: bytes=32 time=93ms TTL=126
Reply from 172.16.1.1: bytes=32 time=94ms TTL=126
Reply from 172.16.1.1: bytes=32 time=93ms TTL=126
Reply from 172.16.1.1: bytes=32 time=94ms TTL=126

Ping statistics for 172.16.1.1:
    Packets: Sent = 4, Received = 4, Lost = 0 (0% loss),
Approximate round trip times in milli-seconds:
    Minimum = 93ms, Maximum = 94ms, Average = 93ms

PC>
```

图 6-4-3　PC1、PC2 实现了互通

我收获

课堂表现

知识掌握

地点：网络实训室

1. 按图 6-4-4 所示的网络拓扑结构对路由器进行配置，要求如下。

(1) 将路由器的名字修改为 R1、R2；在 R1、R2 配置端口 IP 地址及静态路由。

(2) 配置 PC1、PC2 的 IP 地址，在 PC1、PC2 上使用 ping 命令进行测试。

(3) 保存配置路由器 R1、R2 的配置信息。

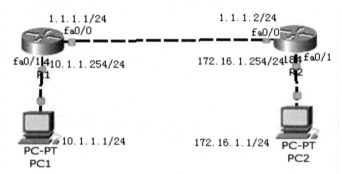

图 6-4-4　静态路由实训拓扑结构图

2. 按图 6-4-5 所示的网络拓扑结构对路由器进行配置，要求如下。

(1) 将路由器的名字修改为 R1、R2；在 R1、R2 配置端口 IP 地址及默认路由。

(2) 配置 PC1、PC2 的 IP 地址，在 PC1、PC2 上使用 ping 命令进行测试。

(3) 保存配置路由器 R1、R2 的配置信息。

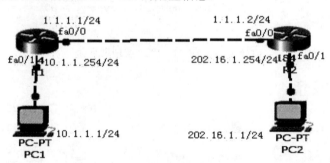

图 6-4-5　默认路由配置拓扑结构图

任务 5　动态路由 RIP 配置

 我明了

在本任务中，了解动态路由协议的作用，熟悉动态路由 RIP 的配置命令及配置方法。

 我掌握

本任务要求理解动态路由协议的作用，学会动态路由 RIP 的配置方法与技巧。

 我准备

1. 动态路由概述

动态路由是指利用路由器上运行的动态路由协议，定期和其他路由器交换路由信息，而从其他路由器上学习到路由信息，自动建立起自己的路由信息。动态路由协议有以下几种：RIP(路由信息协议)、OSPF(开放式最短路径优先)、IGRP(内部网关路由协议)、IS-IS(中间系统-中间系统)、EIGRP(增强型内部网关路由协议)、BGP(边界网关协议)。

2. RIP 路由协议

RIP(Routing Information Protocols，路由信息协议)是应用较早、使用较普遍的内部网关协议(Interior Gateway Protocol，IGP)，适用于小型同类网络。

RIP 路由协议有两个版本，称为 RIPv1 和 RIPv2，RIPv2 是对 RIPv1 的改进。RIPv1 不支持变长子网掩码，RIPv2 则支持。

RIP 通过广播 UDP 报文来交换路由信息，定时发送路由信息更新。RIP 提供跳数(HopCount)作为尺度来衡量路由的优劣。跳数是一个数据包从源路由器到达目标路由器所必须经过的路由器数目，跳数最少的路径，RIP 就认为是最优的路径。RIP 最多支持的跳数为 15，即在源和目的网间所要经过的最多路由器的数目为 15，跳数为 16 视为不可到达。

RIP 的缺点很明显，路由的度量标准过于简单，只考虑了跳数一个因素。如果有到相同目标的两个不等速或不同带宽的路由，但跳数相同，则 RIP 认为两个路由是等距离的。而其他因素，如链路带宽、拥塞程度等，对路径优劣的影响甚至大于跳数。在规模较大的网络中，只支持 15 跳也是远远不够的。因此，RIP 只适用于较为简单的网络环境。

RIP 的特点与应用范围。RIPv1 与 RIPv2 的区别。

Network 命令后跟的是
网络号。
RIPv1 版本不需要用此
命令。

3. 配置命令

(1) 开启 RIP 路由协议。

Router(config)#router rip

Router(config-router)#

(2) 申请本路由器参与 RIP 协议的直连网段信息。

Router(config-router)#network 192.168.1.0

(3) 指定 RIP 协议的版本 2(默认是 version1)。

Router(config-router)#version 2

(4) 在 RIPv2 版本中关闭自动汇总。

Router(config-router)#no auto-summary

4. RIP 的配置信息

(1) 验证 RIP 的配置。

Router#show ip protocols

(2) 显示路由表的信息。

Router#show ip route

(3) 清除路由表的信息。

Router#clear ip route

(4) 在控制台显示 RIP 的工作状态。

Router#debug ip rip

5. 所需设备

计算机两台、路由器两台、RJ-45 控制线一条、网线 3 条。

6. 拓扑结构

我校为了提高内部网络的工作效率和管理，将办公和实训分成了两个不同的网络，即教师办公使用 172.16.1.0/24 网段，学生实训使用 192.168.1.0/24 网段。现在我校实现了无纸化考试，需要用两台路由器将其互连来实现互相通信、共享网络资源。由于使用静态路由协议满足不了要求，这就需要在路由器上配置动态路由协议(在此用 RIP 来实现)。PC1 代表实训室的一台计算机，PC2 代表教师办公的一台计算机，其拓扑结构如图 6-5-1 所示。

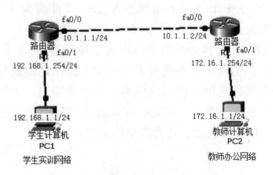

图 6-5-1 RIP 案例拓扑结构图

 **我动手**

步骤 1 在各设备不带电的情况下，对照图 6-5-1 所示的拓扑结构图进行路由器 R1、R2、PC1、PC2 线路连接，并启动各设备，使其开始工作。

步骤 2 将配置线接在路由器 R1 和计算机 PC1 上，接好后在 PC1 中选择"开始"→"附件"→"通讯"→"超级终端"，打开超级终端程序，登录路由器 R1 的配置界面。

步骤 3 配置路由器 R1。

(1) 设置路由器名字为 R1。

Router> ！路由器用户模式

Router>enable ！进入路由器特权模式

Router#configure terminal ！进入路由器全局配置模式

Router(config)#hostname R1 ！改名为 R1

R1(config)#exit ！退出全局模式

R1#

(2) 设置路由器 R1 的 fa0/1 端口 IP 地址并启用该端口。

R1#configure terminal ！进入全局配置模式

R1 (config)#interface fa0/1 ！创建并进入 fa0/1 端口

R1(config-if)#ip address 192.168.1.254 255.255.255.0 ！给端口 fa0/1 配置 IP 地址为 192.168.1.254，子网掩码为 255.255.255.0

R1(config-if)#no shutdown ！启用(激活)fa0/1 端口

R1(config-if)#

(3) 设置路由器的 fa0/0 端口 IP 地址并启用该端口。

R1 (config)#interface fa0/0 ！创建并进入 fa0/0 端口

R1(config-if)#ip address 10.1.1.1 255.255.255.0 ！给子端口 fa0/0 配置 IP 地址为 10.1.1.1，子网掩码为 255.255.255.0

R1(config-if)#no shutdown ！启用(激活)fa0/0 端口

步骤 4 将配置线接在路由器 R2 和计算机 PC2 上，接好后在 PC2 中选择"开始"→"附件"→"通讯"→"超级终端"，打开超级终端程序，登录路由器 R2 的配置界面。

步骤 5 配置路由器 R2。

(1) 设置路由器名字为 R2。

Router> ！路由器用户模式

Router>enable ！进入路由器特权模式

Router#configure terminal ！进入路由器全局配置模式

Router(config)#hostname R2 ！改名为 R2

R2(config)#exit ！退出全局模式

R2#

(2) 设置路由器 R2 的 fa0/1 端口 IP 地址并启用该端口。

R2#configure terminal　！进入全局配置模式

R2 (config)#interface fa0/1　！创建并进入 fa0/1 端口

R2(config-if)#ip address 172.16.1.254 255.255.255.0　！给端口 fa0/1 配置 IP 地址为 172.16.1.254，子网掩码为 255.255.255.0

R2(config-if)#no shutdown　！启用(激活)fa0/1 端口

(3) 设置路由器的 fa0/0 端口 IP 地址并启用该端口。

R2 (config)#interface fa0/0　！创建并进入 fa0/0 端口

R2(config-if)#ip address 10.1.1.2 255.255.255.0　！给子端口 fa0/0 配置 IP 地址为 10.1.1.2，子网掩码为 255.255.255.0

R2(config-if)#no shutdown　！启用(激活)fa0/0 端口

步骤6　设置 PC1、PC2 的 IP 地址，然后使用 ping 命令进行测试。

(1) 对照拓扑结构图配置 PC1、PC2 的 IP 地址。

(2) 在 PC1 上使用 ping 命令，测试结果如图 6-5-2 所示。证明在未配置路由协议前 PC1 与 PC2 不能进行通信。

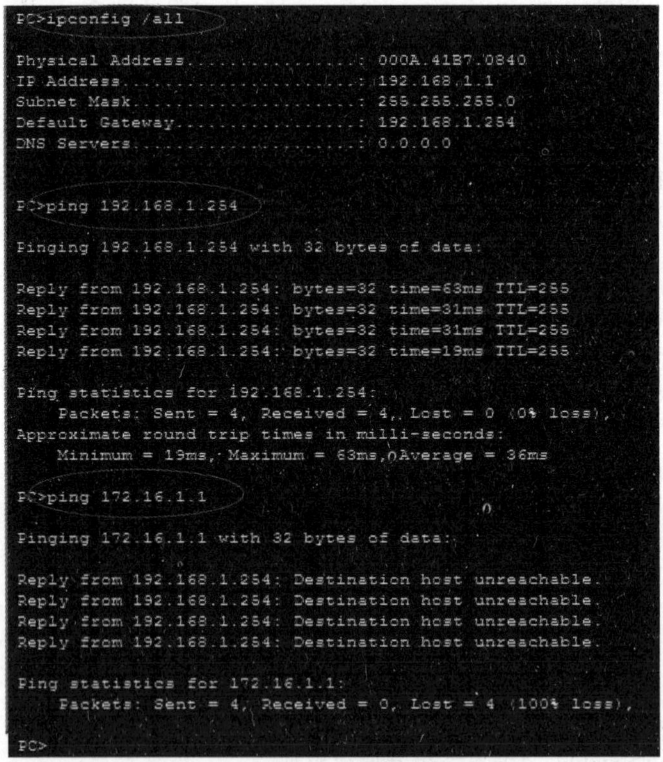

图 6-5-2　在 PC1 中 ping 不通 PC2

路由表信息里的"C"表示直连路由。

步骤7　在 R1 上使用 show ip route 命令查看路由表信息，结果如图 6-5-3 所示。

```
r1#
r1#show ip route
Codes: C - connected, S - static, I - IGRP, R - RIP, M - mobile, B - BGP
       D - EIGRP, EX - EIGRP external, O - OSPF, IA - OSPF inter area
       N1 - OSPF NSSA external type 1, N2 - OSPF NSSA external type 2
       E1 - OSPF external type 1, E2 - OSPF external type 2, E - EGP
       i - IS-IS, L1 - IS-IS level-1, L2 - IS-IS level-2, ia - IS-IS inter area
       * - candidate default, U - per-user static route, o - ODR
       P - periodic downloaded static route

Gateway of last resort is not set

     10.0.0.0/24 is subnetted, 1 subnets
C       10.1.1.0 is directly connected, FastEthernet0/0
C    192.168.1.0/24 is directly connected, FastEthernet0/1
r1#
```

图 6-5-3　R1 的路由表信息(直连路由)

步骤 8　在 R2 上使用 show ip route 命令查看路由表信息，结果如图 6-5-4 所示。

```
R2#
R2#show ip route
Codes: C - connected, S - static, I - IGRP, R - RIP, M - mobile, B - BGP
       D - EIGRP, EX - EIGRP external, O - OSPF, IA - OSPF inter area
       N1 - OSPF NSSA external type 1, N2 - OSPF NSSA external type 2
       E1 - OSPF external type 1, E2 - OSPF external type 2, E - EGP
       i - IS-IS, L1 - IS-IS level-1, L2 - IS-IS level-2, ia - IS-IS inter area
       * - candidate default, U - per-user static route, o - ODR
       P - periodic downloaded static route

Gateway of last resort is not set

     10.0.0.0/24 is subnetted, 1 subnets
C       10.1.1.0 is directly connected, FastEthernet0/0
     172.16.0.0/24 is subnetted, 1 subnets
C       172.16.1.0 is directly connected, FastEthernet0/1
R2#
```

图 6-5-4　R2 的路由表信息(直连路由)

步骤 9　在 R1、R2 上配置 RIP 路由协议。

(1) 在 R1 上配置 RIP 路由协议。

R1(config)#router rip　！开启 RIP 路由协议

R1(config-router)#version 2　！定义 RIP 版本为 2

R1(config-router)#network 192.168.1.0　！申请本路由器参与 RIP 协议的直连网段

R1(config-router)#network 10.1.1.0　！申请本路由器参与 RIP 协议的直连网段

R1(config-router)#no auto-summary　！关闭自动汇总

(2) 在 R2 上配置 RIP 路由协议。

R2(config)#router rip

R2(config-router)#version 2

R2(config-router)#network 172.16.1.0

R2(config-router)#network 10.1.1.0

RIP 默认状态是 RIPv1，则不需要运行"version 1"命令，若是要配置 RIPv2，则必须运行"version 2"命令。

路由表信息里的 "R" 表示通过学习而来的 RIP 路由。

R2(config-router)#no auto-summary

步骤 10 在 PC1 上使用 ping 命令，测试结果如图 6-5-5 所示。证明在配置路由协议后 PC1 与 PC2 能进行通信。

```
PC>ping 172.16.1.1

Pinging 172.16.1.1 with 32 bytes of data:

Request timed out.
Reply from 172.16.1.1: bytes=32 time=94ms TTL=126
Reply from 172.16.1.1: bytes=32 time=93ms TTL=126
Reply from 172.16.1.1: bytes=32 time=94ms TTL=126

Ping statistics for 172.16.1.1:
    Packets: Sent = 4, Received = 3, Lost = 1 (25% loss),
Approximate round trip times in milli-seconds:
    Minimum = 93ms, Maximum = 94ms, Average = 93ms

PC>
```

图 6-5-5 在 PC1 上 ping 通了 PC2

步骤 11 在 R1、R2 上使用 show ip route 命令查看路由表信息，图 6-5-6 所示的是 R2 的路由信息。

```
R2#sh ip rout
Codes: C - connected, S - static, I - IGRP, R - RIP, M - mobile, B - BGP
       D - EIGRP, EX - EIGRP external, O - OSPF, IA - OSPF inter area
       N1 - OSPF NSSA external type 1, N2 - OSPF NSSA external type 2
       E1 - OSPF external type 1, E2 - OSPF external type 2, E - EGP
       i - IS-IS, L1 - IS-IS level-1, L2 - IS-IS level-2, ia - IS-IS inter area
       * - candidate default, U - per-user static route, o - ODR
       P - periodic downloaded static route

Gateway of last resort is not set

     10.0.0.0/24 is subnetted, 1 subnets
C       10.1.1.0 is directly connected, FastEthernet0/0
     172.16.0.0/24 is subnetted, 1 subnets
C       172.16.1.0 is directly connected, FastEthernet0/1
R    192.168.1.0/24 [120/1] via 10.1.1.1, 00:00:19, FastEthernet0/0
R2#
```

图 6-5-6 R2 的路由表信息

步骤 12 保存配置。

(1) 保存 R1 的配置。

R1#write ！保存设备配置，把配置指令写入系统文件中

Building configuration...

[OK]

(2) 保存 R2 的配置。

R2#write ！保存设备配置，把配置指令写入系统文件中

Building configuration...

[OK]

我收获

课堂表现

知识掌握

我留言

我练习

地点：网络实训室

1. 按图 6-5-7 所示的网络拓扑结构对路由器进行配置，要求如下。

(1) 使用动态路由协议 RIPv1，使整个网络互通。

(2) 使用动态路由协议 RIPv2，使整个网络互通。

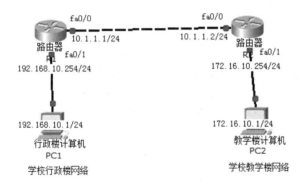

图 6-5-7　RIP 实训拓扑结构图

2. 按图 6-5-8 所示的网络拓扑结构对路由器进行配置，要求如下。

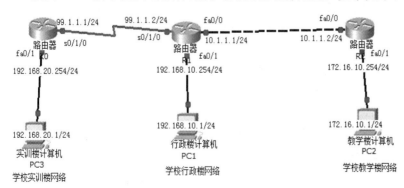

图 6-5-8　RIP 配置实训拓扑结构图

(1) 使用动态路由协议 RIPv1，使整个网络互通。

(2) 使用动态路由协议 RIPv2，使整个网络互通。

任务 6 OSPF 单区域路由协议

 我明了

在本任务中，了解 OSPF 协议的作用，熟悉动态路由 OSPF 的配置命令及单区域配置方法。

 我掌握

本任务要求理解动态路由协议 OSPF 的作用，学会动态路由 OSPF 单区域的配置方法与技巧。

 我准备

认识 OSPF，理解其特点，掌握其网络适用范围。

1. 认识 OSPF

OSPF(开放式最短路径优先协议，Open Shortest Path First)是由 IETF 开发的路由选择协议，IETF 为了满足建造越来越大基于 IP 网络的需要，形成了一个工作组，专门用于开发开放式的链路状态路由协议，以便用在大型异构的 IP 网络中。新的路由协议以已经取得一些成功的一系列私人的、与生产商相关的、最短路径优先(SPF)路由协议为基础，在市场上得到广泛使用。

OSPF 路由协议是开放标准的链路状态路由协议，路由协议收敛速度快(即收敛时间短)、适用范围广，一般应用于大规模网络或者网络结构常变动的环境中。

2. Router ID

(1) 它是一个 32 b 的无符号整数，是一台路由器的唯一标志，在整个自治系统内唯一。

(2) 路由器首先选取它所有的 loopback 端口上数值最高的 IP 地址。

(3) 如果路由器没有配置 IP 地址的 loopback 端口，那么路由器将选取它所有的物理端口上数值最高的 IP 地址。

(4) 用做路由器 ID 的端口不一定非要运行 OSPF 协议。

3. 理解区域

在 OSPF 路由协议中都会用一个骨干区域(Area 0)，而其他为子区域，子区域一定要与骨干区域直接相连才能互通，否则不通。

4. OSPF 配置主要命令

Route ospf 进程号的数值范围为 1~65535；然后发布网络，即 network 直连网络号 通配符掩码 area 区域号。OSPF 配置如下。

(1) 创建 Loopback 端口，定义 Router ID。

Router(config)#interface loopback 0

Router(config-if)#ip address 192.168.1.1 255.255.255.0

(2) 开启 OSPF 进程。

Router(config)#router ospf 1

(3) 申请直连网段。

Router(config-router)#network 192.168.1.0 0.0.0.255 area 0

> "1"代表进程编号，只具有本地意义。

5. 查看 OSPF 的配置信息

(1) 验证 OSPF 的配置。

Router#show ip ospf

(2) 显示路由表的信息。

Router#show ip route

(3) 清除路由表的信息。

Router#clear ip route

(4) 在控制台显示 OSPF 的工作状态。

Router#debug ip ospf

> 注意此处的反掩码和区域号。

6. OSPF 与 RIP 的区别

OSPF 与 RIP 最大的区别就是，OSPF 是链路状态，RIP 是距离矢量路由选择协议。OSPF 是根据 SPF(最短路径优先)最短路径生成树确定最短路径的，RIP 是根据路由器来确定哪些网络可以到达，换句话说就是，OSPF 中的每台路由器拥有区域内的每台路由器的地址，而 RIP 只有相连路由器的地址，因此 RIP 又称传言路由协议；OSPF 是根据自己的 SPF 算法来确定路由表，RIP 根据跳数(最多 15 跳)来确定路由表；OSPF 有三个表：拓扑表、邻居表、路由表；RIP 只有路由表。

> 弄清两者的区别，有利于其应用范围。

7. 所需设备

计算机 3 台、路由器 3 台、RJ-45 控制线一条、网线 4 条、DCE-DTE 线一条。

8. 拓扑结构

我校为了提高内部网络的工作效率和管理，将办公、教学和实训分成了三个不同的网络，即教师教学使用 172.16.1.0/24 网段，教师办公使用 192.168.1.0/24 网段，学生实训使用 192.168.2.0/24 网段。现在需要用 3 台路由器将其互连来实现互相通信、共享网络资源，在此使用 OSPF 来实现。PC1 代表教师办公的一台计算机，PC2 代表教师办公的一台计算机，PC3 代表学生实训的一台计算机，其拓扑结构如图 6-6-1 所示。

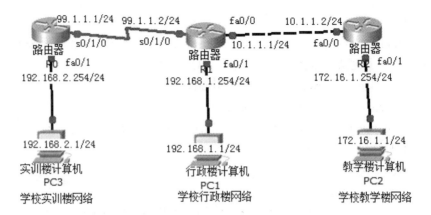

图 6-6-1 OSPF 配置拓扑结构图

 我动手

步骤 1 在各设备不带电的情况下，对照图 6-6-1 所示的拓扑结构图进行路由器 R0、R1、R2、PC1、PC2、PC3 线路连接，并启动各设备，使其开始工作。

步骤 2 配置路由器 R1 的端口 IP 地址。

Router#configure terminal

Router(config)#hostname R1

R1(config)#interface fa0/0

R1(config-if)#ip address 10.1.1.1 255.255.255.0

R1(config-if)#no shutdown

R1(config-if)#interface fa0/1

R1(config-if)#ip address 192.168.1.254 255.255.255.0

R1(config-if)#no shutdown

R1(config-if)#interface s0/0/0

R1(config-if)#ip address 99.1.1.2 255.255.255.0

R1(config-if)#no shutdown

R1(config-if)#

步骤 3 配置路由器 R2 的端口 IP 地址。

Router#configure terminal

Router(config)#hostname R2

R2(config)#interface fa0/0

R2(config-if)#ip address 10.1.1.2 255.255.255.0

R2(config-if)#no shutdown

R2(config-if)#interface fa0/1

R2(config-if)#ip address 172.16.1.254 255.255.255.0

R2(config-if)#no shutdown

R2(config-if)#

步骤 4 配置路由器 R0 的端口 IP 地址。

Router#configure terminal

Router(config)#hostname R0

R0(config)#interface fa0/1

R0(config-if)#ip address 192.168.2.254 255.255.255.0

R0(config-if)#no shutdown

R0(config-if)#interface s0/0/0

R0(config-if)#clock rate 64000

R0(config-if)#ip address 99.1.1.1 255.255.255.0

R0(config-if)#no shutdown

R0(config-if)#

步骤 5 分别在 R0、R1、R2 中配置 OSPF 协议,使网络互通。

(1) 设置路由器 R0 的 OSPF 协议。

R0(config)#router ospf 10

R0(config-router)#network 192.168.2.0 0.0.0.255 area 0

R0(config-router)#network 99.1.1.0 0.0.0.255 area 0

R0(config-router)#end

R0#

(2) 设置路由器 R1 的 OSPF 协议。

R1(config)#router ospf 10

R1(config-router)#network 10.1.1.0 0.0.0.255 area 0

R1(config-router)#network 99.1.1.0 0.0.0.255 area 0

R1(config-router)#network 192.168.1.0 0.0.0.255 area 0

R1(config-router)#end

R1#

(3) 设置路由器 R2 的 OSPF 协议。

R2(config)#router ospf 10

R2(config-router)#network 10.1.1.0 0.0.0.255 area 0

R2(config-router)#network 172.16.1.0 0.0.0.255 area 0

R2(config-router)#end

R2#

步骤 6 分别在 R0、R1、R2 中查看 OSPF 配置信息。

(1) 查看 R0 的 OSPF 配置信息,如图 6-6-2 所示。

DCE 端须配时钟频率。

路由表信息中的 "O" 表示是通过学习而来的 OSPF 路由。

```
R0#show ip route
Codes: C - connected, S - static, I - IGRP, R - RIP, M - mobile, B - BGP
       D - EIGRP, EX - EIGRP external, O - OSPF, IA - OSPF inter area
       N1 - OSPF NSSA external type 1, N2 - OSPF NSSA external type 2
       E1 - OSPF external type 1, E2 - OSPF external type 2, E - EGP
       i - IS-IS, L1 - IS-IS level-1, L2 - IS-IS level-2, ia - IS-IS inter area
       * - candidate default, U - per-user static route, o - ODR
       P - periodic downloaded static route

Gateway of last resort is not set

     10.0.0.0/24 is subnetted, 1 subnets
O       10.1.1.0 [110/782] via 99.1.1.2, 00:06:25, Serial0/0/0
     99.0.0.0/24 is subnetted, 1 subnets
C       99.1.1.0 is directly connected, Serial0/0/0
O    192.168.1.0/24 [110/782] via 99.1.1.2, 00:04:57, Serial0/0/0
C    192.168.2.0/24 is directly connected, FastEthernet0/1
R0#
```

图 6-6-2　R0 的 OSPF 路由信息

(2) 查看 R1 的 OSPF 配置信息，如图 6-6-3 所示。

```
R1#show ip route
Codes: C - connected, S - static, I - IGRP, R - RIP, M - mobile, B - BGP
       D - EIGRP, EX - EIGRP external, O - OSPF, IA - OSPF inter area
       N1 - OSPF NSSA external type 1, N2 - OSPF NSSA external type 2
       E1 - OSPF external type 1, E2 - OSPF external type 2, E - EGP
       i - IS-IS, L1 - IS-IS level-1, L2 - IS-IS level-2, ia - IS-IS inter area
       * - candidate default, U - per-user static route, o - ODR
       P - periodic downloaded static route

Gateway of last resort is not set

     10.0.0.0/24 is subnetted, 1 subnets
C       10.1.1.0 is directly connected, FastEthernet0/0
     99.0.0.0/24 is subnetted, 1 subnets
C       99.1.1.0 is directly connected, Serial0/0/0
C    192.168.1.0/24 is directly connected, FastEthernet0/1
O    192.168.2.0/24 [110/782] via 99.1.1.1, 00:10:06, Serial0/0/0
R1#
```

图 6-6-3　R1 的 OSPF 路由信息

(3) 查看 R2 的 OSPF 配置信息，如图 6-6-4 所示。

```
R2#
R2#show ip route
Codes: C - connected, S - static, I - IGRP, R - RIP, M - mobile, B - BGP
       D - EIGRP, EX - EIGRP external, O - OSPF, IA - OSPF inter area
       N1 - OSPF NSSA external type 1, N2 - OSPF NSSA external type 2
       E1 - OSPF external type 1, E2 - OSPF external type 2, E - EGP
       i - IS-IS, L1 - IS-IS level-1, L2 - IS-IS level-2, ia - IS-IS inter area
       * - candidate default, U - per-user static route, o - ODR
       P - periodic downloaded static route

Gateway of last resort is not set

     10.0.0.0/24 is subnetted, 1 subnets
C       10.1.1.0 is directly connected, FastEthernet0/0
     99.0.0.0/24 is subnetted, 1 subnets
O       99.1.1.0 [110/782] via 10.1.1.1, 00:00:22, FastEthernet0/0
     172.16.0.0/24 is subnetted, 1 subnets
C       172.16.1.0 is directly connected, FastEthernet0/1
O    192.168.1.0/24 [110/2] via 10.1.1.1, 00:00:22, FastEthernet0/0
O    192.168.2.0/24 [110/783] via 10.1.1.1, 00:00:22, FastEthernet0/0
R2#
```

图 6-6-4　R2 的 OSPF 路由信息

步骤 7 设置 PC1、PC2、PC3 的 IP 地址，然后使用 ping 命令进行测试。

(1) 对照拓扑结构图配置 PC1、PC2、PC3 的 IP 地址。

(2) 在 PC1 上 ping PC2 能通，测试结果如图 6-6-5 所示。

```
PC>ping 172.16.1.1

Pinging 172.16.1.1 with 32 bytes of data:

Reply from 172.16.1.1: bytes=32 time=12ms TTL=126
Reply from 172.16.1.1: bytes=32 time=25ms TTL=126
Reply from 172.16.1.1: bytes=32 time=40ms TTL=126
Reply from 172.16.1.1: bytes=32 time=10ms TTL=126

Ping statistics for 172.16.1.1:
    Packets: Sent = 4, Received = 4, Lost = 0 (0% loss),
Approximate round trip times in milli-seconds:
    Minimum = 10ms, Maximum = 40ms, Average = 21ms
```

图 6-6-5 PC1 能 ping 通 PC2

(3) 在 PC1 上 ping PC3 能通，测试结果如图 6-6-6 所示。

```
PC>ping 192.168.2.1

Pinging 192.168.2.1 with 32 bytes of data:

Request timed out.
Reply from 192.168.2.1: bytes=32 time=12ms TTL=126
Reply from 192.168.2.1: bytes=32 time=18ms TTL=126
Reply from 192.168.2.1: bytes=32 time=13ms TTL=126

Ping statistics for 192.168.2.1:
    Packets: Sent = 4, Received = 3, Lost = 1 (25% loss),
Approximate round trip times in milli-seconds:
    Minimum = 12ms, Maximum = 18ms, Average = 14ms
```

图 6-6-6 PC1 能 ping 通 PC3

步骤 8 保存配置。

(1) 保存 R0 的配置。

R0#write ！保存设备配置，把配置指令写入系统文件中

Building configuration...

[OK]

(2) 保存 R1 的配置。

R1#write ！保存设备配置，把配置指令写入系统文件中

Building configuration...

[OK]

(3) 保存 R2 的配置。

R2#write ！保存设备配置，把配置指令写入系统文件中

Building configuration...

[OK]

我收获

课堂表现

知识掌握

我留言

我练习

地点：网络实训室

1. 按图 6-6-7 所示的网络拓扑结构对路由器进行配置。要求：使用动态路由协议 OSPF，使整个网络互通。

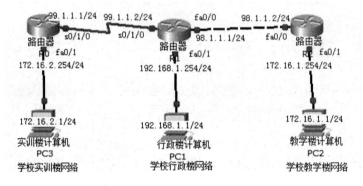

图 6-6-7　OSPF 配置拓扑结构图 1

2. 按图 6-6-8 所示的网络拓扑结构对路由器进行配置。要求：使用动态路由协议 OSPF，使整个网络互通。

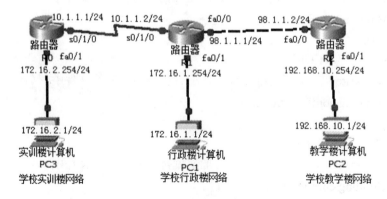

图 6-6-8　OSPF 配置拓扑结构图 2

任务 7 配置 ACL 限制上网时间

 我明了

在本任务中，了解 ACL 的作用及配置要求，熟悉 ACL 的配置命令及配置方法。

 我掌握

本任务要求理解 ACL 的作用及配置要求，学会基于时间的 ACL 配置方法与技巧。

 我准备

1. 认识 ACL

ACL(Access Control List，访问控制列表)是路由器和交换机端口的指令列表，用来控制端口进出的数据。ACL 适用于所有的路由协议，如 IP、IPX 等。定义列表时要声明匹配关系和条件，目的是对某种访问进行控制。

ACL 配置内容包括定义规则及将定义的规则应用于端口上。

访问列表可以基于源地址、目的地址或服务类型设置过滤条件，允许或禁止某一用户访问某一特定网络资源。IP 访问控制列表(ACL)可以在路由器上配置，也可以在三层交换机上配置。ACL 类型分为 IP 标准访问控制列表和 IP 扩展访问控制，每种类型的访问控制列表又分为列表编号访问控制列表和命名访问控制列表。

> 通过对 ACL 的学习，提高网络安全策略配置。

2. ACL 的作用

(1) 在内网部署安全策略，保证内网安全权限的资源访问。

(2) 内网访问外网时，进行安全的数据过滤。

(3) 防止常见病毒、木马攻击对用户的破坏。

3. 配置 ACL 注意事项

(1) 如果 ACL 配置了特定的时间限制，则必须正确设置交换机或路由器的系统时间。

(2) 定义规则时要首先确定列表项的最后默认动作是允许还是拒绝。

(3) 对 ACL 中表项的检查是自上而下的，只要有一条表项匹配，检查就马上结束。

(4) 只有端口特定方向上没有绑定 ACL 或没有任何 ACL 表项匹配时，才会使用默认规则。

(5) 一个端口可以绑定一条入口 ACL。

(6) 端口可以成功绑定的 ACL 数目取决于已绑定的 ACL 内容以及硬件资源，如果因为硬件资源有限而无法配置，会给用户提示相关信息。

(7) 如果 access-list 中包括过滤信息相同但动作矛盾的规则，则其无法绑定到端口并将有报错提示。例如，同时配置 permit tcp any-source any-destination 及 deny tcp any-source any-destination。

4. 所需设备

计算机两台、三层交换机一台、RJ-45 控制线一条、网线两条。

5. 拓扑结构

我校发现部分学生沉迷网络，深夜还在上网，严重影响了学习。为了制止这种现象，网络管理员在校内三层交换机上配置了一个 ACL，定义晚上 23:00 到早上 7:00 这段时间内不能与外部网络通信。请定义一个 ACL 实现本功能，其拓扑结构如图 6-7-1 所示。

图 6-7-1 ACL 模拟拓扑结构图

 我动手

步骤 1 在各设备不带电的情况下，对照图 6-7-1 所示的拓扑结构图进行三层交换机 SW1、PC4、Server1 线路连接，并启动各设备，使其开始工作。

步骤 2 设置 PC4 的 IP 地址为 192.168.1.1/24(内部网络)，设置 Server1 的 IP 地址为 172.16.1.1/24(外部网络)。设置完成后要确保能相互 ping 通。

先定义 ACL，后应用；
只定义不应用就无效。

步骤 3 定义时间列表。

Sw1#

Sw1#configure terminal

Sw1(config)#time-range schooltime ! 创建时间表 schooltime

Sw1(config-time-range)#periodic daily 23:00 to 23:59 ! 定义时间范围为 23:00 到 23:59

Sw1(config-time-range)#periodic daily 0:00 to 7:00 ! 定义时间范围为 0:00 到 7:00

Sw1(config-time-range)#exit

Sw1(config)#

步骤 4 创建扩展 ACL 并将其命名为 schoolACL，配置禁止 192.168.1.0 网段在晚上 23:00 至早上 7:00 访问外网 IP 地址 172.16.1.1。

Sw1(config)#ip access-list extended schoolACL ! 创建 ACL，命名为 schoolACL

Sw1(config-ext-nacl)#deny ip 192.168.1.0 0.0.0.255 172.16.1.1 time-range schooltime ! 禁止 192.168.1.0 网段在 schooltime 的时间段内访问外网 IP 地址 172.16.1.1

Sw1(config-ext-nacl)#permit ip any any ! 允许其他所有 IP 通过

Sw1(config-ext-nacl)#exit

Sw1(config)#

步骤 5 进入端口 fa0/1，配置 PC4 的网关地址，将名为 schoolACL 的 ACL 绑定到该端口的入口处。

应用端口的 "in"、"out" 的区别。

Sw1(config)#interface fa0/1

Sw1(config-if)#no switch

Sw1(config-if)#ip address 192.168.1.254 255.255.255.0 ! 设置 PC4 网关 地址

Sw1(config-if)#ip access-group schoolACL in ! 将名为 schoolACL 的 ACL 绑定到该端口的入口处

Sw1(config-if)#exit

Sw1(config)#

步骤 6 验证测试配置：验证配置有时间列表的 ACL，可以将交换机 的系统时间调制到 ACL 所允许或禁止的时间段内进行验证。

(1) 把交换机的系统时间设置到 ACL 允许通信的范围内。

Sw1(config)#clock set 9:00:00 10 19 2013 ! 设置时间为 9 点

(2) 在 PC4 上 ping Server1 能通，则表明 ACL 配置正确，如图 6-7-2 所 示。

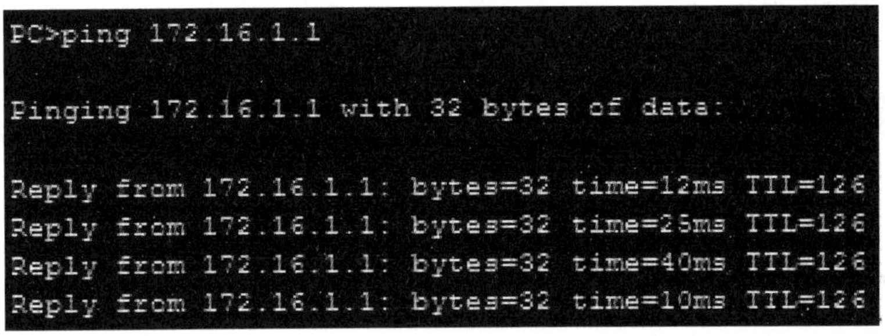

```
PC>ping 172.16.1.1

Pinging 172.16.1.1 with 32 bytes of data:

Reply from 172.16.1.1: bytes=32 time=12ms TTL=126
Reply from 172.16.1.1: bytes=32 time=25ms TTL=126
Reply from 172.16.1.1: bytes=32 time=40ms TTL=126
Reply from 172.16.1.1: bytes=32 time=10ms TTL=126
```

图 6-7-2 PC4 能 ping 通 server1

(3) 把交换机的系统时间设置到 ACL 禁止通信的范围内。

Sw1(config)#clock set 2:00:00 10 19 2013 ! 设置时间为 2 点

(4) 在 PC4 上 ping Server1 不通，则表明 ACL 配置正确，如图 6-7-3 所 示。

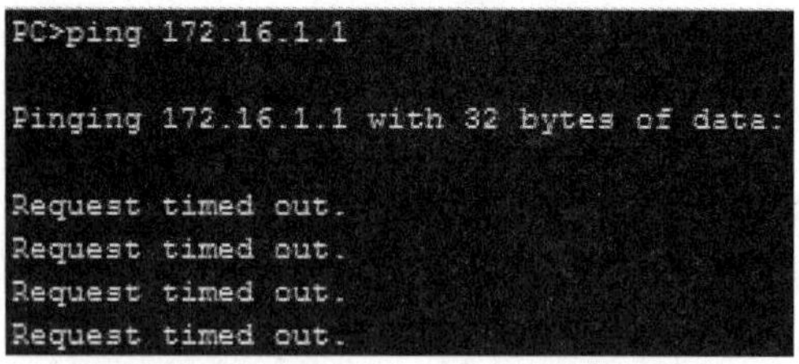

```
PC>ping 172.16.1.1

Pinging 172.16.1.1 with 32 bytes of data:

Request timed out.
Request timed out.
Request timed out.
Request timed out.
```

图 6-7-3　PC4 不能 ping 通 server1

 我收获

课堂表现 □ □ □ □ □ □

知识掌握 □ □ □ □ □ □

 我留言

 我练习

地点：网络实训室

按图 6-7-4 所示的网络拓扑结构进行配置，要求如下。

(1) 设置 PC4、PC6、Server1 的 IP 地址。

(2) 创建 VLAN，分别把端口 fa0/1 加入 VLAN10，端口 fa0/2 加入 VLAN20。配置 VLAN10 的网关为 192.168.1.254/24，VLAN20 的网关为 192.168.2.254/24。

(3) 配置交换机的路由协议，使全网通信。

(4) 创建一个名为 SB 的 ACL，禁止 PC4 在工作时间(8：00—17：00)访问外网(172.16.1.1)，允许 PC6 在工作时间(8：00—17：00)访问外网(172.16.1.1)，允许其他计算机通过。

(5) 将名为 SB 的 ACL 分别绑定在 fa0/1、fa0/2 的入口处。

(6) 测试其结果。

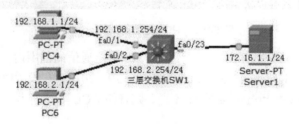

图 6-7-4　ACL 拓展实训拓扑图

任务 8 配置 ACL 限制网络访问

 我明了

在本任务中，了解 ACL 的种类及配置要求，熟悉 ACL 的配置命令及配置方法。

 我掌握

本任务要求理解 ACL 的种类及配置要求，学会 ACL 配置方法与应用技巧。

 我准备

1. 配置 ACL 的准备

(1) 要使用访问控制列表对数据进行过滤，就必须首先通过 access-list 命令定义一系列的访问列表规则。可以根据具体安全需要的不同，使用不同种类的访问列表。

①标准 IP 访问列表(1～99，1300～1999)。只对源地址进行控制。

②扩展 IP 访问列表(100～199，2000～2699)。可以根据源目的地址进行复杂的控制。

③MAC 扩展列表(700～799)。可以根据源、目的 MAC 地址以及以太网的类型进行匹配 Expert 扩展访问列表(2700～2899)。

(2) access-list 的默认动作分为两种：允许通过(permit)和拒绝通过(deny)。

①在一个 access-list 内，可以有多条规则(rule)。对数据包的过滤从第一条规则开始，直到匹配到一条规则，对其后的规则就不再进行匹配。

②全局默认动作只对端口入口方向的 IP 包有效。入口方向的非 IP 数据包以及出口方向的所有数据包的默认转发动作均为允许通过。

③只有在打开包过滤功能并且端口上没有绑定任何 ACL 或不匹配任何绑定的 ACL 时，才会匹配入口方向的全局默认动作。

④当一条 access-list 命令被绑定到一个端口的出口方向时，其规则的动作只能为拒绝通过。

2. 所需设备

计算机 4 台、三层交换机一台、路由器一台。

3. 拓扑结构

我校有计算机部、机电部、旅游部和教务处等四个部门，学校要求只

> 理解 ACL 的类型，理清各种类型的应用对象。

允许计算机部访问教务处的计算机。为了执行学校的要求，网络管理员在路由器上配置了一个标准 ACL，它只允许计算机部访问教务处，其余部门都禁止访问。根据图 6-8-1 所示的拓扑结构来配置一个标准 ACL 限制网络访问。

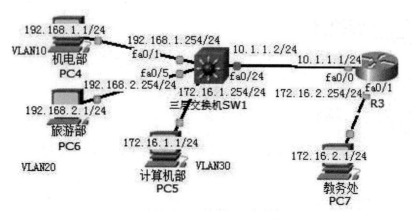

图 6-8-1 ACL 配置拓扑结构图

 我动手

步骤 1 在各设备不带电的情况下，对照图 6-8-1 所示的拓扑结构图制作网线，连接好各设备，并启动各设备，使其开始工作。

步骤 2 配置三层交换机 SW1，创建 VLAN 并加入端口，设置 fa0/24 端口管理地址。

Switch#configure terminal
Switch(config)#hostname sw1
sw1(config)#vlan 10
sw1(config-vlan)#name jdb
sw1(config-vlan)#vlan 20
sw1(config-vlan)#name nyb
sw1(config-vlan)#vlan 30
sw1(config-vlan)#name jsjb
sw1(config-vlan)#exit
sw1(config)#interface vlan 10
sw1(config-if)#ip address 192.168.1.254 255.255.255.0
sw1(config-if)#no shutdown
sw1(config-if)#interface vlan 20
sw1(config-if)#ip address 192.168.2.254 255.255.255.0
sw1(config-if)#no shutdown
sw1(config-if)#interface vlan 30

sw1(config-if)#ip address 172.16.1.254 255.255.255.0

sw1(config-if)#no shutdown

sw1(config-if)#exit

sw1(config)#interface range fa0/1-4

sw1(config-if-range)#switchport access vlan 10

sw1(config-if-range)#interface range fa0/5-9

sw1(config-if-range)#switchport access vlan 20

sw1(config-if-range)#interface range fa0/10-14

sw1(config-if-range)#switchport access vlan 30

sw1(config-if-range)#interface fa0/24

sw1(config-if)#no switchport

sw1(config-if)#ip address 10.1.1.2 255.255.255.0

sw1(config-if)#no shutdown

sw1(config-if)#exit

sw1(config)#route ospf 10

sw1(config-router)#network 192.168.1.0 0.0.0.255 area 0

sw1(config-router)#network 192.168.2.0 0.0.0.255 area 0

sw1(config-router)#network 172.16.1.0 0.0.0.255 area 0

sw1(config-router)#network 10.1.1.0 0.0.0.255 area 0

sw1(config-router)#

步骤 3　配置路由器 R3 的端口管理地址。

Router>

Router>enable

Router#configure terminal

Router(config)#hostname R3

R3(config)#interface fa0/0

R3(config-if)#ip address 10.1.1.1 255.255.255.0

R3(config-if)#no shutdown

R3(config-if)#interface　fa0/1

R3(config-if)#ip address 172.16.2.254 255.255.255.0

R3(config-if)#no shutdown

R3(config-if)#exit

R3(config)#route ospf 10

R3(config-router)#network 10.1.1.0 0.0.0.255 area 0

R3(config-router)#network 172.16.2.0 0.0.0.255 area 0

R3(config-router)#

步骤 4　PC4、PC5、PC6 都能 ping 通 PC7，结果如图 6-8-2 所示。

图 6-8-2　PC4 能 ping 通 PC7

为什么步骤 5 在配置 ACL 时不在最后增加一条 deny ip any 命令来拒绝其他部门访问教务处呢？

步骤 5　在路由器 R3 上配置 ACL。

R3(config)#　access-list　101　permit　ip　172.16.1.0　0.0.0.255　172.16.2.0 0.0.0.255　！创建扩展 ACL，编号为 101，允许计算机部的 172.16.1.0 网段访问教务处的 172.16.2.0 网段

R3(config)#interface fa0/0　！进入 fa0/0 端口

R3(config-if)#ip access-group 101 in　！绑定编号为 101 的 ACL 到此端口的入口处

R3(config-if)#

对 ACL 中表项的检查是自上而下的，只要有一条表项与这匹配，对此 ACL 的检查就会马上结束。

步骤 6　验证配置。

(1) 使用机电部、旅游部的计算机 ping 教务处的计算机，若不能 ping 通，则表明 ACL 配置成功，如图 6-8-3 所示。

图 6-8-3　PC4 没有 ping 通 PC7

(2) 使用计算机部的计算机 ping 教务处的计算机，若能 ping 通，则表明 ACL 配置成功，如图 6-8-4 所示。

图 6-8-4　PC5 能 ping 通 PC7

我收获

课堂表现

知识掌握

我留言

我练习

地点：网络实训室

按图 6-8-5 所示的网络拓扑结构进行配置，要求如下。

(1) 修改各网络设备的名字，制作相应的网线，按照拓扑结构图连接各设备。

(2) 在 S1 上创建 VLAN，分别把端口 fa0/1~4 加入 VLAN10，设置网关地址为 192.168.1.254/24；端口 fa0/5~9 加入 VLAN20，设置网关地址为 192.168.2.254/24。设置 fa0/24 端口的管理地址为 10.1.1.2/24。

(3) 在 S2 上创建 VLAN，分别把端口 fa0/1~4 加入 VLAN30，设置网关地址为 172.16.1.254/24；端口 fa0/5~9 加入 VLAN40，设置网关地址为 172.16.2.254/24。设置 fa0/24 端口的管理地址为 10.1.2.2/24。

(4) 在路由器 R1 上设置 fa0/0 端口的 IP 地址为 10.1.1.1/24；设置 fa0/1 端口的 IP 地址为 10.1.2.1/24。

(5) 分别在路由器、三层交换机上配置 OSPF 路由协议，使全网互通。

(6) 在路由器上创建 ACL，组号设置为 102，配置允许计算机部访问旅游部，但旅游部不能访问计算机部，完成后将 ACL 绑定到 fa0/1 的入口处。

(7) 配置完成后进行验证测试。

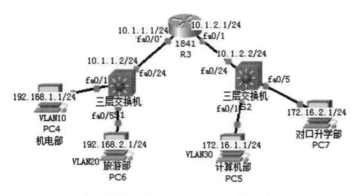

图 6-8-5 ACL 实训配置拓扑结构图

任务 9　静态 NAT 配置

 我明了

在本任务中,了解 NAT 的功能,熟悉静态 NAT 的工作过程与配置方法。

 我掌握

本任务要求理解静态 NAT 的工作过程,学会静态 NAT 配置方法与应用技巧。

 我准备

理解 NAT,体会其在内网与外网中的用途。

1. NAT 简介

网络地址转换(Network Address Translation,NAT)是在路由器上实施的地址转换技术,能够改变数据包的源地址或目的地址,实现 Internet 上主机间的相互通信。通过应用 NAT 技术,使得一个组织的私有 IP 转换为公有 IP 地址(全球唯一 IP),实现具有私有地址的局域网与互联网连接,而不需要重新给局域网的每台主机分配公有 IP 地址。

2. NAT 几个术语

(1) 内部网络(inside):在内部网络,每台主机都分配一个内部 IP 地址,但与外部网络通信时,又表现为另外一个地址。每台主机的前一个地址称为内部本地地址,后一个地址称为外部全局地址。

(2) 外部网络(outside):是指内部网络需要连接的网络,一般指互联网。

(3) 内部本地地址(Inside Local Address):是指分配给内部网络主机的 IP 地址,该地址可能是非法的未向相关机构注册的 IP 地址,也可能是合法的私有网络地址。

(4) 内部全局地址(Inside Global Address):合法的全局可路由地址,在外部网络代表着一个或多个内部本地地址。

3. 静态 NAT 工作过程

理解静态 NAT 的工作过程,有利于我们在设备上的正确配置。

静态 NAT 是建立内部本地地址和内部全局地址的一对一永久映射。当内部网络需要与外部网络通信时,配置静态 NAT,将内部私有 IP 地址转换成全局唯一 IP 地址。

例如,当内部网络一台主机 10.1.11 访问外部网络主机 1.1.13 的资源时,内部源地址 NAT 的工作过程如图 6-9-1 所示。

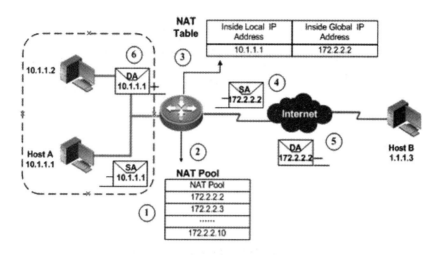

图 6-9-1 静态 NAT 工作过程图解

(1) 主机 10.1.1.1 发送一个数据包到路由器，如图 6-9-1 所示。

(2) 路由器接收以 10.1.1.1 为源地址的第一个数据包时，路由器检查 NAT 转换表，若该地址有配置静态映射，就进入(3)执行地址转换；若没有配置静态映射，转换失败。

(3) 路由器用 10.1.1.1 对应的 NAT 转换记录中全局地址 172.2.2.2 替换数据包源地址，经过转换后，数据包的源地址变为 172.2.2.2，然后转发该数据包。

(4) 1.1.1.3 主机接收到数据包后，将向 172.2.2.2 发送响应包，如图 6-9-1 所示。

(5) 当路由器接收到内部全局地址的数据包时，将以内部全局地址 172.2.2.2 为关键字查找 NAT 记录表，将数据包的目的地址转换成 10.1.1.1 并转发给 10.1.1.1。

(6) 10.1.1.1 接收到应答包，并继续保持会话。第(1)~(5)步将一直重复，直到会话结束。

4. NAT 配置命令

(1) 定义 NAT 转换关系。

(2) 定义端口类型。

5. 所需设备

计算机 4 台、三层交换机一台、路由器一台。

6. 拓扑结构

我校办公网络使用私有地址为 192.168.1.0/24 网段，通过出口路由器 R0 与 Internet 连接。我校申请的公有地址为 99.1.1.1/24，在路由器 R0 上配置静态 NAT 转换，实现办公网络主机访问 Internet 上 172.16.1.1/24 主机。参考网络拓扑结构图如图 6-9-2 所示。

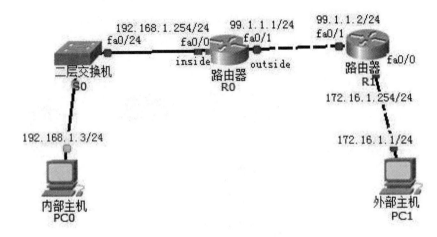

图 6-9-2　静态 NAT 配置拓扑结构图

 我动手

步骤 1　在各设备不带电的情况下，对照图 6-9-2 所示的拓扑结构图制作网线，连接好各设备，并启动各设备，使其开始工作。

步骤 2　配置路由器 R0。

(1) R0 的基本配置。

router#configure terminal

router(config)#hostname R0

R0(config)#interface fa0/0

R0(config-if)#ip address 192.168.1.254 255.255.255.0

R0(config-if)#no shutdown

R0(config-if)#interface fa0/1

R0(config-if)#ip address 99.1.1.1 255.255.255.0

R0(config-if)#no shutdown

R0(config-if)#exit

(2) R0 的 NAT 配置。

R0(config)#interface fa0/0

R0(config-if)#ip nat inside

R0(config-if)#interface fa0/1

R0(config-if)#ip nat outside

R0(config-if)#exit

R0(config)#ip nat inside source static 192.168.1.254　99.1.1.1

(3) R0 的路由配置。

r0(config)#rout rip

r0(config-router)#network 192.168.1.0

r0(config-router)#network 99.1.1.0

r0(config-router)#end

r0#

步骤 3 配置路由器 R1。

(1) R1 的基本配置。

router#configure terminal

router(config)#hostname R1

R1(config)#interface fa0/0

R1(config-if)#ip address 172.16.1.254 255.255.255.0

R1(config-if)#no shutdown

R1(config-if)#interface fa0/1

R1(config-if)#ip address 99.1.1.2 255.255.255.0

R1(config-if)#no shutdown

R1(config-if)#exit

(2) R1 的路由配置。

R1(config)#rout rip

R1(config-router)#network 172.16.1.0

R1(config-router)#network 99.1.1.0

步骤 4 验证 NAT。在 PC0 上 ping 出口地址 99.1.1.1。

(1) 对照拓扑图配置 PC0、PC1 的 IP 地址。

(2) 在 PC0 上 ping PC1，如图 6-9-3 所示。

```
PC>ping 172.16.1.1

Pinging 172.16.1.1 with 32 bytes of data:

Reply from 172.16.1.1: bytes=32 time=125ms TTL=126
Reply from 172.16.1.1: bytes=32 time=111ms TTL=126
Reply from 172.16.1.1: bytes=32 time=125ms TTL=126
Reply from 172.16.1.1: bytes=32 time=125ms TTL=126

Ping statistics for 172.16.1.1:
    Packets: Sent = 4, Received = 4, Lost = 0 (0% loss),
Approximate round trip times in milli-seconds:
    Minimum = 111ms, Maximum = 125ms, Average = 121ms
```

图 6-9-3 PC0 能 ping 通 PC1

(3) 查看 R0 上的 NAT 转换过程，如图 6-9-4 所示。

在查看 NAT 转换过程时一定要在 PC 上用 ping 命令产生数据包。

```
r0#sh ip nat translations
Pro  Inside global    Inside local     Outside local    Outside global
udp  99.1.1.1:520     192.168.1.254:520 99.1.1.2:520    99.1.1.2:520
---  99.1.1.1         192.168.1.254    ---              ---
```

图 6-9-4 R0 上 NAT 转换过程

步骤 5 保存路由器 R0、R1 的配置。

(1) 保存 R0 的配置。

r0#write

Building configuration...

[OK]

r0#

(2) 保存 R1 的配置。

R1#write

Building configuration...

[OK]

r0#

 我收获

课堂表现 □ □ □ □ □ □

知识掌握 □ □ □ □ □ □

 我留言

 我练习

地点：网络实训室

我校网络通过路由器连接到 Internet，通过 ISP 申请了 219.139.35.98~219.139.35.99 的地址，我校内部使用私有地址 192.168.1.0/24 网段组网，路由器 inside 端口地址为 192.168.1.254，outside 端口地址为 219.139.35.98，使用静态 NAT 转换实现 LAN 访问 Internet。

要求：

(1) 根据我校网络规划，绘制网络拓扑结构图；

(2) 配置网络设备，包括交换机及路由器基本配置、NAT 转换功能配置等；

(3) 通过 ping 命令发送数据包，观察路由器 NAT 记录表，验证 NAT 功能是否有效。

任务 10 动态 NAT 配置

 我明了

在本任务中，了解动态 NAT 的功能，熟悉动态 NAT 的工作过程与配置方法。

 我掌握

本任务要求理解动态 NAT 的工作过程，学会动态 NAT 配置方法与应用技巧。

 我准备

1. 动态 NAT 简介

动态 NAT 在路由器中建立一个地址池，放置可用的内部全局地址。当有内部本地地址需要转换时，查询地址池，取出内部全局地址，实现地址转换。当使用完毕后，这个内部全局地址返回地址池，供其他用户使用。

注意理解静态 NAT 与动态 NAT 的区别，以便更好地应用 NAT。

2. 动态 NAT 工作过程

内部主机利用动态 NAT 实现 Internet 访问的具体工作过程，如图 6-10-1 所示。

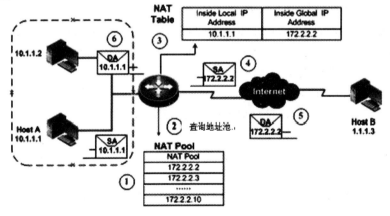

图 6-10-1 动态 NAT 工作过程图解

(1) 主机 10.1.1.1 发送一个数据包到路由器，如图 6-10-1 所示。

(2) 路由器接收以 10.1.1.1 为源地址的第一个数据包时，路由器查询地址池，获得一个可用的内部全局地址(172.2.2.2)，建立 NAT 转换表映射记录，进入(3)执行地址转换。

(3) 路由器用 10.1.1.1 对应的 NAT 转换记录中全局地址 172.2.2.2 替换数据包源地址。

(4) 经过转换后，数据包的源地址变为 172.2.2.2，然后转发该数据包。

(5) 1.1.1.3 主机接收到数据包后，将向 172.2.2.2 发送响应包，如图 6-10-1 所示。

(6) 当路由器接收到内部全局地址的数据包时，将以内部全局地址 172.2.2.2 为关键字查找 NAT 记录表，将数据包的目的地址转换成 10.1.1.1 并转发给 10.1.1.1。

(7) 10.1.1.1 接收到应答包，并继续保持会话。第(1)~(6)步将一直重复，直到会话结束。

动态 NAT 配置的几个步骤缺一不可。

3. 动态 NAT 配置命令

配置动态 NAT 的内容为定义内部端口、定义外部端口、定义地址池、定义访问列表、启动 NAT 转换，其中定义访问列表是为了限制实现地址转换的网段，只有在访问列表内允许的流量才能启动 NAT 转换功能。其配置命令如下。

(1) 定义全局地址池。

Router(config)#ip nat pool to_internet 172.2.2.1 172.2.2.10 netmask 255.255.255.0 ！定义名称为 to_internet 全局地址池，范围为 172.2.2.1~172.2.2.10 的 10 个地址

(2) 定义访问列表。

Router(config)#access-list 10 permit 10.1.1.0 0.0.0.255 ！只允许 10.1.1.0 网段发出的数据包进行 NAT 转换

(3) 启用内部源地址 NAT。

Router(config)#ip nat inside source list 10 pool to_internet overload ！启动 NAT 转换，并将定义的地址池 to_internet 与访问列表 list 10 关联

(4) 定义端口类型。

Router(config-if)#ip nat inside ！定义端口为内部端口

Router(config-if)#ip nat outside ！定义端口为外部端口

(5) 显示转换关系。

Router#show ip nat translations ！在数据包通过后，查看数据包转换关系

4. 所需设备

计算机 3 台、交换机一台、路由器两台。

5. 拓扑结构

我校办公网络使用私有地址为 192.168.1.0/24 网段，通过出口路由器 R1 与 Internet 连接。我校申请的公有地址为 219.139.35.97~219.139.35.99，在路由器 R1 上进行动态 NAT 转换，实现办公网络主机访问 Internet。参考网络拓扑结构图如图 6-10-2 所示。

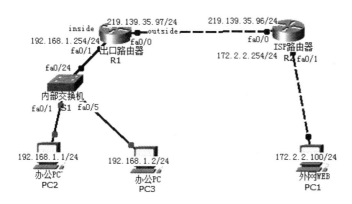

图 6-10-2 动态 NAT 转换拓扑结构图

 我动手

步骤 1 在各设备不带电的情况下，对照图 6-10-2 所示的拓扑结构图制作网线，连接好各设备，并启动各设备，使其开始工作。

参照以前相应任务进行。

步骤 2 配置好交换机 SW1，路由器 R1、R2 的名称，端口 IP 地址等基本设置。

步骤 3 配置动态 NAT。

(1) 定义地址池。

R1(config)#ip nat pool waiwang 219.139.35.97 219.139.35.99 netmask 255.255.255.0

(2) 定义 ACL。

R1(config)#access-list 10 permit 192.168.1.0 0.0.0.255

(3) 关联 pool 与 ACL。

R1(config)#ip nat inside source list 10 pool waiwang overload

(4) 定义内部端口。

R1(config)#interface fa0/1

R1(config-if)#ip nat inside

R1(config-if)#ip address 192.168.1.254 255.255.255.0

(5) 定义外部端口。

R1(config)#interface fa0/0

R1(config-if)#ip nat outside

R1(config-if)#ip address 219.139.35.97 255.255.255.0

(6) 设置默认路由。

R1(config)#ip route 0.0.0.0 0.0.0.0 fa0/0

步骤 4 功能测试。

(1) 在 PC2 上 ping PC1。

Ping 172.2.2.100 -t

(2) 在路由器 R1 上查看 NAT 转换关系。

为了清楚地观察到 NAT 转换结果，在执行 show ip nat translations 前，应产生一个需要 NAT 转换的数据包，则执行 ping 命令。

R1#show ip nat translations

 我收获

课堂表现

知识掌握 我留言

 我练习

地点：网络实训室

我校实训室网络要通过路由器连接到 Internet，通过 ISP 申请了 219.139.3.8~219.139.3.10 的地址，实训室使用私有地址 172.16.10.0/24 网段组网，路由器 inside 端口地址为 172.16.1.254，outside 端口地址为 219.139.3.8，使用动态 NAT 转换实现 LAN 访问 Internet。

要求：

(1) 根据我校实训室网络规划，绘制网络拓扑结构图；

(2) 配置网络设备，包括交换机及路由器基本配置、动态 NAT 转换功能配置等；

(3) 通过 ping 命令发送数据包，观察路由器 NAT 记录表，验证动态 NAT 功能是否有效。

项 目 七

网络应用

项目内容

本项目主要内容有：保存页面；IE 浏览器的应用；百度搜索的使用；下载工具的使用；电子邮箱的使用；博客的应用；网上银行、网上营业厅、网上预订、网上购物的应用；病毒防范与杀毒软件的应用。

项目目标

认识 IE 浏览器，掌握页面信息的保存、收藏夹与浏览器的设置；理解搜索引擎的作用，学会百度搜索引擎的使用；认识下载工具，学会迅雷的使用；学会邮箱的申请方法，掌握其邮件收发技巧；认识博客，学会申请与管理个人博客、微博；理解网络的作用，学会网上银行、网上营业厅、网上预订和网上购物等基本应用方法；认识病毒，学会其防范与杀毒软件的应用。

任务 1　保存页面信息

 我明了

在本任务中，理解保存页面信息的作用，熟悉保存页面信息的各种方法。

 我掌握

本任务要求掌握保存页面信息的各种方法与处理技巧。

 我准备

网页类型的选择是等级考试的技能点。

1. 保存网页信息的作用

共享信息资源：当遇到有价值的内容时可保存下来，为己所用。

方便快捷：当在没有网络的条件下，可对已保存的内容进行学习等。

2. 保存网页信息的类型

"保存类型"框中，执行下列操作之一。

（1）如果要保存显示该网页所需的全部文件，包括图形、框架和样式表，请选择"网页，全部"。该选项将按原始格式保存所有文件，如图 7-1-1 所示。

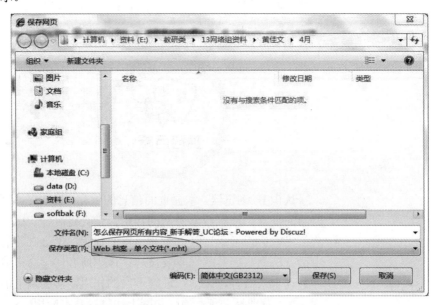

图 7-1-1　"保存页面"对话框

（2）如果要将显示该网页所需的全部信息保存到一个文件中，请单击"Web 档案，单个文件"。该选项将保存当前网页的快照。只有安装了 Outlook Express 5 或更高版本时，才能使用该选项。

（3）如果只保存当前的 HTML 页，请单击"网页，仅 HTML"。该选项将保存网页信息，但它不保存图形、声音或其他文件。

（4）如果只保存当前网页的文本，也就是网页中的文字信息，请单击"文本文件"。该选项将以文本格式保存网页信息。

3. 保存网页信息的内容

保存文本、图片、背景音乐、网页动画等内容。

1. 如何保存网页中的文字信息

若要保存网页中有用的文字信息，则需要用到文档编辑工具，如记事本、写字板或 Word 等。下面以将网页中的文字信息保存到 Word 文档中为例，具体操作方法如下。

步骤 1 复制文字，如图 7-1-2 所示。

（1）在网页中拖动鼠标选中需要保存的文字。

（2）右击，在弹出的快捷菜单中单击"复制"。

> 如果选择的文字处理软件为"记事本"，则粘贴时可自动忽略被复制内容中的各种格式，只保留文字内容。

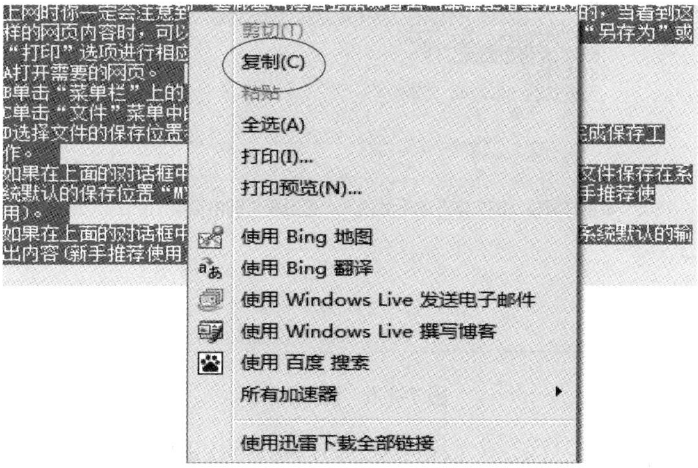

图 7-1-2　复制文字

步骤 2 启动文档编辑程序，如图 7-1-3 所示。

选择"开始"→"所有程序"→"microfoft office"→"microsoft office word 2007"，启动 word 程序。

步骤 3 粘贴文字，如图 7-1-4 所示。

（1）在"开始"选项卡中，单击"剪贴板"组中的"粘贴"下拉按钮。

（2）在弹出的下拉菜单中单击"选择性粘贴"命令。

图 7-1-3 启动 word

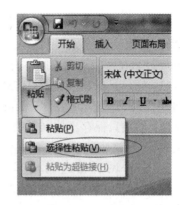
图 7-1-4 粘贴命令

步骤 4 选择粘贴形式，如图 7-1-5 所示。

(1) 在弹出的"选择性粘贴"对话框中选择"无格式文本"选项。

(2) 单击"确定"按钮。

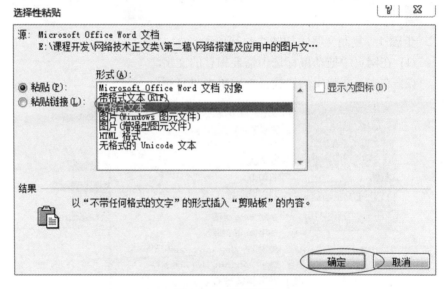

图 7-1-5 粘贴形式

步骤 5 单击"保存"按钮。此操作同 Word 中的文档保存方法。

网页中的文字被粘贴到 Word 中，单击快速访问工具栏中的"保存"按钮。

2. 如何保存网页中的图片

在浏览网页时经常会看到许多漂亮的图片，如果需要将其保存到本地计算机中，可以通过另存为的方法实现，具体操作方法如下。

步骤 1 单击"图片另存为"命令，如图 7-1-6 所示。

(1) 在打开的网页中右击需要保存的图片。

(2) 在弹出的快捷菜单中单击"图片另存为"命令。

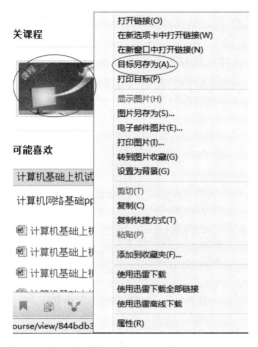

图 7-1-6　"另存为"命令

步骤 2　设置保存参数，如图 7-1-7 所示。

(1) 弹出"保存图片"对话框，设置图片的保存位置。

(2) 在"文件名"文本框中输入文件名。

(3) 单击"保存"按钮。

图 7-1-7　"保存设置"对话框

3. 如何保存某个超链接指向的目标网页

如果要保存超链接指向的目标网页，可以在不打开该链接的情况下直接保存其所对应的网页，以便在断网后进行浏览。保存超链接的具体操作步骤如下。

步骤1 单击"目标另存为"命令，如图 7-1-8 所示。

(1) 打开网页，在要保存的超链接上右击。

(2) 在弹出的快捷菜单中单击"目标另存为"命令。

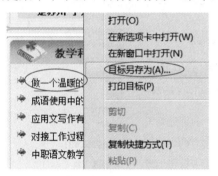

图 7-1-8 "目标另存为"命令

步骤2 设置保存参数，如图 7-1-9 所示。

(1) 弹出"另存为"对话框，设置好超链接的保存路径。

(2) 在"文件名"文本框中输入要保存的网页名称。

(3) 单击"保存"按钮。

图 7-1-9 设置保存参数

4. 如何保存整个网页

浏览网页时，如果既想保存网页中的文字信息，又想保存网页中的精美图片，可以将整个网页一起保存到本地计算机中，具体操作方法如下。

步骤1　单击"另存为"命令，如图 7-1-10 所示。

(1) 打开需要保存的网页，在工具栏中单击"页面"下拉按钮。

(2) 在弹出的下拉菜单中单击"另存为"命令。

图 7-1-10　"另存为"命令

步骤2　设置保存参数，如图 7-1-11 所示。

(1) 弹出"保存网页"对话框，设置文件的保存位置。

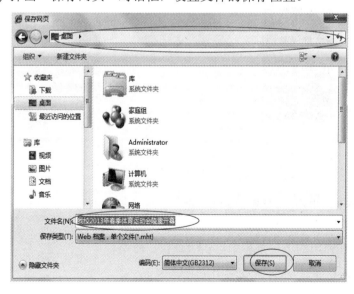

在"保存网页"对话框中，如果将保存类型设置为"网页，全部"，保存时将产生多个文件夹；如果设置为"web 档案，单个文件"，则保存后的文件只有一个，浏览时更加方便。

图 7-1-11　保存参数设置

(2) 在"文件名"文本框中输入文件名。

(3) 在"保存类型"下拉列表中选择"web 文档，单个文档"选项。

(4) 单击"保存"按钮。

5. 网页中的文字信息无法复制怎么办

有时在网上看到有用的文章，希望将其保存下来以方便日后查看，却发现这些文字无法被选中，可能是因为该网页禁止了"复制"、"粘贴"命令。此时，只要查看源文件即可进行复制，具体操作方法如下。

步骤 1 单击"源文件"命令，如图 7-1-12 所示。

(1) 在 IE 浏览器中打开不能复制文字信息的网页，单击菜单栏中的"查看"或"页面"命令。

(2) 在弹出的下拉菜单中单击"源文件"或"查看源文件"命令。

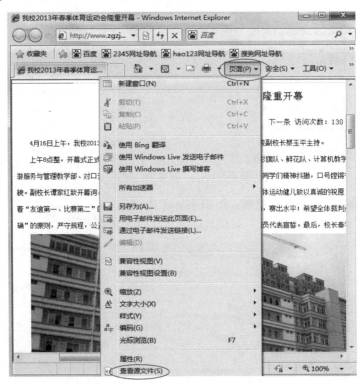

图 7-1-12 "源文件"命令

步骤 2 单击"查找"命令，如图 7-1-13 所示。

(1) 在打开的"原始源"窗口中单击"编辑"。

(2) 在弹出的下拉菜单中单击"查找"命令。

步骤 3 输入关键字，如图 7-1-14 所示。

弹出"查找"对话框，在"查找"文本框中输入需要复制的文字信息中的关键字。

图 7-1-13 "查找"命令

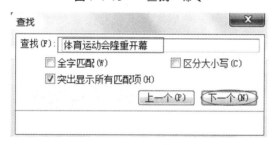

图 7-1-14 查找"关键字"

步骤 4 复制文字信息，如图 7-1-15 所示。

(1) 将光标定位到查找的关键字所在的语句，选中需要复制的文字信息。

(2) 右击，在弹出的快捷菜单中单击"复制"命令。

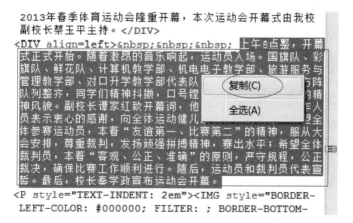

图 7-1-15 "复制"命令

我收获

课堂表现　□　□　□　□　□　□

知识掌握　□　□　□　□　□　□

 我留言

 我练习

地点：网络实训室

练习内容：如何查找并保存网页的背景音乐。

有的网页自带了背景音乐，如果觉得背景音乐很好听，可以通过下面的方法找到背景音乐文件，然后将其下载并保存到计算机中，具体操作方法如下。

任务 2　收藏夹的妙用

 我明了

在本任务中，理解收藏夹的作用，熟悉收藏夹的各种操作方法。

 我掌握

本任务要求掌握收藏夹的各种操作方法与使用技巧。

 我准备

收藏夹的应用也是技能考试的内容。

1. 收藏夹的作用

收藏夹是在上网的时候方便你记录自己喜欢、常用的网站。把它放到一个文件夹里，想用的时候可以打开找到。

收藏夹不仅可以用来收藏我们经常访问的网站，还能作为自己的知识库以便未来分享和整理。

2. 认识收藏夹

单击在 internet explorer 或 Windows 资源管理器界面上的五角星收藏夹，即可打开基本界面，一般会由几个大类、几个重要网站和其他个性网站组成。通过单击"整理"可对其进行编辑，在你喜欢的界面上单击左边的添加再确认，即可将当前界面加入收藏，以后可随时单击它来迅速进入界面。

我动手

1. 可以将经常浏览的网页收藏起来吗

对于经常访问或者自己喜欢的网页，可以将其收藏到 IE 收藏夹中，从而免去了每次输入网址的麻烦。将网页添加到收藏夹的具体操作方法如下。

步骤 1　单击"添加到收藏夹"命令，如图 7-2-1 所示。

(1) 打开需要添加到收藏夹的网页。

(2) 单击工具栏中的"收藏夹"按钮。

(3) 在弹出的下拉列表中单击"添加到收藏夹"命令。

图 7-2-1　添加到收藏夹

步骤 2　添加收藏，如图 7-2-2 所示。

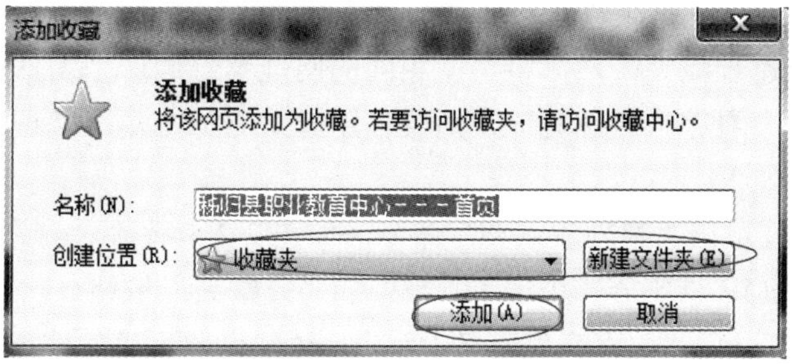

图 7-2-2　添加收藏设置

(1) 弹出"添加收藏"对话框，在"名称"文本框中设置好网页的名称。

(2) 单击"创建位置"下拉列表框，在弹出的下拉列表中设置好收藏位置。

(3) 单击"添加"按钮。

2. 如何访问收藏的网页

将网页添加到收藏夹中后，下次如果需要访问该网页，可以通过两种方法实现，具体操作方法如下。

步骤1 通过"收藏夹"菜单访问：启动 IE 浏览器，单击菜单栏中的"收藏夹"按钮，在弹出的下拉菜单中单击需要打开的网页，如图 7-2-3 所示。

在打开的网页中直接按下组合键【Ctrl+D】，可快速弹出"添加收藏"对话框。

小贴士：在 IE8.0 中新增了一个收藏夹栏(位于地址栏的下方)，在 IE 窗口中单击"收藏夹"按钮右侧的"添加到收藏夹栏"按钮，即可将当前网页添加到收藏夹栏中(右击收藏夹栏中的网址，在弹出的快捷菜单中单击"删除"命令即可删除收藏的网址)。

图 7-2-3　"收藏夹"菜单

步骤2 通过"收藏夹"访问：启动 IE 浏览器，单击工具栏中的"收藏夹"按钮，在打开的"收藏夹"中切换到"收藏夹"选项卡，然后在下方的列表中单击需要打开的网页，如图 7-2-4 所示。

3. 如何新建收藏夹并整理网址

使用 IE 的时间越长，收藏的有用网址就越多，而过多的网址将不方便用户查看，还会使整个收藏夹显得杂乱无章。

通过新建收藏夹，然后将类型相同的网址移到同一个文件夹中，这样就会使收藏夹看起来井然有序，而且使用起来更加方便。整理收藏夹的具体操作方法如下。

步骤1 单击"整理收藏夹"命令，如图 7-2-5 所示。

(1) 启动 IE 浏览器，单击工具栏中的"收藏夹"按钮。

(2) 在打开的"收藏夹"空格中单击"添加到收藏夹"按钮右侧的下拉按钮。

图 7-2-4　"收藏夹"按钮

(3) 在弹出的下拉列表中单击"整理收藏夹"命令。

步骤 2　单击"新建文件夹"按钮，如图 7-2-6 所示。

在弹出的"整理收藏夹"对话框中，单击"新建文件夹"按钮，即可在收藏夹中新建一个文件夹。

图 7-2-5　整理收藏夹

图 7-2-6　新建文件夹

步骤 3　输入文件夹名称，如图 7-2-7 所示。

此时该文件夹的文件名处于可编辑状态，输入需要的文件夹名称并确认。在此我输入"校园网站类"。

步骤 4　单击"移动"按钮，如图 7-2-8 所示。

(1) 在列表框中选中需要移动的网站或网址。

(2) 单击"移动"按钮。

图 7-2-7　输入文件夹的名称

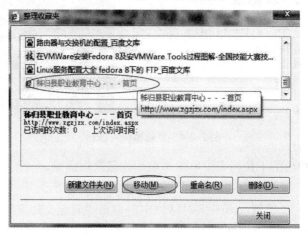

图 7-2-8　"移动"命令

步骤 5　选择目标文件夹，如图 7-2-9 所示。

(1) 弹出"浏览文件夹"对话框，选中刚才新建的文件夹。

(2) 单击"确定"按钮，然后关闭"整理收藏夹"对话框。

图 7-2-9　目标文件夹

4. 如何对收藏夹进行备份

为了避免系统出错或重装系统时导致收藏夹中的内容丢失，用户可以对收藏夹进行备份，具体操作方法如下。

步骤 1 单击"导入和导出"命令，如图 7-2-10 所示。

(1) 启动 IE 浏览器，单击菜单栏中的"文件"按钮。

(2) 在弹出的下拉菜单中单击"导入和导出"命令。

图 7-2-10 "导出"命令

步骤 2 选择"导出到文件"单选项，如图 7-2-11 所示。

(1) 弹出"导入/导出设置"对话框，选中"导出到文件"单选项。

(2) 单击"下一步"按钮。

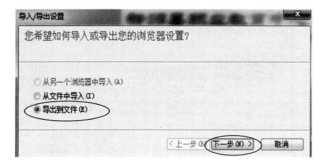

图 7-2-11 "导出"设置

步骤 3 勾选"收藏夹"复选项,如图 7-2-12 所示。

(1) 进入下一页面,勾选"收藏夹"复选项。

(2) 单击"下一步"按钮。

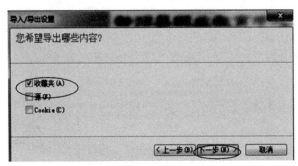

图 7-2-12 勾选"收藏夹"

步骤 4 选择导出的文件夹,如图 7-2-13 所示。

(1) 进入下一页面,选择需要导出的文件夹,如"校园网站类"。

(2) 单击"下一步"按钮。

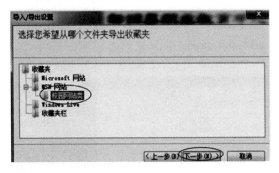

图 7-2-13 选择导出文件夹

步骤 5 设置导出"收藏夹"存放位置,如图 7-2-14 所示。

(1) 进入下一页面,在"键入文件路径或浏览到文件"下面的文本框中输入导出文件的存放位置,或单击"浏览"按钮进行设置。

(2) 单击"导出"按钮。

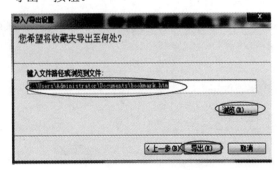

图 7-2-14 存放位置设置

步骤 6 完成，如图 7-2-15 所示。

成功导出后单击"完成"按钮，关闭"导入/导出设置"对话框，即可完成收藏夹的备份。

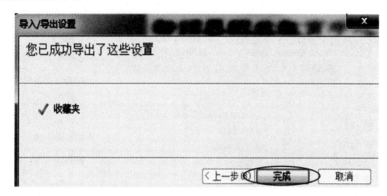

图 7-2-15 完成设置

5. 收藏的网页不见了，如何还原

每次重装操作系统后，IE 收藏夹中收藏的网页不见了。此时，可以利用文件夹重定向功能将收藏夹转移到其他分区中，具体操作方法如下。

步骤 1 新建文件夹，如图 7-2-16 所示。

打开"计算机"窗口，在非系统分区中新建一个替代收藏夹的文件夹。

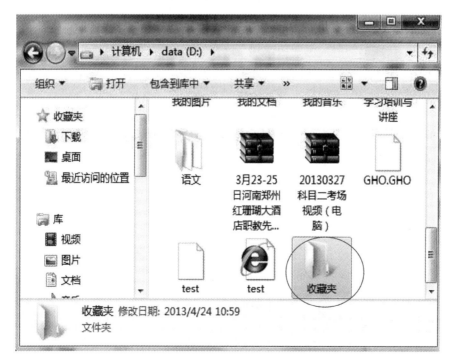

图 7-2-16 建立文件夹

步骤2 单击"属性"命令，如图 7-2-17 所示。

(1) 打开"用户"文件夹，右击"收藏夹"文件夹；

(2) 在弹出的快捷菜单中单击"属性"命令。

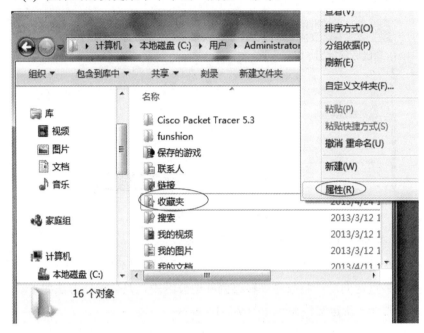

图 7-2-17 "属性"命令

步骤3 切换到"位置"选项卡，如图 7-2-18 所示。

(1) 在弹出的对话框中切换到"位置"选项卡。

(2) 单击"移动"按钮。

(3) 在弹出的对话框中选择新建的"收藏夹"文件夹。

(4) 单击"选择文件夹"按钮。

图 7-2-18 "位置"选项卡设置

步骤4 单击"确定"按钮，如图 7-2-19 所示。

(1) 返回到"收藏夹 属性"对话框，单击"确定"按钮。

(2) 在弹出的"移动文件夹"对话框中单击"是"按钮。

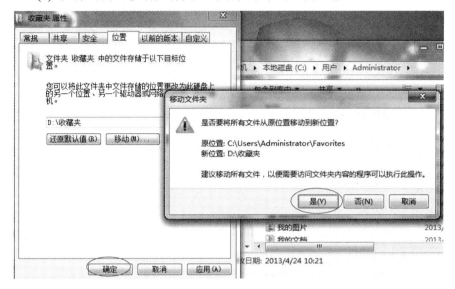

图 7-2-19　完成设置

 我收获

课堂表现

知识掌握

 我留言

 我练习

地点：网络实训室

练习内容：

(1) 如何重命名及删除已收藏的网页。

对于已收藏到收藏夹中的网站或网页，以及用来整理收藏夹而创建的文件夹，可以根据需要修改其名称。甚至有些不需要了也可以删除。请操作后整理其具体操作方法上交。

(2) 如何设置启动 IE 时就显示收藏夹的内容。

IE 收藏夹是由独立的链接文件组成的，通过将收藏夹设为主页，可以快速打开经常浏览的网页。请将具体操作方法以文档的形式上交。

任务3 设置 IE 浏览器

我明了

在本任务中，理解 IE 浏览器的作用，熟悉 IE 浏览器的各种操作方法。

我掌握

本任务要求掌握 IE 浏览器的各种操作方法与使用技巧。

我准备

浏览器是网上冲浪缺一不可的。

1. 浏览器

通俗地说，浏览器就是我们平时用来上网查看网站浏览网页的工具软件。运行浏览器，在浏览器的地址栏里面输入网址，浏览器可以将我们的指令(需要看什么网站或者网页)进行翻译并向互联网上的计算机服务器提出请求，待服务器满足请求将主页文件发送过来后，浏览器再将这个文件翻译成我们所能看见的格式呈现给我们。这个过程就是一次浏览过程，浏览器只是一个能相互转换和展示的工具。

2. IE

IE 是什么呢？全称是 Internet Explorer，它仅仅是当今世界流行的其中的一种浏览器。相信国内很多网民在第一次接触到计算机的时候，在桌面上都会看到一个 E 一样的图标，我们都是使用它来打开网站，这个就是 IE 浏览器。它是由微软公司所开发的并直接绑定在微软的 Windows 操作系统中，当用户计算机安装了 Windows 操作系统之后，无需专门下载安装浏览器即可利用 IE 浏览器实现网页浏览。

3. IE 的作用

IE 集成了更多个性化、智能化、隐私保护的新功能，为您的网络生活注入新体验，让您每一天的网上冲浪更快捷、更简单、更安全，并且充满乐趣(非开源软件)。它经历了从低版本如 IE3.0、IE4.0、IE5.0、IE6.0、IE7.0、IE8.0、IE9.0 一直到现在的 IE11，其功能得到了不断完善与改进。

我动手

IE 设置在技能考试中占有一定的分值。

1. 如何将常用的网页设置为默认主页

默认主页是启动 IE 浏览器后自动打开的网页。在 Windows 7 操作系统中的默认主页为"MSN 中国"，用户可以根据需要将其设置为自己经常浏览的网页。具体操作方法如下。

步骤1 单击"Internet 选项"命令，如图 7-3-1 所示。

（1）启动 IE 浏览器，打开需要设为主页的网页，如 www.zgzjzx.com，单击工具栏中"工具"按钮右侧的下拉按钮。

（2）在弹出的下拉菜单中单击"Internet 选项"命令。

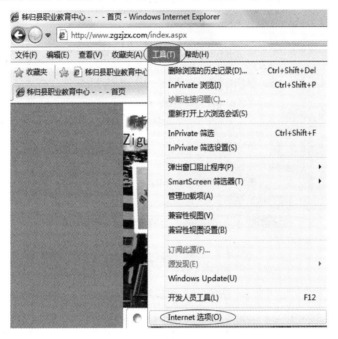

图 7-3-1　Internet 选项

步骤 2　设置默认主页，如图 7-3-2 所示。

（1）弹出"Internet 选项"对话框，在"主页"栏中单击"使用当前页"按钮，将当前页网址导入到文本框中。

（2）单击"确定"按钮。

2. 如何删除历史记录

使用 IE 的时间长了，其中就会存在大量的历史记录，如临时文件、Cookies、历史记录和表格数据等，定时清理这些信息，不仅可以提高打开网页的速度，还可以提高用户上网的安全性。因此，需要定期清理这些历史记录，具体操作方法如下。

步骤 1　单击"Internet 选项"命令，如图 7-3-3 所示。

（1）启动 IE 浏览器，单击工具栏中"工具"按钮右侧的下拉列表按钮。

（2）在弹出的下拉列表菜单中单击"Internet 选项"命令。

步骤 2　单击"删除"按钮，如图 7-3-4 所示。

（1）在弹出的"Internet 选项"对话框中，单击"浏览历史记录"栏中的"删除"按钮。

（2）删除完毕后将自动返回"Internet 选项"对话框，单击"确定"按钮。

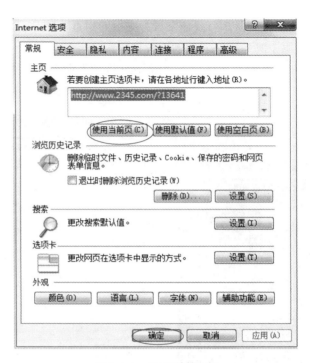

图 7-3-2 设置默认主页

图 7-3-3 Internet 选项

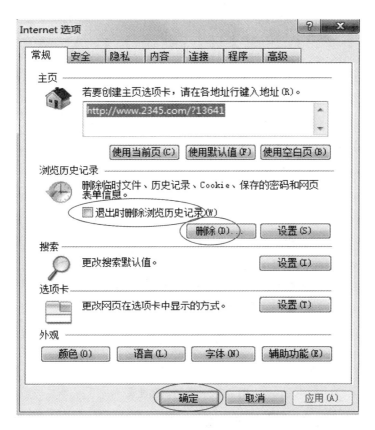

图 7-3-4 删除历史记录

3. 如何提高网页的浏览速度

随着网页技术的不断发展，目前大多数网站都通过加入图片、Flash 动画、声音和视频的方式来丰富网站内容。虽然加入这些多媒体文件会使网站内容更加生动，但由于需要加载的文件过多，常常会使访问速度大打折扣。

为了保证浏览网页的流畅性，可以选择性地屏蔽不需要的内容，以提高浏览速度，具体操作方法如下。

步骤 1 单击"Internet 选项"命令，如图 7-3-3 所示。

(1) 启动 IE 浏览器，单击工具栏中"工具"按钮右侧的下拉列表按钮。

(2) 在弹出的下拉列表菜单中单击"Internet 选项"命令。

步骤 2 取消勾选，如图 7-3-5 所示。

(1) 在弹出的"Internet 选项"对话框中，单击"高级"选项卡。

(2) 在"设置"列表框的"多媒体"组中取消勾选"在网页中播放动画"和"在网页中播放声音"等不需要的复选框。

(3) 单击"确定"按钮。

经常有人问：打开网页的速度太慢了，怎么处理？通过学习我相信你会找到答案的。

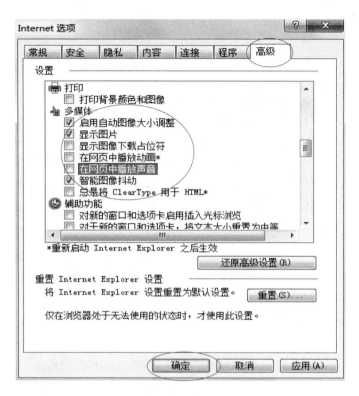

图 7-3-5 取消勾选设置

通过学习，可根据个人
喜好更改相应的搜索
引擎。

4. 如何更改 IE 默认的搜索引擎

启动 IE 浏览器，窗口地址栏右侧有个搜索框，在其中输入信息后单击"搜索"按钮，即可使用默认的搜索引擎搜索信息。

在 Windows 7 操作系统中更改 IE 默认的搜索引擎的具体操作方法如下。

步骤 1 单击"设置"按钮，如图 7-3-6 所示。

打开"Internet 选项"对话框，在"搜索"栏中单击"设置"按钮。

步骤 2 更改默认搜索引擎，如图 7-3-7 所示。

(1) 弹出"更改搜索默认值"对话框，在"搜索提供程序"列表中选中需要设置为默认搜索引擎的选项。

(2) 单击"设置默认值"按钮。

(3) 连续单击"确定"按钮，保存设置即可。

5. 如何过滤弹出的广告页面

在浏览网页时，经常会弹出网页自带的广告窗口，从而大大降低了浏览网页的速度。因此，为了更好地浏览网页，有必要对不需要的广告进行过滤。具体操作方法如下。

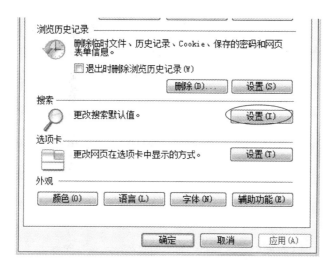

图 7-3-6 "设置"命令

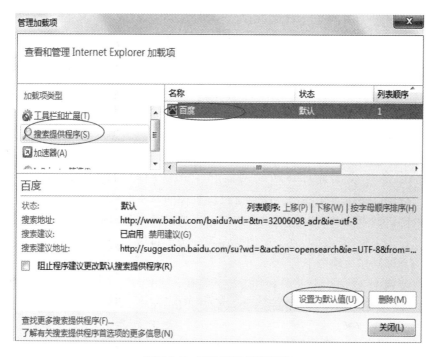

图 7-3-7 更改默认搜索引擎

步骤 1 单击"Internet 选项"命令,如图 7-3-3 所示。其步骤同 2。

步骤 2 启用弹出窗口阻止程序功能,如图 7-3-8 所示。

(1) 在弹出的"Internet 选项"对话框中,切换到"隐私"选项卡。

(2) 在"弹出窗口阻止程序"栏中,勾选"启用弹出窗口阻止程序"复选框。

(3) 单击"确定"按钮。

也可单击"设置"按钮,在弹出的对话框中设置具体的允许和不允许访问的网站,还可以设置 IE 的筛选级别。

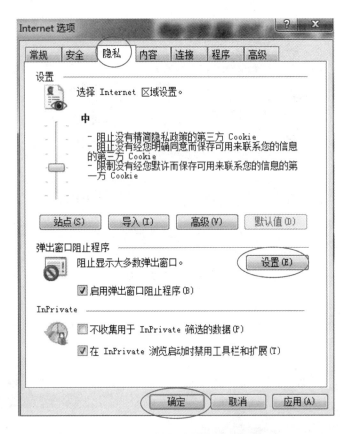

图 7-3-8　启用弹出窗口阻止程序

6. 怎样设置许可访问的网站和禁止访问的网站

启用分级审查功能后，用户可以将具体的某个网站设置为许可网站或者未许可网站。若将网站设为许可网站，可以在任何时候浏览该网站；若将其设为未许可网站，则无论如何设置分级审查级别，该网站都无法被浏览。具体操作方法如下。

步骤 1　单击"设置"按钮并输入密码，如图 7-3-9 所示。

(1) 启用分级审查功能后，再次打开"Internet 选项"对话框，切换到"内容"选项卡。

(2) 单击"内容审查程序"栏中的"设置"按钮。

(3) 弹出"需要输入监护人密码"对话框，在"密码"文本框中输入密码。

(4) 单击"确定"按钮。

步骤 2　设置许可站点，如图 7-3-10 所示。

(1) 弹出"内容审查程序"对话框，切换到"许可站点"选项卡。

(2) 在"允许该网站"文本框中输入允许浏览的网站地址。

(3) 单击"始终"按钮。

也可单击"设置"按钮，在弹出的对话框中设置具体的允许和不允许访问的网站，还可以设置 IE 的筛选级别。

图 7-3-9　设置密码

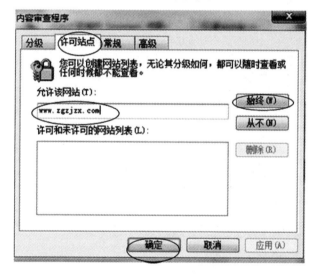

在"许可和未许可的网
站列表"列表框中，
"√"图标表示许可网
站，"−"图标表示未
许可网站。

图 7-3-10　设置许可站点

步骤 3 设置未许可网站，如图 7-3-11 所示。

(1) 在"允许该网站"文本框中输入不可浏览的网站地址。

(2) 单击"从不"按钮。

(3) 连续单击"确定"按钮保存设置。

注：进行上述设置后，在地址栏中输入网站地址，如果正在打开的网站不符合审查程序，则 IE 将弹出"内容审查程序"窗口，提示用户设置操作并输入密码，只有输入正确的监护人密码后才能查看该网站。

经常遇到默认主页被
修改了，通过学习相信
你会处理好的。

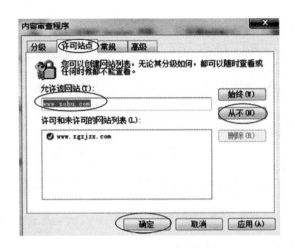

图 7-3-11　设置未许可网站

7. IE 默认主页被修改且无法设置怎么办

浏览某些恶意网页后，会发现 IE 默认的主页被修改了，而且设置按钮变为灰色，无法再进行设置。遇到这种情况，可以通过修改注册表中【Default_page_URL】键值来恢复默认主页，具体操作方法如下，如图 7-3-12 所示。

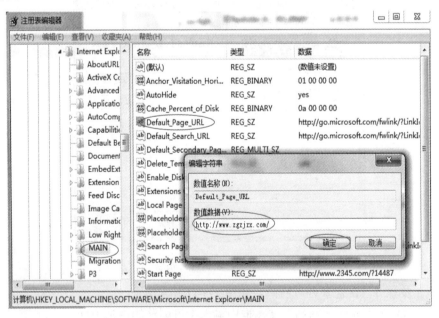

图 7-3-12　修改注册表的键值

步骤 1　单击"开始"→"运行"，在文本框中输入"regedit"命令后按下回车键，在打开的注册表编辑器中展开 HKEY_LOCAL_MACHINE\ SOFTWARE\Microsoft\Internet Explorer\MAIN 项。

步骤 2　双击【Default_page_URL】键值项。

步骤3 弹出"编辑字符串"对话框，将"数值数据"框中的值设置为IE主页地址，如 http://www.zgzjzx.com/。

步骤4 单击"确定"按钮。

8. 如何自定义网页的显示效果

默认情况下，Windows 7操作系统中的IE外观颜色为"Windows颜色"，网页中字符集为"简体中文"，字体为"新宋体"。

如果希望打造个性化的网页外观，可以自定义网页的显示效果，具体操作方法如下。

步骤1 设置颜色，如图7-3-13所示。

(1) 启动IE浏览器，打开"Internet选项"对话框，在打开的"Internet选项"对话框中单击"外观"栏中的"颜色"按钮。

可定义个性化的网页显示效果。

(2) 弹出"颜色"对话框，取消勾选"使用Windows颜色"复选框。

(3) 单击需要更改的选项右侧的颜色按钮，如"文字"项的颜色。

(4) 在弹出的"颜色"对话框中选中合适的颜色。

(5) 单击"确定"按钮。

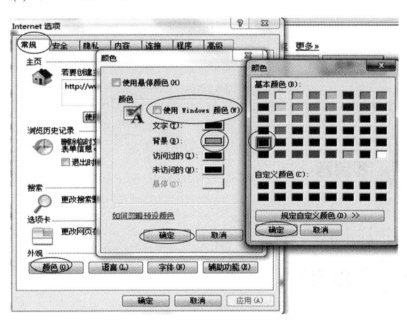

图7-3-13 设置颜色

步骤2 设置字体，如图7-3-14所示。

(1) 在返回的"Internet选项"对话框中单击"外观"栏中的"字体"按钮。

(2) 弹出"字体"对话框，在其中设置好需要的字符集、网页字体和纯文本字体。

(3) 连续单击"确定"按钮保存设置。

图 7-3-14 设置字体

 我收获

课堂表现

知识掌握

 我留言

 **我练习**

地点：网络实训室

练习内容：

(1) 请将学校网站设为默认主页(www.zgzjzx.com)。

(2) 如何将多个常用网站设为默认主页？

在浏览网页时，经常需要浏览多个网站，此时，可以同时将多个网页设置为主页，免去每次浏览时输入网址的麻烦。请在 Windows 7 操作系统中进行操作(具体操作方法以文档的形式上交)。

提示：请利用这个工具  进行。

(3) 请修改历史记录的保存天数为 10 天。

默认情况下,IE 浏览器的历史记录保留天数为 20 天,用户可以根据需要调整历史记录的保留天数,请调整保留天数为 10 天(具体操作方法以文档的形式上交)。

提示:在"Internet 选项"对话框中单击"浏览历史记录"栏中的"设置"按钮。

(4) 如何开启分级审查功能。

IE 浏览器的分级审查功能可以帮助用户指定本机可以查看的网页内容,在默认情况下并未启用。请在 Windows 7 操作系统中开启分级审查功能,并把操作步骤以文档形式上交。

提示:在"Internet 选项"对话框中单击"内容"选项卡里的"内容审查程序"项"启用"按钮进行相关设置。

任务 4 百度搜索引擎的使用

 我明了

在本任务中,理解百度搜索引擎的作用,熟悉百度搜索引擎的各种操作方法。

 我掌握

本任务要求掌握百度搜索引擎的各种操作方法与相关使用技巧。

 我准备

1. 什么是搜索引擎

搜索引擎是万维网环境中的信息检索系统(包括目录服务和关键字检索两种服务方式)。搜索引擎是指根据一定的策略、运用特定的计算机程序从互联网上搜集信息,在对信息进行组织和处理后,为用户提供检索服务,将检索相关信息展示给用户的系统。搜索引擎包括全文索引、目录索引、元搜索引擎、垂直搜索引擎、集合式搜索引擎、门户搜索引擎与免费链接列表等。百度和谷歌等是搜索引擎的代表。

信息搜集离不开搜索引擎。

2. 搜索引擎的作用

搜索引擎是网站建设中针对"用户使用网站的便利性"所提供的必要功能,同时也是研究网站用户行为的一个有效工具,高效的站内检索可以让用户快速准确地找到目标信息,从而更有效地促进产品/服务的销售,而且通过对网站访问者搜索行为的深度分析,对于进一步制定更为有效的网

足不出户而知天下事,请不要忘了搜索引擎的功劳。

络营销策略具有重要价值。

(1) 从网络营销的环境看，搜索引擎营销的环境发展为网络营销起到推动作用。

(2) 从效果营销看，很多公司之所以可以应用网络营销是利用了搜索引擎营销。

(3) 就完整型电子商务概念组成部分来看，网络营销是其中最重要的组成部分，是向终端客户传递信息的重要环节。

 我动手

网络学习，会搜索所需信息是非常重要的。

1. 如何搜索网页信息

百度是一个专业提供搜索服务的网站，其网址为 http://www.baidu.com。百度搜索引擎完全支持中文关键字搜索，功能十分强大。使用百度搜索"秭归泗溪"旅游信息的具体操作方法如下。

步骤 1 打开百度并输入"秭归泗溪"，如图 7-4-1 所示。

(1) 启动 IE 浏览器，在地址栏中输入百度网址 www.baidu.com。

(2) 按回车键，打开百度首页。

图 7-4-1 百度搜索

(3) 在搜索框中输入需要搜索的关键字，如"秭归泗溪"。

(4) 单击"百度一下"按钮。

步骤 2 选择网页链接并查看信息，如图 7-4-2 所示。

(1) 搜索结果将以列表形式显示在网页中，单击需要查看的链接，如在此选择"第 2 个链接"。

(2) 在打开的网页中，即可看到"第 2 个链接"的网页信息了。

图 7-4-2　查看搜索结果

2. 如何搜索图片

为了更加准确地搜索资源，百度提供了资源分类功能，选择好资源类型后再进行搜索，可以大大提高搜索效率。使用百度搜索引擎不仅可以搜索网页信息，还可以十分方便地在 Internet 上搜索漂亮的图片。使用百度搜索引擎搜索"秭归泗溪风景"图片的具体操作方法如下。

步骤1　启动百度选择"图片"项后输入"秭归泗溪风景"，再单击"百度一下"，如图 7-4-3 所示。

图 7-4-3　百度的图片搜索功能

步骤2　在搜索结果中查看图片，如图 7-4-4 所示。

图 7-4-4　图片搜索结果

3. 怎样用"百度知道"搜索问题

"百度知道"是百度为网友们提供的一个知识问答平台，供大家学习交流。在"百度知道"中既可以搜索问题，也可以提出问题，还可以对自己感兴趣的问题进行回答。

如果遇到问题，可以通过"百度知道"对该问题进行搜索，以"春节民俗文化"为例进行操作，其方法如下。

步骤 1　在百度搜索框中输入需要搜索的问题，如"春节民俗文化"；单击"知道"链接，进入"百度知道"搜索页面；在打开的网页中以超链接的形式显示搜索结果，单击需要查看的链接，如图 7-4-5 所示。

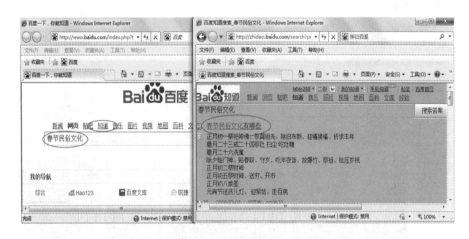

图 7-4-5　百度"知道"功能

步骤 2　查看问题答案：在打开的网页中即可看到对于此问题的相关解答，如图 7-4-6 所示。

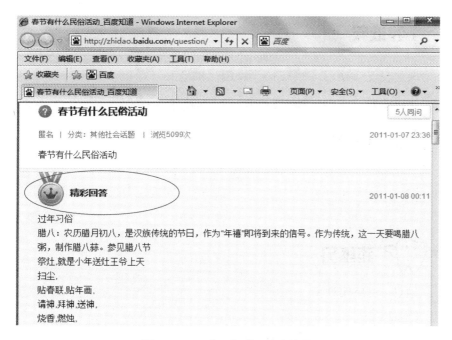

图 7-4-6　百度"知道"搜索结果

4. "百度百科"能帮我们做什么

百度百科是一部内容开放、自由的网络百科全书，旨在创造一个涵盖所有领域知识、服务所有互联网用户的中文知识性网络百科全书。通过百度百科可以快速找到各类需要的信息，具体操作方法如下。

打开百度首页，在搜索框中输入关键字，如"春节"，单击搜索框上方的"百科"链接后，也可单击"进入词条"，直接查看有关"春节"的相关信息，如图 7-4-7 所示。

图 7-4-7　百度"百科"功能

我收获

课堂表现 □ □ □ □ □ □

知识掌握 □ □ □ □ □ □

 我留言

 我练习

地点：网络实训室

练习内容：

(1) 搜索并试听音乐(www.baidu.com)。

搜索音乐是百度的强项之一，在庞大的百度音乐库中可以搜索到想要的音乐，还可以在线试听或者将其下载到自己的计算机(MP3)上。请利用百度进行操作并将其操作方法以文档的形式上交。

(2) 怎样搜索才能得到更精确的结果。

使用一个关键字进行搜索时，搜索出来的结果往往有很多，而通过输入多个关键字进行搜索，可以获得更精确的搜索结果。

请在 Windows 7 操作系统中利用百度进行操作(具体操作方法以文档的形式上交)。

(3) 怎样使用"百度快照"。

"百度快照"是指百度不定期对搜索量大的网页进行收录，每个被收录的网页在百度上都存有一个纯文本的备份。"百度快照"功能非常实用，当用户在搜索某些资料时，如果无法打开某个搜索结果或打开速度较慢，就可以通过"百度快照"来快速浏览页面内容。请将具体操作方法以文档的形式上交。

(4) 请在百度上查找某地的地图。

百度为用户提供了方便、实用的地图功能，使用该功能不仅可以搜索各个地区的地图，还可以搜索公交或驾车路线，对于需要出行而又不熟悉地形或行车路线的人非常有帮助。请搜索秭归县城的地图，并把操作步骤以文档形式上交。

任务 5　下载工具——迅雷

 我明了

在本任务中，理解网络下载工具的作用，熟悉迅雷的各种操作方法。

 我掌握

本任务要求掌握迅雷的各种操作方法与相关下载技巧。

 我准备

1. 下载工具简介

下载工具是一种可以更快地从网上下载东西的软件。

2. 工作原理

用下载工具下载东西之所以快是因为它们采用了"多点连接(分段下载)"技术，充分利用了网络上的多余带宽；采用"断点续传"技术，随时接续上次中止部位继续下载，有效避免了重复劳动。这大大节省了下载者的连线下载时间。

3. 常用的下载工具软件

国内比较知名的下载软件有如下几种。

(1) Netants(网络蚂蚁)——国内老牌，逐渐失宠，官方已停止更新。

(2) Flashget(网际快车)——经典之王，全球第一。

(3) 迷你快车——Flashget 精简版。

(4) Net Transport(网络传送带)——首开国内影音流媒体下载之先河。

(5) Thunder(迅雷)——迅雷使用先进的超线程技术，基于网格原理，能够将存在于第三方服务器和计算机上的数据文件进行有效整合，通过这种先进的超线程技术，用户能够以更快的速度从第三方服务器和计算机获取所需的数据文件。这种超线程技术还具有互联网下载负载均衡功能，在不降低用户体验的前提下，迅雷网络可以对服务器资源进行均衡，有效降低了服务器负载。

(6) BitComet(BT) —— 这个工具也很不错，对于校园网(5Q 网)下载速

你平时用过下载工具吗？用过哪些下载工具？

度很快。

(7) emule(电驴) —— 这个工具对于 ADSL 下载速度比较快,设置了代理更快。

(8) 网际快车 Flashget。

(9) QQ 旋风 3.0——更快、更流畅。采用最新下载引擎,下载速度更快;占用内存更少,下载更简单,采用左右分栏模式,资源搜索下载一步到位,无广告,无插件,清爽绿色下载体验,简洁的下载界面,绝无广告和插件的骚扰,让您享受最纯粹的清爽绿色下载体验,个性化换肤功能可供多种风格皮肤选择,让下载更个性化。

请跟我学习利用迅雷下载所需资源吧。

迅雷是一款基于多资源超线程基数的下载软件,通过迅雷可以同时从服务器、镜像和节点下载网络资源,下载资源丰富且具有较高的下载速度。

要使用迅雷下载资源,首先要安装迅雷,目前使用最多的版本为迅雷 7。下面就其具体应用说明如下。

1. 如何使用迅雷下载资源

安装迅雷后,程序将自动在快捷菜单中创建"使用迅雷下载"命令,使用此命令可以轻松地下载网络资源,以下载 QQ2013 程序为例,其操作方法如下。

(1) 方法一。

步骤 1 启动百度搜索,在搜索框中输入"QQ2013",单击"百度一下"按钮,如图 7-5-1 所示。

步骤 2 在网页信息显示栏中选择一条,如指向"官方下载"后右击,在弹出的快捷菜单中单击"使用迅雷下载",如图 7-5-1 所示。

步骤 3 在打开的"新建任务"对话框中,单击存储位置项中的"浏览"按钮,如图 7-5-2 所示,在其弹出的"浏览文件夹"对话框中选择文件的下载位置,如"D:\TDDOWNLOAD",单击"确定"按钮后返回到"新建任务"对话框,在此单击"立即下载"按钮,直到下载结束为止。

(2) 方法二。

启动迅雷后,计算机桌面上会默认显示一个悬浮窗格 迅雷7,使用迅雷下载资源时,除了使用快捷菜单中的"使用迅雷下载"命令进行下载,还可以直接利用悬浮空格下载资源,其方法如下。

步骤 1 右击桌面上的迅雷悬浮空格,在弹出的快捷菜单中单击"显示主界面"命令,如图 7-5-3 所示。

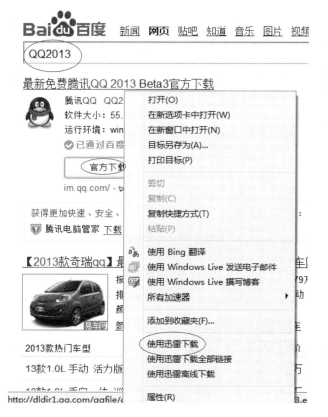

图 7-5-1　快捷菜单命令

图 7-5-2　文件下载位置设置　　　图 7-5-3　【显示主界面】命令

步骤 2　在打开迅雷程序窗口，单击工具栏中的"新建"按钮，如图 7-5-4 所示。

步骤 3　在弹出"新建任务"对话框中，将需要下载的文件下载链接地址粘贴到"输入下载 URL"文本框中，此处为 QQ2013 的地址

"http://dldir1.qq.com/qqfile/qq/QQ2013/2013Beta3/6565/QQ2013Beta3.exe"，然后单击"继续"按钮，如图 7-5-4 所示。

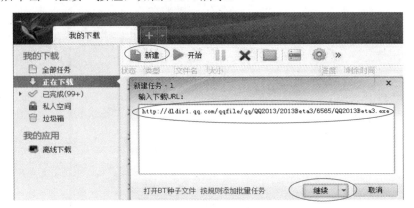

图 7-5-4 新建下载任务

步骤 4 在打开的"新建任务"对话框中，单击存储位置项中的"浏览"按钮，设置好文件的保存路径，如"D:\TDDOWNLOAD"，最后单击"立即下载"按钮即可开始下载，直到完成为止，如图 7-5-5 所示。

图 7-5-5 设置下载程序存储位置

2. 如何提高迅雷的下载速度

学会根据实际情况来修改下载速度。

如果觉得迅雷的下载速度很慢，可以通过适量增加下载进程数来提高下载速度，其操作方法如下。

(1) 启动迅雷，在程序窗口中单击菜单栏的"工具"命令，在弹出的下拉菜单中单击"配置"或"下载配置中心"命令，如图 7-5-6 所示。

(2) 在弹出的"配置面版"或"配置中心"对话框中，切换到"任务默认属性"选项卡，在"其他设置"栏中单击"原始地址线程数"右侧的下拉按钮，根据需要设置合适的参数，如更改为"10"，最后单击"确定"按钮，如图 7-5-7 所示。

图 7-5-6 进入下载中心

图 7-5-7 设置下载参数

3. 如何更改迅雷默认的下载目录

为了避免每次下载都重新更改下载目录的麻烦，可以通过设置让下载的文件按其类别存放到指定的目录中，从而方便管理。更改迅雷默认下载目录的操作方法如下。

步骤 1 在"配置面板"或"配置中心"对话框中切换到"任务默认属性"选项卡，其操作方法同 2。

步骤 2 在"常用目录"栏中选择"使用指定的存储目录"单选项，并单击"选择目录"按钮。

下载的资源存储位置一定要清楚明了。

步骤3 在弹出"浏览文件夹"对话框中设置好文件的下载目录后，单击"确定"按钮，返回到配置面板界面，再次单击"确定"或"应用"按钮完成，如图 7-5-8 所示。

图 7-5-8 下载目录更改设置

4. 怎样取消迅雷悬浮窗的显示

启动迅雷后，计算机桌面上会默认显示一个悬浮窗，以供用户进行快速操作。如果不需要在启动时自动显示悬浮窗，可以通过下面方法将其取消。

(1) 方法一：通过右键菜单取消。

右击悬浮窗，在弹出的快捷菜单中单击"隐藏悬浮窗"命令，如图 7-5-9 所示。

(2) 方法二：通过任务栏取消。

右击任务栏通知区域中的迅雷图标，在弹出的快捷菜单中单击"隐藏悬浮窗"命令，如图 7-5-10 所示。

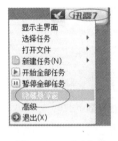 

图 7-5-9 方法一   图 7-5-10 方法二

如何继续下载中断了的资源？

5. 下载过程中任务被中断，还可以继续下载吗

使用迅雷下载文件时，如果遇到突然断电或者计算机死机等情况导致下载任务被中断，重新开机后可以继续下载未完成的任务，其操作方法如下。

(1) 打开迅雷程序窗口，单击菜单栏中的"文件"命令，在弹出的下拉菜单中单击"导入未完成下载"命令，如图 7-5-11 所示。

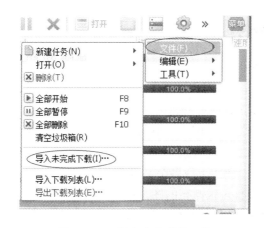

图 7-5-11 导入未完成的下载

(2) 在弹出的"打开"对话框中选择需要继续下载的任务，然后单击"打开"命令，稍后将自动下载该任务，如图 7-5-12 所示。

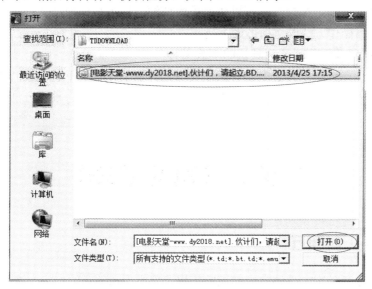

图 7-5-12 选择需要下载的任务

课堂表现

知识掌握

我留言

我练习

地点：网络实训室

练习内容：

(1) 自己下载迅雷并安装迅雷。

请利用百度或迅雷官网上下载迅雷后进行安装，并将其操作方法以文档的形式上交。

(2) 使用迅雷一次性下载多个文件。

当一个网页中有多张漂亮的图片或多首 MP3 歌曲时，逐个进行下载十分麻烦，通过迅雷可以批量下载多个文件，请使用迅雷进行操作并将具体操作方法以文档的形式上交。

(3) 如何使用迅雷搜索要下载的资源。

打开迅雷程序主界面，在"我的下载"选项卡的工具栏中可以看到一个搜索框，通过此搜索框可以快速搜索资源，以下载电影"特种部队"为例，将其操作方法以文档形式上交。

(4) 请将迅雷设置为默认的下载工具。

当计算机中安装了多个下载工具时，若需要在单击下载链接时默认启动迅雷进行下载，可以将迅雷设置为默认下载工具。请将设置方法以文档形式上交。

任务6 申请电子邮箱

 我明了

在本任务中，理解电子邮箱的作用，熟悉电子邮箱的申请方法。

 我掌握

本任务要求掌握电子邮箱的各种申请方法与相关技巧。

 我准备

你给朋友或家人写过信吗？你有邮箱吗？你用过邮箱吗？

电子邮箱(E-MAIL BOX)是通过网络电子邮局为网络客户提供的网络交流电子信息空间。电子邮箱具有存储和收发电子信息的功能，是因特网中最重要的信息交流工具。

1. 什么是电子邮箱

在网络中，电子邮箱可以自动接收网络任何电子邮箱所发的电子邮件，并能存储规定大小的多种格式的电子文件。电子邮箱具有单独的网络域名，其电子邮局地址在@后标注，电子邮箱一般格式为：用户名@域名。

电子邮箱业务是一种基于计算机和通信网的信息传递业务，是利用电信号传递和存储信息的方式为用户提供传送电子信函、文件数字传真、图像和数字化语音等各类型的信息。电子邮件可以使人们可以在任何地方和时间收、发信件，解决了时空的限制，大大提高了工作效率。

2. 电子邮箱的特点

电子邮件最大的特点是，人们可以在任何地方、任何时间收、发信件，解决了时空的限制，大大提高了工作效率，为办公自动化、商业活动提供了很大便利。

3. 电子邮箱的功能

(1) 收发信件——利用电子邮箱，用户不但可以发送普通信、挂号信、加急信，也可以要求系统在对方收到信件后回送通知，或阅读信件后送回条等。另外还有定时发送、读信后立即回信或转发他人、多址投送(一封信同时发给多人)等功能。

用户可以直接在邮箱系统内写信，对方收到的信件归类存档，删除无用信件。

(2) 直接投送——若对方是非邮箱用户，可以将信件直接送到对方的传真机、电传机、打印机或分组交换网的计算机上。

(3) 布告栏—— 一个供大家使用的公告邮箱，用户可以向此邮箱发送自己希望发布的信息，供大家阅读。布告栏适于做公告、发布通知和广告。

(4) 漫游功能——利用分组交换网(CHINAPAC)可以实现全国漫游。

4. 电子邮箱的种类

邮件服务商主要分为两类：一类主要针对个人用户提供个人免费电子邮箱服务；另外一类针对企业提供付费企业电子邮箱服务。

(1) 个人电子邮箱。

常见的有：163邮箱、新浪邮箱、yahoo邮箱、TOM邮箱、和讯邮箱、21CN邮箱、搜狐邮箱中文邮箱、搜狗邮箱、腾讯邮箱、56邮箱、中国移动139邮箱等。

(2) 企业电子邮箱。

常见的有：三五互联、263邮箱、中资源、网易、腾讯等。

 我动手

1. 如何申请免费电子邮箱

目前很多网站都带有邮件服务器并提供作废使用功能，在各大门户网站首页也可以看到很多与申请免费邮箱相关的超级链接。以在网易中注册免费电子邮箱为例，其操作方法如下。

(1) 启动 IE 浏览器，在地址栏中输入网易邮箱网址：

http://email.163.com/，按回车键，在打开的页面中单击"注册网易免费邮"链接，如图 7-6-1 所示。

输入用户名时系统会自动检测，若网上没有重名用户，"用户名"后面将出现一个绿色的勾。

图 7-6-1　登录 163 免费邮箱页面

（2）在打开的"注册字母邮箱"页面中设置用户名、密码等信息，完成后单击"立即注册"按钮，如图 7-6-2 所示。

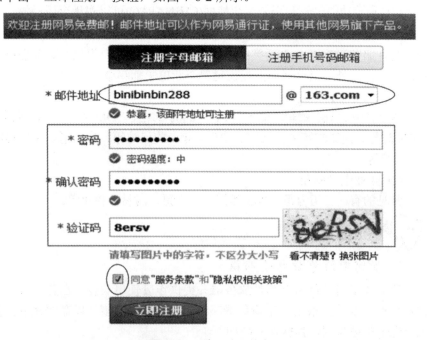

图 7-6-2　填写注册信息

（3）注册成功后就可以看到注册成功的信息了，如图 7-6-3 所示。

图 7-6-3　注册成功信息

2. 如何申请收费电子邮箱

各大门户网站不仅提供免费电子邮箱，还提供了不同类型和价位的收费邮箱供用户选择。对于企业用户或需要收发机密邮件的个人用户，为了保证邮箱的安全，可申请收费电子邮箱。

（1）启动 IE 浏览器，在地址栏中输入网易的网址：http://www.163.com/，然后按回车键。在打开的网易主页中单击"VIP 邮箱"链接，如图 7-6-4 所示。

图 7-6-4　VIP 邮箱

（2）在打开的网易 VIP 界面中单击"尊贵服务邮"项目下方的"注册"链接，如图 7-6-5 所示。

图 7-6-5　"注册"界面

(3) 在弹出的界面中选择“尊贵服务邮”，单击“用户注册信息”栏中的“页面注册”，并填写相应的信息，最后单击“注册”按钮，如图 7-6-6 所示。

新用户注册
@163.com同名升级
团 购
1、选择邮箱类型：
尊贵家族邮
尊贵管家邮
尊贵服务邮
V66邮箱
邮箱参数
邮箱容量
18G
群发邮件
400封
2、选择注册方式：
电话注册
页面注册
用户名
@vip.163.com
密码
密码确认
手机号码
验证码
换一张
我已阅读并接受“网易VIP邮箱服务条款”
注 册

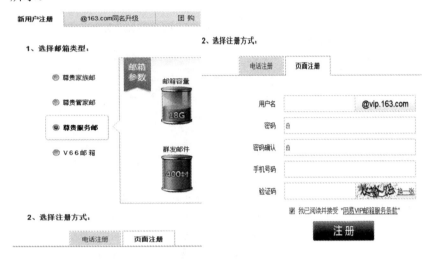

图 7-6-6 填写 VIP 注册信息

(4) 在打开的窗口中，进一步完成用户相关信息的填写，并单击“确认支付”按钮，如图 7-6-7 所示，最后选择付费方式与月费标准，完成收费邮箱的注册。

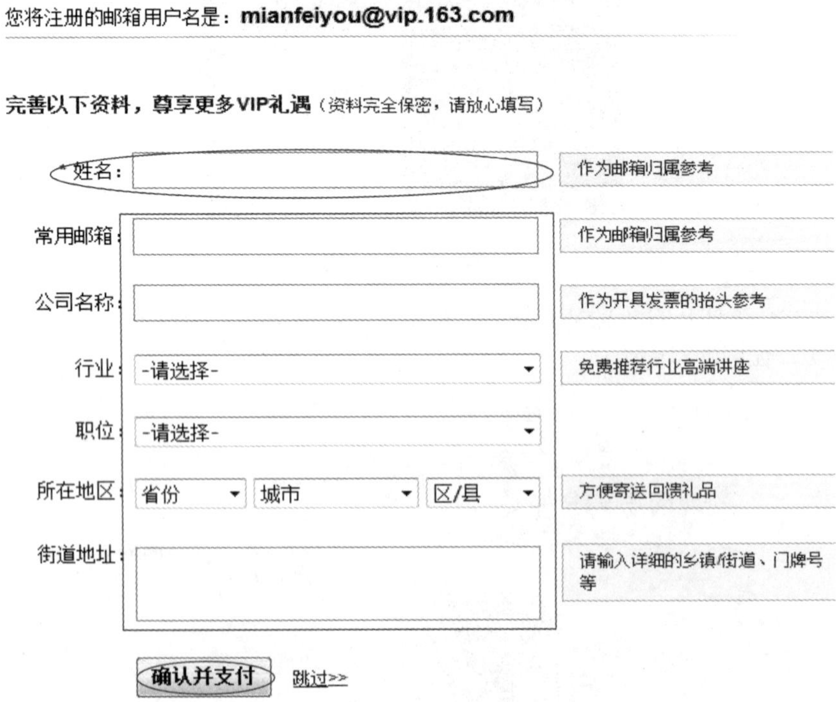

您将注册的邮箱用户名是：mianfeiyou@vip.163.com
完善以下资料，尊享更多VIP礼遇（资料完全保密，请放心填写）
*姓名：
作为邮箱归属参考
常用邮箱：
作为邮箱归属参考
公司名称：
作为开具发票的抬头参考
行业：
-请选择-
免费推荐行业高端讲座
职位：
-请选择-
所在地区：
省份
城市
区/县
方便寄送回馈礼品
街道地址：
请输入详细的乡镇/街道、门牌号等
确认并支付
跳过>>

图 7-6-7 支付方式确认

 **我收获**

课堂表现 □ □ □ □ □ □

知识掌握 □ □ □ □ □ □

 我留言

 我练习

地点：网络实训室

练习内容：

申请免费个人电子邮箱。

请利用网易或搜狐等网站申请个人电子邮箱，并将其操作方法以文档的形式上交。

任务 7 在线收发邮件

 我明了

在本任务中，理解收发电子邮箱的过程，熟悉在线收发邮件的基本方法。

 我掌握

本任务要求掌握在线收发邮件的操作方法与相关技巧。

 我准备

(1) 准备好自己的电子邮箱(上个任务已做)。

(2) 机房网络正常。

(3) 在网站中使用电子邮箱前必须先登录到相应的电子邮箱，然后才能进行所需操作。

我动手

电子邮件的灵活使用
不仅方便信息交流传
递,也是技能考试的需
要。

1. 撰写并发送电子邮件

登录电子邮箱后,就可以撰写并发送电子邮件给好友了。以网易邮箱为例,撰写并发送电子邮件的操作方法如下。

(1) 登录网易邮箱,单击左侧邮件夹列表中的"写信"按钮,如图 7-7-1 所示。

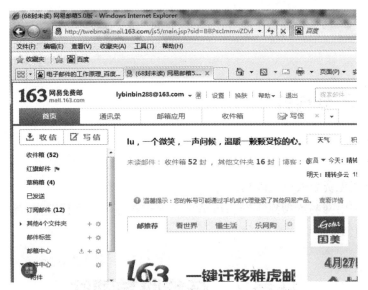

图 7-7-1　打开"写信"窗口

图 7-7-2　撰写信件内容

（2）在弹出的"写邮件"页面中输入收件人、主题和正文，最后单击"发送"按钮，如图 7-7-2 所示，稍后在窗口中即可看到"邮件已发送成功"的提示信息了。

2. 收取并回复邮件

通信是信件有来有往的事情，当收到别人发来的电子邮件时，还应及时阅读并回复。以网易邮箱为例，收取并回复邮件的操作方法如下。

"来而不往非礼也"，请学会阅读邮件并回复邮件。

（1）登录网易邮件，单击左侧邮件夹列表中的"收件箱"链接，在右侧的页面中单击需要查看的邮件主题链接，如图 7-7-3 所示。

图 7-7-3 查看收件箱

（2）在打开的邮件页面中仔细阅读邮件内容，然后单击邮件内容上方的"回复"链接，如图 7-7-4 所示。

（3）在回复页面中输入需要回复的邮件内容，单击"发送"按钮，如图 7-7-5 所示。

图 7-7-4 确定回复的信件　　　　图 7-7-5 回复信件

3. 设置自动回复邮件

在收到重要的电子邮件时，为了让对方确认自己收到了该邮件，可以启动自动回复功能。以网易邮箱为例，其操作方法如下。

如果你的时间紧,可将部分邮件设置成自动回复。

(1) 登录网易邮箱,单击页面上方的"设置"链接,在打开的设置界面中,单击"自动回复"按钮,然后单击"使用自动回复"单选按钮,如图7-7-6 所示。

图 7-7-6　设置自动回复

(2) 在打开的设置自动回复界面中,输入回复信息"您发给我的信件已经收到。",然后设置"执行时间",结束后单击"保存"按钮,如图 7-7-7 所示。

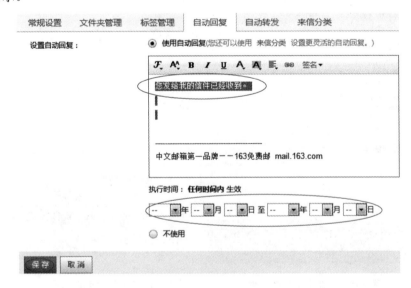

图 7-7-7　保存设置

4. 发送及下载附件

对于容量较大的可用附件来处理。

撰写邮件时,邮件正文只能是纯文本内容。如果要发送音乐、图片或动画等其他类型的文件,只能以附件方式发送。既然可以通过电子邮件发送附件，那么同样也可以接收好友发送的附件并将其下载到本地计算机中。

以网易邮箱为例，发送附件的具体操作方法如下。

(1) 登录网易邮箱，单击左侧邮件夹列表中的"写信"按钮，在打开的新邮件页面中单击"主题"文本框下方的"添加附件"链接，如图 7-7-8 所示。

图 7-7-8　添加附件

(2) 弹出"选择要上载的文件"对话框，选中需要发送的文件，单击"打开"按钮，如图 7-7-9 所示。

(3) 在返回的邮件撰写页面中输入收件人、主题和正文，单击"发送"按钮，如图 7-7-10 所示。

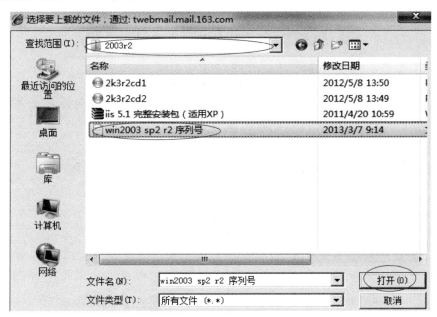

图 7-7-9　选定附件

对于免费电子邮箱，通常限制了可允许发送的邮件大小，如果要突破上传附件的容量限制，可以使用收费电子邮箱。

(4) 下载附件：打开包含附件的邮件，单击"附件"项右侧的文件链接，弹出"文件下载"对话框，如图 7-7-11 所示，单击"保存"按钮，如图 7-7-12 所示。然后在弹出"另存为"对话框中，设置好下载文件的保存路径，并输入文件名，最后单击"立即下载"按钮即可开始下载，如图 7-7-13 所示。

图 7-7-10 发送附件　　　　　图 7-7-11 下载附件

图 7-7-12 "保存"命令

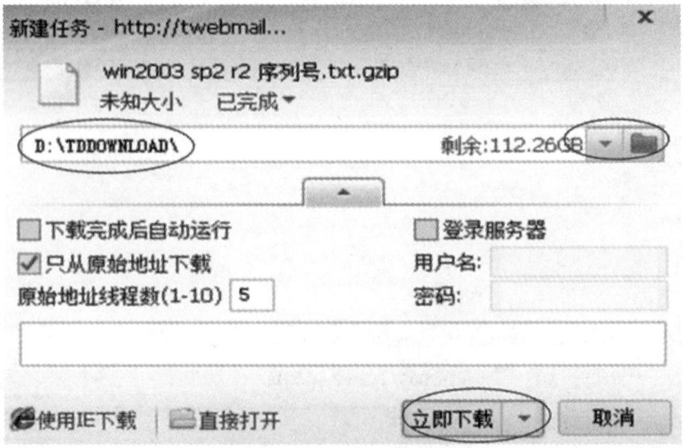

图 7-7-13 设置保存

5. 编辑联系人

为了更加方便快捷地输入收件人地址，可以将常联系的收件人添加到地址簿中，每次发送邮件时只需要通过简单的操作将其调出来。以网易邮箱为例，其操作方法如下。

你编辑过电话号码簿吗？请在此学会邮件中"地址簿"的编辑吧。

(1) 登录网易邮箱，单击左侧邮件夹列表上方的"通讯录"链接，在打开的"通讯录"页面中单击"新建联系人"按钮，如图 7-7-14 所示。

图 7-7-14　建立联系人

(2) 在新建联系人页面栏中输入需要添加的联系人的"姓名"、"电子邮箱"等基本信息，填写结束后单击"确定"按钮，在弹出的对话框中可单击"编辑"按钮，再次进行联系人的基本信息的修改，也可单击"关闭"按钮完成联系人的编辑，如图 7-7-15 所示。

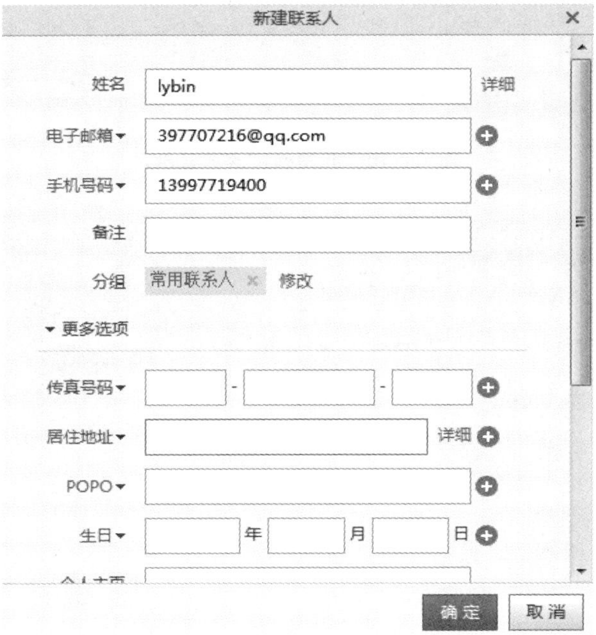

图 7-7-15　完成联系人信息设置

续图 7-7-15

(3) 将收到对方邮件的好友添加到通讯录中，其方法如下。

打开需要添加联系人的邮件，将鼠标移到邮件的主题上如"京东JD.COM"，在出现的对话框中单击"添加联系人"链接，如图 7-7-16 所示。在弹出"快速添加联系人"表单中，输入姓名等相应好友信息，最后单击"确定"按钮完成添加，如图 7-7-17 所示。

图 7-7-16 利用邮件添加联系人

图 7-7-17 完成添加

6. 邮件分类整理

若邮箱中的邮件太多，不仅不方便查看和管理，还会占用系统资源，因此需要定期对邮箱进行整理。以网易邮箱为例，其操作方法如下。

(1) 登录网易邮箱，依次单击首页中"收信"、"收件箱"，在窗口中单击"移动到"右侧的下拉列表按钮，在弹出的快捷菜单中单击"新建文件夹并移动"，如图 7-7-18 所示。

若邮箱中的邮件太多，不仅不方便查看和管理，还会占用系统资源，因此需要定期对邮箱进行整理。

图 7-7-18 邮件整理

(2) 在"新建文件夹"对话框中，输入需要设置的文件夹名称，如"网上购物"，勾选"收取指定联系人邮件到该文件夹"项，单击"下一步"按钮，如图 7-7-19 所示。

图 7-7-19 完成整理

(3) 在"设置来信分类"对话框中，输入联系人名称，如"京东商城"，最后单击"确定"按钮，完成收件人地址的添加，如图 7-7-20 所示。

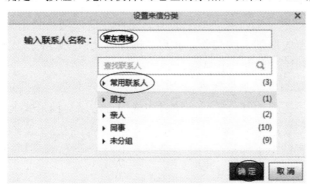

图 7-7-20 设置来信分类

我收获

课堂表现 □ □ □ □ □ □

知识掌握 □ □ □ □ □ □

 我留言

 我练习

地点：网络实训室

练习内容：

(1) 登录电子邮箱。

请利用网易或搜狐等网站登录上个任务中申请的邮箱。

(2) 如何将一封邮件同时发给多个收件人。

如果需要将同一封电子邮件发送给多个收件人，逐个发送十分麻烦。通过"抄送"功能可以一次性设置并发送给多个收件人，请将操作步骤以文档的形式上交。

(3) 在指定时间自动给好友发送邮件。

为了避免因工作忙碌或其他事情耽搁了某个重要邮件的发送，可以通过定时发信功能提前写好邮件，然后设置好时间定时发送。请将设置方法以文档形式上交。

(4) 怎样拒绝收取来自某人的邮件。

如果你不希望接收来自某人的邮件，可以将其添加到黑名单，设置黑名单后系统将拒收来自黑名单中的所有邮件。请以网易邮箱为例，添加黑名单实现拒绝收取某人的邮件，并将其操作方法以文档的形式上交。

(5) 删除不需要的电子邮件。

如果往来的电子邮件较多，查阅起来会十分不便，需要定期对邮箱进行整理，将不需要的邮件删除。请将实现的方法以文档形式上交。

(6) 更改电子邮箱密码。

如果设置的电子邮箱密码不安全或者不便于记忆，可以对其进行更改。请将实现步骤以文档形式上交。

任务8 新浪博客

 我明了

在本任务中，理解博客的作用，熟悉博客的申请、编辑与使用的基本方法。

 我掌握

本任务要求掌握博客的操作方法与相关技巧。

 我准备

1. 博客概述

"博客"一词是从英文单词 Blog 音译(不是翻译)而来。Blog 是 Weblog 的简称，而 Weblog 则是由 Web 和 Log 两个英文单词组合而成。Blog 或 Weblog，指网络日志，是一种传播个人思想，带有知识集合链接的出版方式，是一种通常由个人管理、不定期张贴新的文章的网站。博客上的文章通常根据张贴时间，以倒序方式由新到旧排列。一个典型的博客结合了文字、图像、其他博客或网站的链接及其他与主题相关的媒体，能够让读者以互动的方式留下意见，这是许多博客的重要要素。大部分的博客内容以文字为主，仍有一些博客专注在艺术、摄影、视频、音乐、播客等各种主题。博客是社会媒体网络的一部分。

现代生活的一种标志。

博客按功能可分为基本博客、微型博客等。

2. 特点

博客具有操作简单、持续更新、开放互动、展示个性等特点。

3. 博客的作用

博客的分类方式很多，请自己通过网络等方式去学习。

其作用主要有：个人自由表达和出版；知识过滤与积累；深度交流沟通；博客营销；网络个人日记；个人展示；网络交友；通过博客展示自己的企业形象或企业商务活动信息；话语权。

 我动手

1. 开通并登录新浪博客

新浪网博客频道是全国最主流、人气颇高的博客频道之一。要使用新浪博客，首先需要开通，新浪博客的网址为 http://blog.sina.com.cn/。开通并登录新浪博客的操作方法如下。

(1) 打开"新浪博客"首页，单击导航栏下方的"开通新博客"按钮，如图 7-8-1 所示。

图 7-8-1 新浪博客首页

(2) 在打开的页面中选择"注册新浪博客-传统版"，然后输入邮箱地址、登录密码、博客昵称以及验证码等信息，完成后单击"注册"按钮，如图 7-8-2 所示。

图 7-8-2 填写注册信息

(3) 在打开的"验证邮箱"页面中单击"点此进入 QQ 邮箱"按钮，如图 7-8-3 所示。

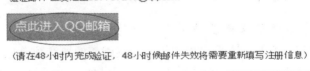

图 7-8-3 博客验证邮箱提示

(4) 打开邮箱登录界面，登录邮箱后单击由新浪博客发送的新邮件中的账号激活链接，如图 7-8-4 所示，在打开的页面中单击“快速设置我的博客”按钮，如图 7-8-5 所示。

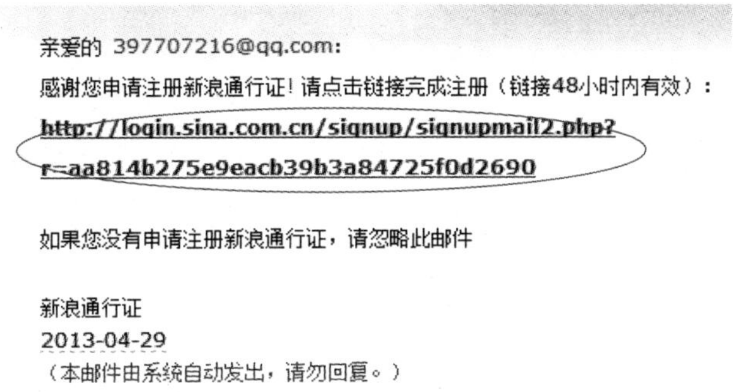

亲爱的 397707216@qq.com:
感谢您申请注册新浪通行证！请点击链接完成注册（链接48小时内有效）：
http://login.sina.com.cn/signup/signupmail2.php?r=aa814b275e9eacb39b3a84725f0d2690
如果您没有申请注册新浪通行证，请忽略此邮件
新浪通行证
2013-04-29
（本邮件由系统自动发出，请勿回复。）

图 7-8-4　验证链接

恭喜您，已成功开通新浪博客！
登 录 名：397707216@qq.com
博客名称：http://blog.sina.com.cn/u/3291531624
进入我的新浪博客

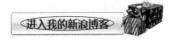

图 7-8-5　开通成功信息

(5) 在“加关注”页面中勾选需要关注的用户，取消勾选不需要关注的用户，结束后单击“完成”按钮，如图 7-8-6 所示。

新手体验
你好，欢迎来到新浪博客！告诉我们你的爱好，我们将根据你的爱好为你推荐优质博主
旅游
美食
时尚
摄影
爱情
动漫
创意
汽车
音乐
宠物
文学
朱晔韬
访问 1,268,052
关注 16,914
aside
访问 1,244,920
关注 14,039
金色刺梨
访问 13,011,629
关注 16,269
庞永华
访问 15,119,337
关注 22,014
大胡子
访问 499,887
关注 12,410
喜子
访问 7,132,519
关注 15,327
固山贝子
访问 10,301,905
关注 139,770
ultra
访问 504,566
关注 12,216
光的深处
访问 53,419,221
关注 104,644
已关注
关注全部
不，谢谢
完 成

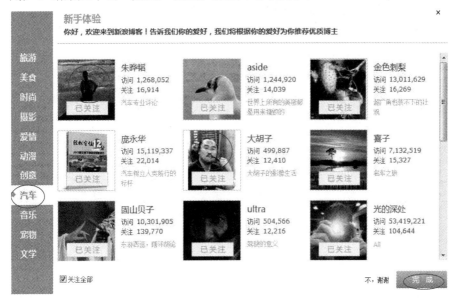

图 7-8-6　添加关注信息

(6) 打开新浪博客首页, 在导航栏下方的用户登录栏中输入登录名和密码, 单击"登录"按钮, 如图 7-8-7 所示。

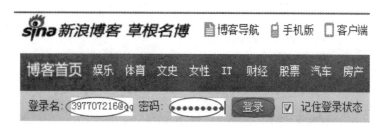

图 7-8-7 博客登录窗口

(7) 在打开的页面中单击"我的博客"链接, 即可进入我的博客页面, 如图 7-8-8 所示。

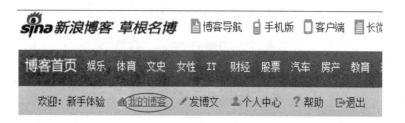

图 7-8-8 进入博客链接

(8) 初次进入博客, 可对其进行相关设置, 如图 7-8-9 所示。

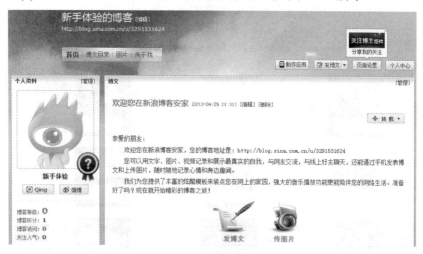

图 7-8-9 我的博客主页

2. 撰写博文

登录自己的博客空间后, 就可以发博文、上传图片以及管理博客空间了。在新浪博客撰写博文的操作方法如下。

(1) 登录新浪博客，单击"发博文"链接，如图 7-8-10 所示。

图 7-8-10　单击"发博文"

(2) 在打开的"发博文"页面中，输入博文标题和正文，如图 7-8-11 所示。

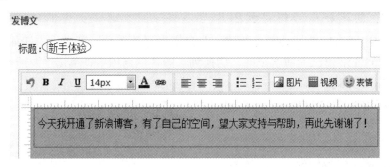

图 7-8-11　撰写博文

(3) 设置好合适的分类或标签，单击"发博文"按钮，如图 7-8-12 所示。

图 7-8-12　设置博文类型

(4) 在弹出的"提示"表单中可以看到博文发布成功的信息，单击"确定"按钮，如图 7-8-13 所示。

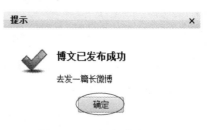

图 7-8-13　发表成功提示

3. 创建相册专辑存放图片

利用博客中图片功能，新建一个专辑来存放图片，其操作方法如下。

(1) 登录自己的博客空间，切换到"图片"选项卡，单击"发照片"按钮，如图 7-8-14 所示。

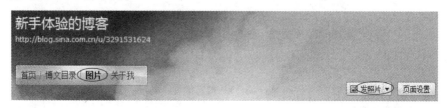

图 7-8-14　执行"图片"功能

(2) 在打开的"上传照片"页面中单击"选择照片"链接，如图 7-8-15 所示。

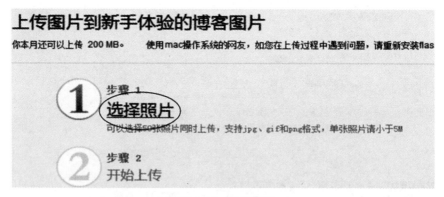

图 7-8-15　选择照片

(3) 在弹出的"选择要上传的文件"对话框中选中要上传的图片，单击"打开"按钮，如图 7-8-16 所示。

(4) 设置好图片标签，单击"新建专辑"链接，如图 7-8-17 所示。

(5) 弹出"新建专辑"表单，在"标题"文本框中输入新建的专辑名称，在"描述"文本框中输入对该专辑的描述信息，在"权限"栏设置访问权限，单击"确定"按钮，如图 7-8-18 所示。

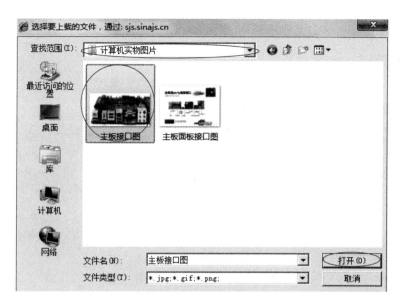

图 7-8-16 选择本地图片

图 7-8-17 新建专辑

图 7-8-18 新建专辑参数设置

（6）在返回的"上传图片"页面中，若还要添加图片，就单击"继续添加图片"链接继续添加图片，结束后单击"开始上传"按钮，完成图片上传，如图 7-8-19 所示。

选择专辑： computer ▼ 新建专辑

添加标签： computer

② 步骤 2
开始上传

还可以添加 48 张照片 ⊕ 继续添加照片

照片	大小	取消?
1 主板接口图.jpg	40.5 KB	🗑
2 主板面板接口图.jpg	105.2 KB	🗑
+ 继续添加照片	共 145.8 KB	全部删除

开始上传

图 7-8-19 开始上传

 我收获

课堂表现 👍□ ✊□ 👌□ ✌□ 👎□ 👆□

知识掌握 😊□ 😷□ 😑□ 😞□ 😣□ 😵□

 我留言

 我练习

地点：网络实训室

练习内容：

(1) 在博文中插入图片。

在发表博文时，为了使自己的博文内容更加丰富、美观，可以在博文中插入本地计算机中的图片，请将操作步骤以文档的形式上交。

(2) 如何更改博客的模板风格。

一成不变的博客页面会让用户觉得单一、枯燥，因此新浪博客为用户提供了多种风格的博客模板，用户可以随意更改自己的模板风格，请将操作步骤以文档的形式上交。

提示："页面设置" → "风格设置"。

(3) 如何设置个性化头像。

提示：如果本地计算机中没有合适的图片，可以在博文中插入网络图片。

为了使自己的博客更具有个性，可以自定义设置个人头像。请将设置方法以文档形式上交。

提示："个人资料"→"管理"→"修改个人资料"→"头像昵称"。

(4) 怎样上传视频。

新浪博客提供了播客功能，用户可以将自己珍藏或制作的视频上传到博客中与网友分享。请将其操作方法以文档的形式上交。

提示："个人资料"→"播客"。

任务 9 新 浪 微 博

我明了

在本任务中，理解微博的作用，熟悉微博的申请、编辑与使用的基本方法。

我掌握

本任务要求掌握微博的操作方法与相关技巧。

我准备

1. 微博概述

微博，即微型博客(MicroBlog)的简称，是一个基于用户关系信息分享、传播以及获取平台。用户可以通过 Web、Wap 等各种客户端组建个人社区，以 140 字左右的文字更新信息，并实现即时分享。2011 年 10 月，中国微博用户总数达到 2.498 亿人，成世界微博人数第一大国。随着微博在网民中的日益火热，与之相关的词汇如"微夫妻"也迅速走红网络，微博效应正在逐渐形成。

2. 微博代表

主要代表有：腾讯微博、新浪微博、网易微博、搜狐微博等。

3. 微博特点

微博最大的特点是：发布信息快速，信息传播的速度快。

微博客草根性更强，且广泛分布在桌面、浏览器和移动终端等多个平台上。

(1) 信息获取具有很强的自主性、选择性，用户可以根据自己的兴趣偏好，依据对方发布内容的类别与质量，来选择是否"关注"某用户，并可以对所有"关注"的用户群进行分类。

(2) 微博宣传的影响力具有很大弹性，与内容质量高度相关。其影响力基于用户现有的被"关注"的数量。用户发布信息的吸引力、新闻性越强，对该用户感兴趣、关注该用户的人数也越多，影响力越大。此外，微博平台本身的认证及推荐有助于增加被"关注"的数量。

(3) 内容短小精悍。微博的内容限定为 140 字左右，内容简短，不需长篇大论，门槛较低。

(4) 信息共享便捷迅速。可以通过各种连接网络的平台，在任何时间、任何地点即时发布信息，其信息发布速度超过传统纸媒及网络媒体。

微博是微博客 (MicroBlog)的简称，是一个基于用户关系的信息分享、传播平台，用户可以通过 Web、WAP 以及各种客户端组建个人社区，以简短的文字更新信息，并可实现即时分享。

1. 开通并登录新浪微博

新浪微博客的网址为 http://weibo.com/。开通并登录新浪微博客的操作方法如下。

(1) 打开"新浪微博"首页，单击"立即注册"链接，如图 7-9-1 所示。

图 7-9-1 新浪微博首页

(2) 在打开的注册页面中选择"个人注册"，然后输入邮箱地址、密码、昵称以及验证码等信息，完成后单击"立即注册"按钮，如图 7-9-2 所示。

图 7-9-2 个人注册信息填写

(3) 在打开的"短信验证"页面中依次选择"所在地"、输入"手机号码"、获取"激活码"并输入激活码后，单击"提交"按钮，如图 7-9-3 所示。

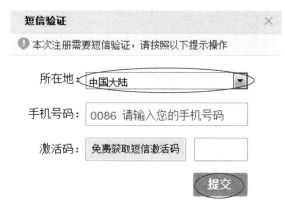

图 7-9-3　激活选择

(4) 打开"个人基本信息"界面中，依次选择"性别"、"情感状态"、"所在地"、"学校"，输入"公司"、"MSN"、"QQ"，最后单击"下一步"按钮，如图 7-9-4 所示。

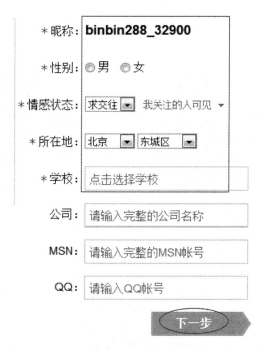

图 7-9-4　个人信息完善

(5) 在"关注好友，一起分享精彩生活"页面中可"搜索"好友，可输入"MSN 及密码"，结束后单击"下一步"按钮，如图 7-9-5 所示。

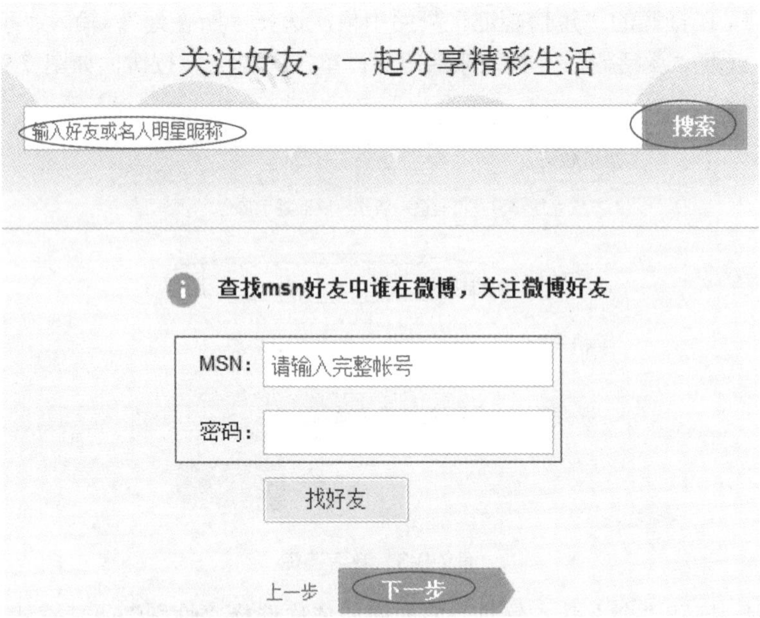

关注好友，一起分享精彩生活

输入好友或名人明星昵称 　　　　　　　　　　　　搜索

ℹ️ 查找msn好友中谁在微博，关注微博好友

MSN: 请输入完整帐号

密码:

找好友

上一步　下一步

图 7-9-5　添加关注好友

(6) 在打开的"选择兴趣"页面中，可选择你感兴趣的 1~5 个内容后，单击"进入微博"按钮，如图 7-9-6 所示。

选择兴趣　（1-5个），我们会推荐您兴趣相关的用户

湖北生活　搞笑幽默　新闻趣事　视频音乐

微博奇葩　星座命理　穿衣美容　美女

萌宠　美食　旅游　名人明星

进入微博

图 7-9-6　选择兴趣

(7) 进入微博后的界面如图 7-9-7 所示。

登录自己的新浪微博空间后，就可以记录自己的心情和经历过的事情，通常只有简短的几句话。

图 7-9-7　初次登录微博

2. 撰写微博

在新浪微博中发表博文的操作方法如下。

登录新浪微博，在导航栏下方的文本框中输入想要发表的文字信息，若要添加表情可单击文本框下方的"表情"链接，在弹出的窗口中选择需要插入的表情，也可设定发表信息的类型是否公开，最后单击"发布"按钮发布博文，如图 7-9-8 所示。

小帖士：如果需要插入图片，则单击文本框下方的"图片"链接；如果需要插入视频，则单击文本框下方的"视频"链接；如果需要插入音乐，则单击文本框下方的"音乐"链接。

图 7-9-8　发表微博

 我收获

课堂表现 👍□ ✊□ 👌□ ✌□ 👎□ 👆□

知识掌握 😊□ 😵□ 😌□ 😔□ 😣□ 😲□

 我留言

我练习

地点：网络实训室

练习内容：

(1) 在微博中怎样搜索并添加关注对象。

请将操作步骤以文档的形式上交。

(2) 如何修改个人资料。

请将操作步骤以文档的形式上交。

(3) 在自己的微博中发表一篇个人感悟类微博。

任务 10　网上银行

 我明了

在本任务中，理解网上银行的特点、网银安全，熟悉网上银行的申请、操作与使用的基本方法。

 我掌握

本任务要求掌握网上银行的安全要求、操作方法与使用技巧。

 我准备

1. 网银简介

网上银行又称网络银行、在线银行，是指银行利用 Internet 技术，通过 Internet 向客户提供开户、查询、对账、行内转账、跨行转账、信贷、网上证券、投资理财等传统服务项目，使客户可以足不出户就能够安全便捷地管理活期和定期存款、支票、信用卡及个人投资等。可以说，网上银行是在 Internet 上的虚拟银行柜台。

网上银行又称为"3A 银行"，因为它不受时间、空间限制，能够在任何时间(Anytime)、任何地点(Anywhere)、以任何方式(Anyway)为客户提供金融服务。

2. 网银分类

网上银行发展的模式有两种，一是完全依赖于互联网的无形的电子银行，也称为"虚拟银行"；所谓虚拟银行就是指没有实际的物理柜台作为支持的网上银行，这种网上银行一般只有一个办公地址，没有分支机构，也没有营业网点，采用国际互联网等高科技服务手段与客户建立密切的联系，提供全方位的金融服务。以美国安全第一网上银行为例，它成立于 1995 年

10 月，是在美国成立的第一家无营业网点的虚拟网上银行，它的营业厅就是网页画面，当时银行的员工只有 19 人，主要的工作就是对网络的维护和管理。

另一种是在现有的传统银行的基础上，利用互联网开展传统的银行业务交易服务。即传统银行利用互联网作为新的服务手段为客户提供在线服务，实际上是传统银行服务在互联网上的延伸，这是网上银行存在的主要形式，也是绝大多数商业银行采取的网上银行发展模式。

3．网银特点

(1) 全面实现无纸化交易。

以前使用的票据和单据大部分被电子支票、电子汇票和电子收据所代替；原有的纸币被电子货币，即电子现金、电子钱包、电子信用卡所代替；原有纸质文件的邮寄变为通过数据通信网络进行传送。

(2) 服务方便、快捷、高效、可靠。

通过网络银行，用户可以享受到方便、快捷、高效和可靠的全方位服务。可以在任何需要的时候使用网络银行的服务，不受时间、地域的限制，即实现 3A 服务。

(3) 经营成本低廉。

由于网络银行采用了虚拟现实信息处理技术，网络银行可以在保证原有的业务量不降低的前提下，减少营业点的数量。

(4) 简单易用。

网上 E-mail 通信方式也非常灵活方便，便于客户与银行之间以及银行内部的沟通。

(5) 与传统银行业务相比，网上银行业务有许多优势。

一是大大降低银行经营成本，有效提高银行盈利能力。

二是无时空限制，有利于扩大客户群体。

三是有利于服务创新，向客户提供多种类、个性化服务。

4．著名网银

(1) 支付宝：支付宝(中国)网络技术有限公司是国内领先的独立第三方支付平台，是由阿里巴巴集团 CEO 马云先生在 2004 年 12 月创立的第三方支付平台，是阿里巴巴集团的关联公司。支付宝致力于为中国电子商务提供"简单、安全、快速"的在线支付解决方案。

(2) 财付通：财付通是腾讯公司于 2005 年 9 月正式推出的专业在线支付平台，致力于为互联网用户和企业提供安全、便捷、专业的在线支付服务。

(3) 合作银行：工商银行、农业银行、中国银行、建设银行、招商银行、上海浦东发展银行、邮政银行、农村信用合作社、中国银联、深圳发展银行、广东发展银行、民生银行、兴业银行、北京银行、广州市商业银行、深圳农村商业银行、交通银行、光大银行等。

5. 网银安全设施

为了提高使用网上银行的安全性，银行采取了多种行之有效的安全措施。除了要求用户在网上银行网站中安装各种安全控件，还特别推出了电子口令卡和U盾两种网银安全设施供用户选择使用。

(1) 电子口令卡：以中国工商银行的电子口令卡为例，该卡以矩阵形式印有若干字符串，客户在使用电子银行进行对外转账、B2C购物、缴费等支付交易时，电子银行系统会随机给出一组口令坐标，客户根据坐标从卡片中找到口令组合并输入电子银行系统，只有口令组合输入正确的客户才能完成相关交易，该口令组合一次有效，交易结束后即失效，如图7-10-1所示。

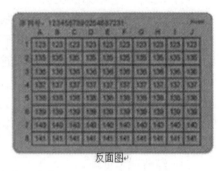

正面图　　　　　　　　　　　反面图

图 7-10-1　电子口令卡

(2) U盾：又称为数字证书，是身份认证的数据载体，其外形酷似U盘。网上银行客户可以到相应的银行柜台申办 U 盾(多数银行需要收费)，图7-10-2 所示的是二代U盾。

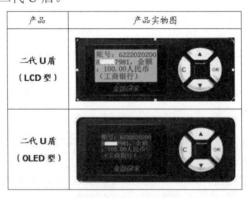

产品	产品实物图
二代 U 盾 （LCD 型）	
二代 U 盾 （OLED 型）	

图 7-10-2　二代 U 盾

 我动手

1. 开通并登录网上银行

下面以中国工商银行为例，介绍使用网上银行的相关操作。

(1) 开通网上银行的方法很简单，携带有效证件到中国工商银行的营业厅，填写"中国工商银行牡丹灵通卡申请表"和 "开立个人银行结算账户申请书"，然后交办卡费，便可成功申请一张中国工商银行的银行卡，并开通网上银行了。

（2）启动 IE 浏览器，在地址栏中输入中国工商银行网址：http://www.icbc.com.cn/，按下回车键，在进入的主页中单击"个人网上银行登录"按钮，如图 7-10-3 所示。

图 7-10-3 工商银行首页界面

（3）在打开的网银系统页面中单击"工行网银助手"链接，如图 7-10-4 所示，下载"工行网银助手"。

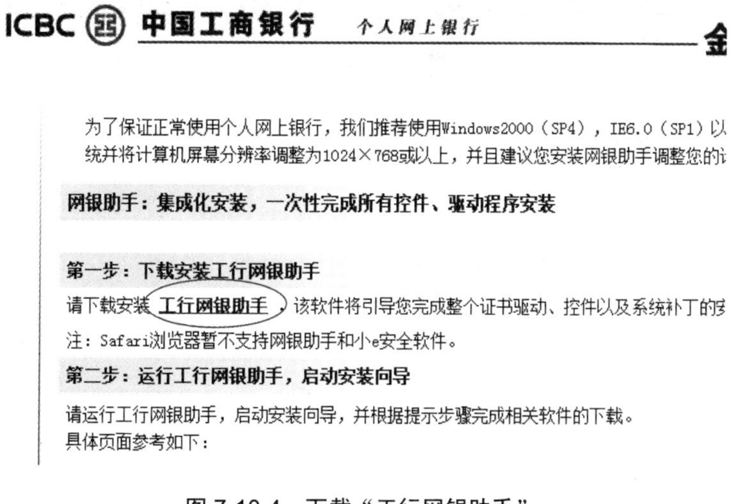

ICBC 🏦 中国工商银行 个人网上银行 ——金

为了保证正常使用个人网上银行，我们推荐使用Windows2000（SP4），IE6.0（SP1）以统并将计算机屏幕分辨率调整为1024×768或以上，并且建议您安装网银助手调整您的证

网银助手：集成化安装，一次性完成所有控件、驱动程序安装

第一步：下载安装工行网银助手
请下载安装 工行网银助手 该软件将引导您完成整个证书驱动、控件以及系统补丁的安
注：Safari浏览器暂不支持网银助手和小e安全软件。

第二步：运行工行网银助手，启动安装向导
请运行工行网银助手，启动安装向导，并根据提示步骤完成相关软件的下载。
具体页面参考如下：

图 7-10-4 下载"工行网银助手"

（4）运行工行网银助手，启动安装向导，并根据提示步骤选择安装类型，如图 7-10-5 所示。

要在网上开展各种电子商务活动，必须使用网上银行。目前，为了满足广大用户的使用需求，各大银行都开通了网上银行业务。

要开通网上银行，请持身份证到银行去办理。

无论是在网上开通网上银行业务，还是在银行柜台开通网上银行业务后，使用网上银行时都需要使用银行账号和密码登录。

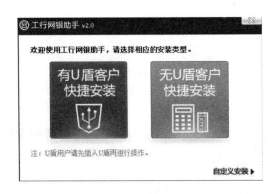

图 7-10-5 安装类型选择界面

如果是第一次登录网上银行，系统会要求更改密码，以及设置购物时的支付密码等信息，设置完成后单击"确定"按钮，在打开的页面中提示密码修改成功，然后单击"返回"按钮重新登录即可。

(5) 在出现如图 7-10-6 所示的界面中，请选择设置好"选择语言"、"选择地区"、"客户类型"等信息，最后单击"确定"按钮。

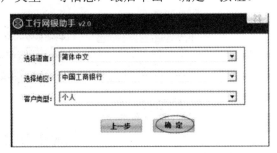

图 7-10-6 安装信息设置

(6) 在网银助手界面中单击"一键设置网银环境"按钮，如图 7-10-7 所示，完成所需控件的安装。

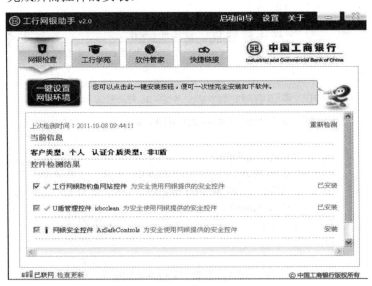

图 7-10-7 网银环境设置

(7) 下载个人客户证书信息(使用 U 盾的用户必须做)。

　　登录个人网上银行，进入"安全中心—U盾管理"，在"U盾自助下载"栏目下载您的个人客户证书信息到U盾中，如图7-10-8所示。

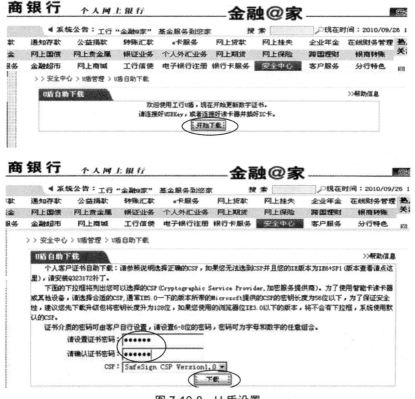

图7-10-8　U盾设置

　　(8) 在"个人网上银行登录"页面中输入"卡(账)号/用户名"、"登录密码"、"验证码"，设置"网格选择"，单击"登录"按钮，如图7-10-9所示。

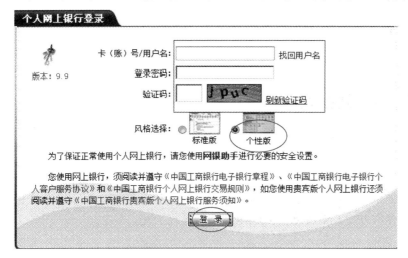

图7-10-9　网银登录窗口

开通网上银行后，就可以直接打开银行网站，通过网上银行进行账户余额查询、转账等业务。

如果该银行卡上存储了多个币种的金钱，可在"币种"下拉列表中选择需要查询的币种。

2. 查询账户余额

以中国工商银行为例，查询账户余额的操作方法如下。

登录网上银行，在打开的页面中单击"我的账户"，打开用户账户信息，单击"账户查询"，再单击下方的账户信息右侧的"余额"，即可在下面显示当前账户余额和可用余额，如图 7-10-10 所示。

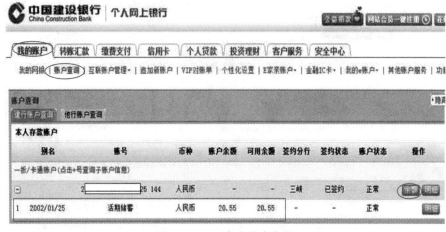

图 7-10-10　查询账户余额

 我收获

课堂表现

知识掌握

 我留言

 我练习

地点：网络实训室

练习内容：

如何在网上转账汇款。

如果要给朋友汇款，可以直接通过网上银行转账，而不必跑去银行柜台，非常方便，请将操作步骤以文档的形式上交。

任务 11 网上营业厅

 我明了

在本任务中，理解网上营业厅的作用，熟悉网上营业厅的开通、业务查询与操作的基本方法。

 我掌握

本任务要求掌握网上营业厅的安全要求、业务开通与取消的操作方法与使用技巧。

 我准备

网上营业厅是各大运营商为了方便客户办理查询各类业务而开办的专用网站，用户通过登录网上营业厅可以自助办理各种交易业务、查询业务清单、查询业务记录、获知最新动态、投诉、建议等功能，这一点有点类似于网上银行。网上营业厅可以使用户免去劳顿之苦，不用再为办理业务而奔波、在营业厅排队。

国内目前根据运营商的行业特征的不同，可以分为以中国移动、中国电信、中国联通为代表的通信运营商的网上营业厅，以浙江电力集团为代表的电力运营商的网上营业厅，以及以新邦物流为代表的物流行业网上营业厅等，他们由于行业性质的不同而所提供的功能服务而略有不同。

网上营业厅是通过 Internet 向用户办理业务的一种新的业务受理方式。通过网上营业厅办理业务，可以避免在营业大厅排着长长的队伍等待办理业务的麻烦，方便快捷。

 我动手

1. 登录网上营业厅

要使用中国移动网上营业厅办理业务，首先需要登录移动网上营业厅，其具体操作方法如下。

(1) 启动 IE 浏览器，在地址栏中输入中国移动通信集团公司网址：http://10086.cn/，按回车键。在打开"中国移动通信"页面中，将鼠标指针指向"在这里可以切换省"选项右侧的下拉按钮，在弹出的下拉菜单中选择自己所在地区，如"湖北"，然后单击"请登录"按钮，如图 7-11-1 所示。

(2) 在登录页面中，在"账号类型"框中选择"手机登录"，在"用户账号"中输入手机号码，在"登录模式"文本框中选择"服务密码"，在"服务密码"文本框中输入密码，在输入验证码后单击"登录"按钮，如

有了网上营业厅，你还为交话费或话费查询而感到不便吗？

图 7-11-2 所示。

图 7-11-1 选择所在地区

登录时需要用到服务密码，它是客户办理移动电话业务时用于识别客户身份的有效证件之一。服务密码的初始密码需要客户在营业厅设置，或从购买手机卡时的 SIM 卡上获取。

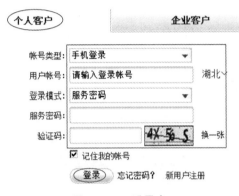

图 7-11-2 登录窗口

2. 查询账户余额

在网上营业厅查询账户余额的操作方法如下。

登录网上营业厅后，就可以办理查询当月话费、查询账单以及开通业务等操作了。

(1) 登录移动网上营业厅，单击页面左侧"话费服务"链接，在展开的列表中单击"话费相关查询"下方的"话费余额"链接，即可查询余额情况，如图 7-11-3 所示。

图 7-11-3 查询话费余额

（2）在打开的"话费相关查询"页面中即可看到当前最新的余额信息，如图 7-11-4 所示。

图 7-11-4　查看余额结果

3. 取消已开通的某项业务

（1）登录移动网上营业厅，在页面左侧单击"基础服务"选项，在展开的列表中单击需要取消或设置的某项业务类型的链接，如"功能设置"→"上网设置"，如图 7-11-5 所示。

当你发现有些业务不需要了，你将怎么办？

图 7-11-5　基础服务

（2）在打开的"上网设置"页面中，单击"GPRS 功能"项下的"关闭"按钮，最后单击"确定"按钮，即可取消该项服务，如图 7-11-6 所示。

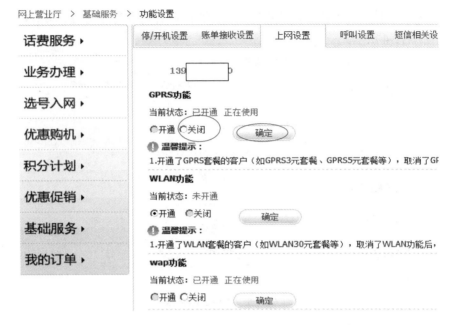

图 7-11-6 上网设置

4. 忘记手机服务密码的处理

如果不慎将服务密码丢失了，可以使用随机密码登录移动网上营业厅，其操作方法如下。

也可单击登录页面中的"忘记密码"链接，在弹出的"取回服务密码"页面中按提示输入手机号码、姓名和身份证号码，经系统核对与登记的档案一致，即可找回密码。

（1）打开网上营业厅登录页面，输入手机号码，单击服务密码右侧的下拉按钮，在弹出的列表中单击"随机密码"，然后单击"获取随机密码"链接，如图 7-11-7 所示。

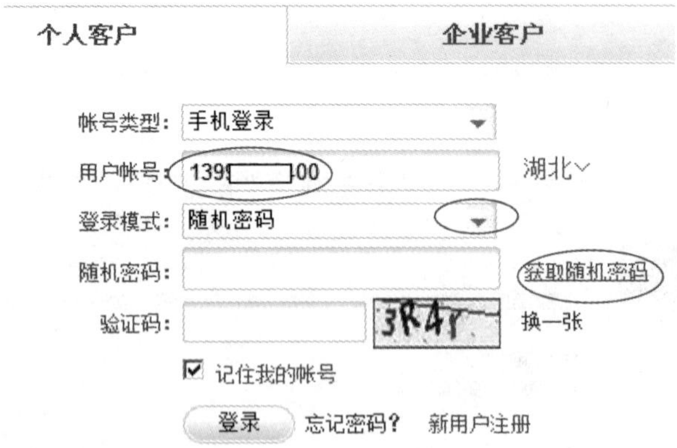

图 7-11-7 获取随机密码

（2）在弹出的"来自网页的消息"对话框中单击"确定"按钮，如图 7-11-8 所示。

（3）在"随机密码"文本框中输入收到的密码，在"验证码"文本框中输入验证码，完成后单击"登录"按钮，如图 7-11-9 所示。

图 7-11-8 消息确认

图 7-11-9 完成登录

 我收获

课堂表现

知识掌握

 **我留言**

 **我练习**

地点：网络实训室

练习内容：

(1) 如何在网上营业厅中查询当月话费，请将操作步骤以文档的形式上交。

(2) 如何在网上为手机充值。

提示：如果开通了网上银行，就可以在移动网上营业厅通过网上银行为手机充值。

请将具体操作方法以文档形式上交。

(3) 如何在网上为固定电话充值。

在网上不仅可以为手机充值，还可以为固定电话充值。要为固定电话充值，则需要进入中国电信的网上营业厅进行操作，请将操作方法以文档形式上交。

任务 12　网 上 预 订

 我明了

在本任务中，理解网上预订的作用与形式，熟悉网上预订的基本操作方法与技巧。

 我掌握

本任务要求掌握网上预订的基本操作方法与技巧。

 我准备

网上预订是网络生活的主要体现。

1. 网上预订的定义

网上预订就是互联网的深入应用。用户通过互联网，能足不出户，轻松闲逸地预订酒店餐桌、KTV 包间，订购餐饮和食品(包括零食、奶茶、盒饭便当等)、机票、火车票等。随着团拜网、517 外卖店的兴起，网上预订和网上订餐已经逐渐成为白领、学生中的一种潮流。

2. 网上预订的意义

近年来，随着互联网技术的快速发展，网络早已经成为现代人日常生活中不可或缺的部分，网上预订由于其独有的便捷性和直观性，更能够轻而易举地被现代人认同和接受。互联网上诞生出这种便捷的消费形式，也是电子商务应用的全新体现；从另一个侧面来看，网上预订还起到了帮助推进电子商务的普及和应用进程的作用，网上预订的消费形式，同时也在加速电子商务应用的步伐。

所以，作为互联网上的一种新的应用形式，网上预订意义深远。

3. 网上预订的形式

国内网上预订有不少预订的服务形式，其中包括线上预订、在线报名等。但主要还是以电话预订和网上预订为主，而网上预订相比电话预订拥有以下几种优势。

(1) 直观性。

会员在网上可直观地了解所预订场所的信息，包括场所的介绍及剩余空闲的位置。相比于电话预订，如团拜网的预订功能可以使消费者直接看到餐厅的用餐位置，是靠窗还是靠墙，以及餐厅的菜单，而不用再通过电话客服来预订餐厅的情况。而传统的电话预订容易产生交流上的误解与不便。

(2) 优惠性。

网上预订可享受确实的价格优惠与便利，并且预订成功的会员可直接接收到短消息，提醒他预订成功。

(3) 便利性。

网上预订可以列出大量的信息供消费者进行价格对比、地域对比，以及时间的选择，提供消费者很大的便利性。

1. 注册成为中国铁路客户服务中心的会员

以铁路客户服务中心为例，注册为会员的操作方法如下。

(1) 启动 IE 浏览器，在地址栏中输入中国铁路客户服务中心的网址：http://www.12306.cn/，按下回车键。在打开"中国铁路客户服务中心"页面中，单击左侧的"网上购票用户注册"按钮，如图 7-12-1 所示。

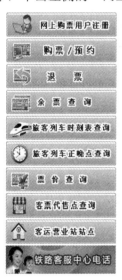

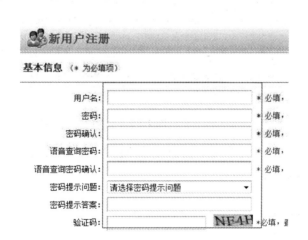

如果要购买火车票，人们常用的方式是打电话或直接到火车票代理处购买，如果住处附近没有代理点，则购买火车票就非常麻烦。随着网络的不断发展，现在可利用官网注册为会员，实现轻松查询、购买火车票等操作。

图 7-12-1　导航栏　　　　　图 7-12-2　填写注册信息 1

(2) 在打开的"新用户注册"页面中，阅读"服务条款"后单击"同意"按钮。在弹出的"新用户注册"信息页面中依次填写"基本信息"(见图 7-12-2)、"详细信息"、"联系方式"、"附加信息"等内容，如图 7-12-3 所示。结束后单击"提交注册信息"按钮，注册成功，如图 7-12-4 所示。

要在中国铁路客户服务中心预订车票，首先需要注册为该网站的会员。若没有注册为网站会员，则只能进行车次查询，而无法进行预订操作。

详细信息（* 为必填项）
姓名：
* 必填，请填入真实姓名，以便购买车票（生僻字请用
性别： 男 女
* 必填
出生日期： 1970-01-01
国家或地区： 中国CHINA
* 必填
证件类型： 二代身份证
* 必填
证件号码：
* 必填 (填写说明)
联系方式（* 为必填项）
手机号码：
* 必填，请正确填写手机号，以便正常接收铁路客户服
固定电话：
电子邮件：
* 必填，请正确填写常用邮箱地址，默认使用邮箱接收
地址：
邮编：
附加信息
旅客类型： 成人
* 必填
提交注册信息

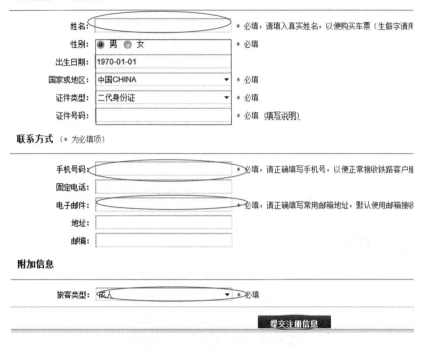

图 7-12-3 填写注册信息 2

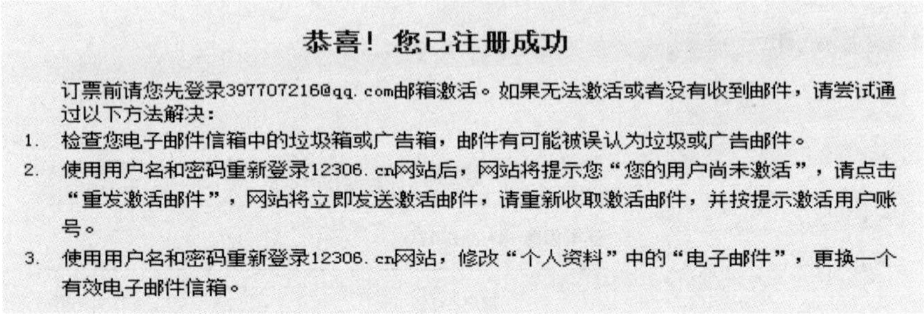

恭喜！您已注册成功
订票前请您先登录397707216@qq.com邮箱激活。如果无法激活或者没有收到邮件，请尝试通过以下方法解决：
1. 检查您电子邮件信箱中的垃圾箱或广告箱，邮件有可能被误认为垃圾或广告邮件。
2. 使用用户名和密码重新登录12306.cn网站后，网站将提示您“您的用户尚未激活”，请点击“重发激活邮件”，网站将立即发送激活邮件，请重新收取激活邮件，并按提示激活用户账号。
3. 使用用户名和密码重新登录12306.cn网站，修改“个人资料”中的“电子邮件”，更换一个有效电子邮件信箱。

图 7-12-4 注册成功信息提示

(3) 登录邮箱，打开注册邮件，单击激活链接，如图 7-12-5 所示。

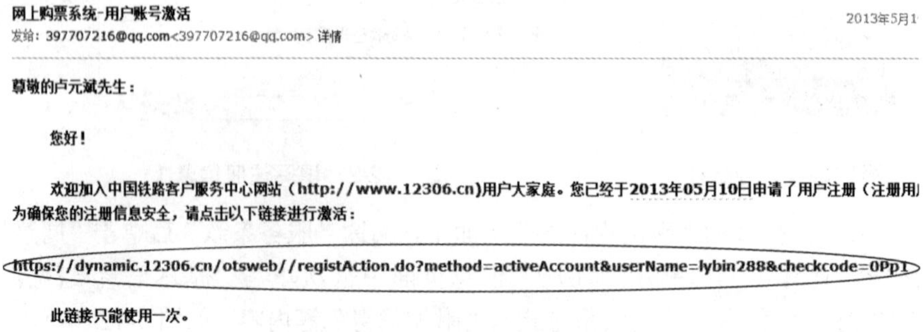

网上购票系统-用户账号激活
2013年5月1
发给：397707216@qq.com<397707216@qq.com> 详情
尊敬的卢元斌先生：
您好！
欢迎加入中国铁路客户服务中心网站（http://www.12306.cn)用户大家庭。您已经于2013年05月10日申请了用户注册（注册用
为确保您的注册信息安全，请点击以下链接进行激活：
https://dynamic.12306.cn/otsweb//registAction.do?method=activeAccount&userName=lybin288&checkcode=0Pp1
此链接只能使用一次。

图 7-12-5 激活链接

2. 预订火车票

(1) 在打开的中国铁路客户服务中心(网址：http://www.12306.cn/)页面中，单击左侧的"购票/预约"按钮，在弹出的登录页面中输入"登录名"、"密码"、"验证码"后，单击"登录"按钮，如图 7-12-6 所示。

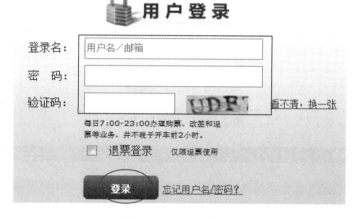

图 7-12-6　登录窗口

(2) 在打开的页面中单击"车票预订"，接着依次选择"出发地"、"目的地"、"出发日期"、"出发时间"、"出发车次"，单击"查询"按钮，在显示的结果框中选定车次后单击"预订"按钮，如图 7-12-7 所示。

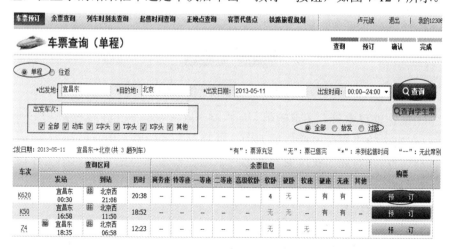

图 7-12-7　车票查询操作

(3) 在打开的"预订"页面中，依次填写"席别"、"票种"、"姓名"、"证件类型"、"证件号码"、"手机号"后，输入"验证码"，单击"提交订单"按钮，如图 7-12-8 所示。

(4) 在弹出的订单确认窗口中，进一步核对其信息后，单击"确定"按钮，如图 7-12-9 所示。

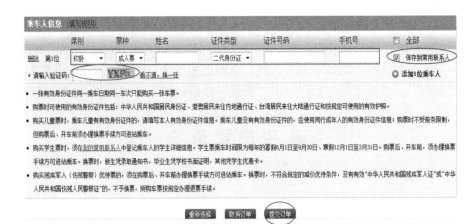

图 7-12-8　车票预订操作

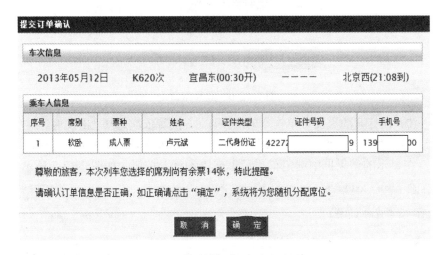

图 7-12-9　车票预订信息确认

(5) 在选择支付方式页面中，如选择"网上支付"，单击"下一步"按钮，在出现的"支付银行"页面中，选择已开通的网上银行，如"中国工商银行"，并勾选"我接受'网上付款旅客须知'"复选框，确认无误后单击"确认订单并支付"按钮，完成订票过程。

3. 预订酒店

以携程旅行网为例，网上预订酒店的操作方法如下。

(1) 打开携程旅行网首页 http://www.ctrip.com/，在"开始您的旅程"页面中切换到"酒店"选项卡，在"所在城市"文本框中输入要查询的城市；在"入住日期"和"离店日期"文本框中设置好入住和离店日期，单击"价格范围"下拉列表框选择酒店的价格范围，完成后单击"搜索"按钮，如图 7-12-10 所示。

(2) 在打开的网页中将显示满足查询要求的所有酒店，单击自己最满意的酒店房型对应的"预订"按钮，如图 7-12-11 所示。

通过 Internet 预订酒店不仅方便、快捷，还可以更详细地了解酒店环境、消费标准以及服务等多方面的信息。与传统的电话预订相比，网上预订酒店能找到更适合自己的酒店房间。

图 7-12-10　酒店搜索操作

图 7-12-11　选择预订的酒店

(3) 打开"会员登录"页面，在"非携程会员"栏中输入用来预订的手机号码，单击"直接预订"按钮，如图 7-12-12 所示。

若是携程会员，可在"会员/公司客户登录"栏中输入用户名和密码，然后登录携程网进行操作。

图 7-12-12　会员登录操作

(4) 在接下来打开的页面中填写房型信息、入住人信息和联系人信息，完成后单击"下一步"按钮。在打开的页面中校对预订信息，若确认无误，则单击"提交订单"按钮，如图 7-12-13 所示。

最佳西方武汉五月花大酒店

填写信息 ━━━━━━━━━●━━━━━━━━━ 提交成功

预订信息 预订须知

房型名称 高级大床房

入住日期 2013-7-26 至 2013-7-27 修改

早餐 单早

预订间数 * 1 ▾ 间

入住人数 2 ▾ 人

入住人 姓名1 姓名2

至少填1人，最多填2人。填写规则

可享特惠 🎁

其他信息

到店时间 16:30 ▾ - 19:30 ▾

最早最晚时间相隔不可超过3小时。（通常酒店14点办理入住，早到可能需要等待）

更多需求 ☐ 要求加床 补充说明

联系信息

联系人 *

确认方式 * 短信确认 ▾

联系手机 *

固定电话 区号 电话号码 分机号

Email a@b.c

总价：¥428

◂上一步   提交订单

图 7-12-13 酒店预订操作

我收获

课堂表现 👍☐ ✊☐ 🖐☐ ✌☐ 👎☐ 👊☐

知识掌握 😊☐ 😲☐ 😑☐ 😞☐ 😣☐ 😮☐

 **我留言**

 我练习

地点：网络实训室

练习内容：

(1) 如何在中国铁路客户服务中心查询车票信息，请将操作步骤以文档的形式上交。

(2) 如何预订一家酒店。

本人下周三去武汉旅游三天，请提前为我订一家酒店，要求是标准间，价格在 200 元左右，请将具体操作方法以文档形式上交。

(3) 如何在网上预订一张飞机票。

本周末我要去上海，请为我订一张飞机票，只要周六能到上海就行了，请将操作方法以文档形式上交。

任务 13 在淘宝网购物

 我明了

在本任务中，理解网上购物的理念与技巧，熟悉网上购物账号的开通、支付宝的使用与网上购物的基本方法。

 我掌握

本任务要求掌握网上购物的安全要求、账号业务开通、支付宝的使用、网上淘宝购物的操作方法与使用技巧。

 我准备

1. 购物概述

网上购物，就是通过互联网检索商品信息，并通过电子订购单发出购物请求，然后填上私人支票账号或信用卡的号码，厂商通过邮购的方式发货，或是通过快递公司送货上门。国内的网上购物，一般付款方式是款到发货(直接银行转账、在线汇款)、担保交易(淘宝支付宝、腾讯财付通等的担保交易)、货到付款等。

2. 网购发展

随着网民对网络购物的接受度提高，第三方支付工具的飞速发展，中国网上购物市场的发展速度明显加快，数千家购物网站应运而生。众多的购物网让消费者迷失了方向，网购导航应运而生，它收集众多正规诚信商城，解决了用户需要记忆繁多的商城地址的问题。

3. 网购方法

在网上购物非常方便，您可以使用支付宝、网上银行、财付通、百付宝网络购物支付卡等来支付，安全快捷。

4. 优点与缺点

(1) 优点。

对于消费者来说，网上购物有以下优点。

一是可以在家"逛商店"，订货不受时间、地点的限制。

二是获得较大量的商品信息，可以买到当地没有的商品。

三是网上支付较传统拿现金支付更加安全，可避免现金丢失或遭到抢劫。

四是从订货、买货到货物上门无需亲临现场，既省时，又省力。

五是由于网上商品省去租店面、召雇员及储存保管等一系列费用，总的来说其价格较一般商场的同类商品更物美价廉。

六是可以保护个人隐私，很多人喜欢在网上购买成人用品，去实体店购买显得尴尬难堪。

对于商家来说，有网上销售库存压力较小、经营成本低、经营规模不受场地限制等优点。

(2) 缺点。

一是由于国内法律和产业结构不平衡，大量的假冒伪劣产品充斥着网络；顾客在网上只能是看到照片，而货物真的到达你手里，往往会感觉和实物图片不一致，因此，众多的顾客还是选择到实体店里购买较放心。

二是不能试穿。

三是网络支付不安全。

四是诚信问题。

五是配送的速度。

六是退货不方便。

5. 网购技巧

第一种技巧：

掌握网购技巧是保障安全购物的基础。

(1) 利用网购导航进行网购，如先上收集正规诚信商城的 Mai126 安全网购导航；

(2) 选择网店一定要与卖家交流，要多问，还要看卖家店铺首页是否带有 ITM 标志，能否实行 OVS 服务；

(3) 购买商品时，付款人与收款人的资料都要填写准确，以免收发货出现错误；

(4) 用银行卡付款时，最好卡里不要有太多的金额，防止被不诚信的卖家拨过多的款项；

(5) 遇上欺诈或其他受侵犯的事情可在网上找网络警察处理。

第二种技巧：

(1) 看，仔细看商品图片，分辨是商业照片还是店主自己拍的实物照片，而且还要注意图片上的水印和店铺名，因为很多店家都在盗用其他人制作的图片；店铺首页是否带有 ITM 标识，能否实行 OVS 服务；

(2) 问，通过阿里旺旺询问产品相关问题，一是了解他对产品的了解，二是看他的态度，人品不好的话买了他的东西也是麻烦；

(3) 查，查店主的信用记录，看其他买家对此款或相关产品的评价，如果有中差评，则要仔细看店主对该评价的解释。

另外，也可以用阿里旺旺来咨询已买过该商品的人，还可以要求店主视频看货。原则是不要迷信钻石皇冠，规模很大、有很多客服的要分外小心，坚决使用支付宝交易，不要买态度恶劣的卖家的东西。

 我动手

1. 注册淘宝会员

要在淘宝网购物或开店，首先必须注册成为淘宝会员，具体操作方法如下。

(1) 打开淘宝网首页 www.taobao.com，单击页面中的"免费注册"链接，如图 7-13-1 所示。

> 淘宝网是国内领先的个人交易平台，也是亚太最大的网络零售商圈，更是中国最具影响力的购物网站。

图 7-13-1 淘宝网首页

(2) 在打开的"新会员免费注册"页面中填写账户信息，完成后单击"同意协议并注册"按钮，如图 7-13-2 所示。

(3) 在打开的页面中单击"使用邮箱验证"链接，如图 7-13-3 所示。

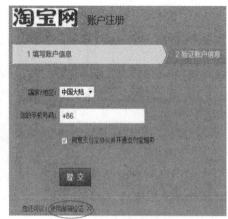

图 7-13-2 填写注册信息　　　　图 7-13-3 使用邮箱验证

（4）在打开的页面中输入电子邮箱，勾选"同意支付宝协议并开通支付宝服务"项，完成后单击"提交"按钮，如图 7-13-4 所示。

（5）在弹出的"短信获取校验码"表单中输入手机号码，单击"提交"按钮，如图 7-13-5 所示。

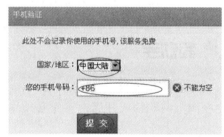

图 7-13-4 完成邮箱验证　　　　图 7-13-5 短信获取校验码

（6）在打开的"短信获取校验码"表单中输入手机上获取到的校验码，单击"验证"按钮，如图 7-13-6 所示。

（7）在打开的"激活账户"页面中单击"去邮箱激活账户"按钮，如图 7-13-7 所示。

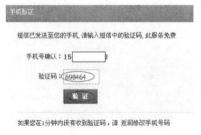

您的电子邮箱：3977072216@qq.com

登录您的注册邮箱激活账户。我们已给您的邮箱发送了一封激活信，请收到后按照提示操作，需要在48小时内完成激活。激活过程演示

去邮箱激活账户　没收到？再次发送

图 7-13-6 输入校验码　　　　图 7-13-7 激活账户

（8）登录注册邮箱，收取由淘宝网发送的邮件，单击邮件正文中的"完成注册"按钮，稍后便可成功注册为淘宝会员了，如图 7-13-8 所示。

图 7-13-8　完成注册

2. 激活支付宝账户

要使支付宝账户正常工作，还必须将其开通，具体操作方法如下。

(1) 登录注册淘宝会员时的验证邮箱，收取由淘宝网发送的"支付宝"邮件，单击邮件正文中的"立即登录支付宝"链接，如图 7-13-9 所示。

图 7-13-9　登录支付宝

注册成为淘宝会员后，淘宝系统会免费让用户成为支付宝会员，会员名称就是注册时填写的电子邮箱，支付宝账户的登录密码就是淘宝密码。

(2) 在打开的页面中填写真实名字、登录密码、支付密码和验证号等必填信息，完成后单击"确定"按钮，如图 7-13-10 所示。

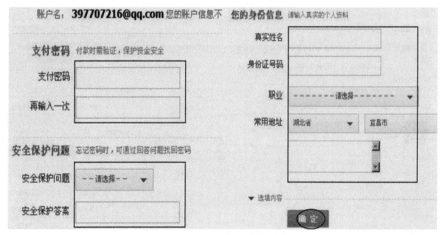

图 7-13-10　填写真实信息

(3) 在打开的页面中出现"###，恭喜您成功开通支付宝服务"信息时，证明您的支付宝激活成功了，如图 7-13-11 所示。

图 7-13-11　开通信息提示

在淘宝网中经过再三的挑选终于选中了自己喜欢的宝贝，接下来就可以拍下该宝贝并付款了。

3. 购买宝贝

以支付宝付款为例，购买宝贝的操作过程如下。

(1) 在淘到的宝贝页面中，输入购买数量后，单击"立即购买"或"加入购物车"按钮，如图 7-13-12 所示。

(2) 在打开的页面中填写收货地址，收货人姓名、电话，运送方式等信息，再次确认购买数量与价格，完成后单击"提交订单"按钮，如图 7-13-13 所示。

图 7-13-12　选购商品

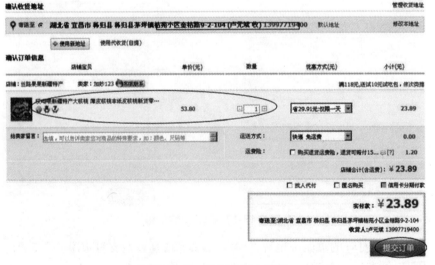

图 7-13-13　填写收货人信息

(3) 在打开的页面中选择用于付款的网上银行，单击"下一步"按钮，如图 7-13-14 所示。

图 7-13-14　选择付款方式

(4) 在打开的页面中输入支付宝密码，单击"确认付款"按钮即可，如图 7-13-15 所示。

图 7-13-15　支付宝付款

激活支付宝账户后，就可以使用新的密码登录支付宝账户了；而在购物付款时，则需要使用支付密码付款。

4. 确认付款

确认付款的操作方法如下。

(1) 登录淘宝网，鼠标指针指向页面上方的"我的淘宝"链接，在弹出的下拉列表中单击"已买到的宝贝"链接，如图 7-13-16 所示。

图 7-13-16　查看已买到的宝贝

在实体店购物都是一手交钱，一手交货。而淘宝网就不同，买家使用支付宝成功付款后，等待卖家的发货，只有买家确认收到货物后，支付宝才能将货款真正转给卖家。当买家收到宝贝并确认商品没有质量问题，就要及时同意支付宝付款给卖家。

(2) 在右侧打开的页面中找到需要付款的宝贝，然后单击"确认收货"按钮，如图 7-13-17 所示。

图 7-13-17 选定已收到的货物订单

(3) 在打开的页面中，在"支付宝账户支付密码"文本框中输入密码。完成后单击"确定"按钮，如图 7-13-18 所示。

图 7-13-18 输入支付宝密码

(4) 弹出提示对话框，确认后单击"确定"按钮，如图 7-13-19 所示，就会出现交易成功的提示信息。

图 7-13-19 交易信息提示

 我收获

课堂表现

知识掌握

 我留言

 我练习

地点：网络实训室
练习内容：

(1) 每个人在淘宝网上注册成为会员，并激活支付宝账户，利用网上银行为支付宝充值。

(2) 如何在淘宝网"淘"宝贝。淘宝网中的宝贝品种齐全、种类繁多，作为一个买家，如何才能找到自己需要的宝贝非常重要，请利用淘宝网为用户提供的站内搜索引擎淘到自己喜爱的宝贝。将淘宝过程用文档的形式上交。

(3) 如何申请退款。在淘宝网中购物，只要是使用支付宝付款，当收到的货物存在质量问题或没有收到货物时，都可以要求卖家退款。将申请退款操作方法整理后以文档的形式上交。

任务 14　计算机病毒的防范

 我明了

在本任务中，理解计算机病毒的特点、传播与危害性，熟悉计算机病毒的防范方法。

 我掌握

本任务要求掌握计算机病毒的特点、传播与危害性，学会计算机病毒的防范技巧。

 我准备

1. 什么是计算机病毒

理解病毒的概念。

计算机病毒(Computer Virus)在《中华人民共和国计算机信息系统安全保护条例》中被明确定义，病毒指"编制者在计算机程序中插入的破坏计算机功能或者破坏数据，影响计算机使用并且能够自我复制的一组计算机指令或者程序代码"。与医学上的"病毒"不同，计算机病毒不是天然存在的，是某些人利用计算机软件和硬件所固有的脆弱性编制的一组指令集或程序代码。它能通过某种途径潜伏在计算机的存储介质(或程序)里，当达到某种条件时即被激活，通过修改其他程序的方法将自己的精确拷贝或者可能演化的形式放入其他程序中，从而感染其他程序，对计算机资源进行破坏。所谓的病毒是人为造成的，对其他用户的危害性很大。

2. 计算机病毒的特点

计算机病毒具有繁殖性、破坏性(增、删、改、移)、传染性、潜伏性、隐蔽性、可触发性等特点。

3. 计算机中毒症状

计算机病毒不是独立存在的，而是依附或寄生在其他媒体上，如磁盘、光盘的系统区或文件中。它可以长时间地潜伏在文件中，让人很难发现。在潜伏期中，它并不影响系统的正常运行，只是秘密地进行传播、繁殖和扩散，使更多的正常程序成为病毒的"携带者"。一旦满足某种触发条件，病毒就会突然发作，这才显露出其巨大的破坏力。

计算机一旦感染病毒，就会出现很多"症状"，导致系统性能下降，影响用户的正常工作，甚至造成灾难性的破坏。系统感染病毒后，如果能够及时判断并查杀病毒，可以最大限度地减少损失。

如果计算机出现了以下几种"不良现象"，很可能就是系统已被病毒感染。

(1) 系统经常死机；

(2) 系统无法正常启动；

(3) 文件打不开，或打开文件时有错误提示；

(4) 经常报告内存不够或者虚拟内存不足；

(5) 系统中突然出现大量来历不明的文件；

(6) 数据无故丢失；

(7) 键盘或鼠标无端被锁死；

(8) 系统运行速度变得很慢。

4. 计算机病毒的防范

计算机病毒与生物病毒一样，具有独特的破坏性、复杂性和传染性，而且很难根除，其防范措施如下。

(1) 在计算机病毒肆虐的今天，防范病毒的入侵显得非常重要，然而并非靠杀毒软件或安全软件就能完全安全。因此，使用计算机时注意一些小常识，防患于未然，这样才能尽可能地将病毒拒之门外。

(2) 不要浏览不良网站，黑客网站和色情网站是病毒传播的主要源头之一。

(3) 不要随便打开不明邮件及附件，最好先将附件保存到本地，用杀毒软件扫描确认无病毒之后再打开。

(4) 不要在网上随意下载软件，不明软件是病毒的一大传播途径。另外，软件下载之后最好先杀毒再使用。

(5) 使用新软件时，先用杀毒软件对其进行检查，可以有效减少中毒几率。

(6) 使用备份工具软件备份系统，以便在计算机中毒后可以及时恢复。同时，重要数据和文件应利用移动存储设备或光盘备份，以减少病毒造成的损失。

(7) 计算机中安装杀毒软件并开启软件实时监控功能，还需要经常升级。

(8) 当计算机中毒后应及时使用杀毒软件清除和修复。注意不要使用 U 盘等可移动存储介质将中毒计算机中的文件复制到其他计算机,以免相互感染。若局域网中的某台计算机感染了病毒,应及时断开网线,以免其他计算机被感染。

 我动手

1. 启动 Windows 防火墙

在"Windows 安全警报"对话框中有两种选择,用户可以根据实际情况进行操作。

如果信任这个程序,单击"解除锁定"按钮,允许该应用程序接受链接,同时也自动将该程序设为 Windows 防火墙的例外程序或端口,在下一次使用该程序时就可以直接正常使用,不会再弹出安全警报对话框。

如果不信任这个程序,可以单击"保持阻止"按钮,阻止程序在未经许可的情况下接受链接,在下一次启动该程序时,仍会保持阻止并弹出警报对话框。

在 Windows 7 操作系统中启动 Windows 防火墙的操作步骤如下。

(1) 单击任务栏中的"开始",在弹出的快捷菜单中单击"控制面板"。在打开的"控制面板"窗口中单击"系统和安全",如图 7-14-1 所示。

Windows 防火墙用于检查输入和输出计算机的所有信息,阻止来自网络中黑客、恶意软件、恶意代码等的攻击,同时阻止当前计算机系统向网络中的其他计算机发送恶意代码。

默认情况下,Windows 防火墙随开机自动启动。

图 7-14-1 打开"Windows 防火墙"

(2) 在图 7-14-1 所示的"系统和安全"窗口中单击"Windows 防火墙"链接。

(3) 在打开的"Windows 防火墙"窗口中单击"打开或关闭 Windows 防火墙"链接。在打开的"自定义设置"对话框中单击"家庭或工作(专用)网络"栏中的"启用 Windows 防火墙"单选项,再单击"公用网络"栏中的"启用 Windows 防火墙"单选项,最后单击"确定"按钮完成设置,如

图 7-14-2 所示。

使用 Windows 防火墙来帮助保护您的计算机

Windows 防火墙有助于防止黑客或恶意软件通过 Internet 或网络访问您的计算机。

防火墙如何帮助保护计算机？

什么是网络位置？

家庭或工作(专用)网络(O)	已连接 ⌃
您知道且信任的用户和设备所在的家庭或工作网络	
Windows 防火墙状态：	启用
传入连接：	阻止所有与未在允许程序列表中的程序的连接
活动的家庭或工作(专用)网络：	🏠 zgzjzx3
通知状态：	Windows 防火墙阻止新程序时通知我

公用网络(P)	未连接 ⌃
公共场所(例如机场或咖啡店)中的网络	
Windows 防火墙状态：	启用
传入连接：	阻止所有与未在允许程序列表中的程序的连接
活动的公用网络：	无
通知状态：	Windows 防火墙阻止新程序时通知我

图 7-14-2 防火墙设置

2. 阻止恶意代码修改注册表

要阻止恶意代码修改注册表，其操作方法如下。

(1) 单击"开始"→"运行"，在其窗口中输入"regedit"，单击"确定"按钮，如图 7-14-3 所示。

运行

Windows 将根据您输入的名称，为您打开相应的程序、文件夹、文档或 Internet 资源。

打开(O) regedit

🛡 使用管理权限创建此任务。

确定　　取消　　浏览(B)...

大部分恶意代码都是通过修改注册表信息的方式对浏览器进行修改的，因此只要阻止其对注册表的修改，就可以达到防止恶意网页代码的目的。

图 7-14-3 运行注册表

(2) 在打开的"注册表编辑器"窗口，依次展开"HKEY_CURRENT_USER\Software\Microsoft\Windows\CurrentVersion\Policies\System"项。在窗口右侧空白处右击，在弹出的快捷菜单中单击"新建"命令，在展开的级联菜单中单击"DWORD(32-位)值"命令，如图 7-14-4 所示。

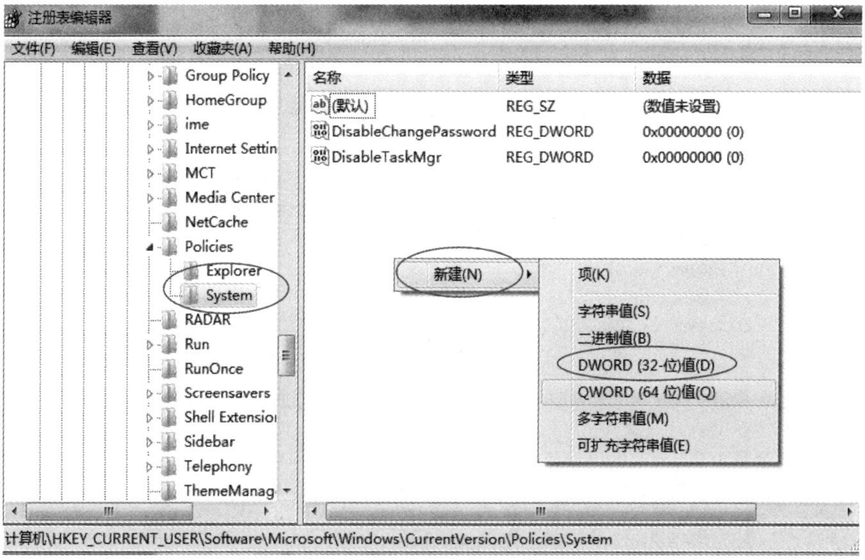

图 7-14-4 新建"dword(32-位)值"窗口

(3) 将新建的 DWORD(32-位)值命名为"DisableRegistryTools"，然后双击该值，如图 7-14-5 所示。

> 若您的系统是 64 位的话，在这里就要单击"DWORD(64 位)值"命令。

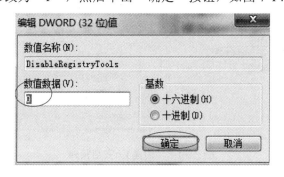

图 7-14-5 新建 DWORD 值

(4) 在打开的"编辑 DWORD(32 位)值"对话框中，将"数值数据"文本框中的值修改为"1"，然后单击"确定"按钮，如图 7-14-6 所示。

> UDP135 和 TCP135 服务端口是蠕虫病毒经常"光临"的地方，将这两个端口关闭，可以避免被蠕虫利用从而攻击计算机。

图 7-14-6 编辑 DWORD 值

3. 防止感染蠕虫病毒

熟悉端口，利用端口，便可有效地防止病毒来袭。

(1) 选择"控制面板"→"系统和安全"→"管理工具"，在打开的"管理工具"窗口中双击"本地安全策略"项，如图 7-14-7 所示。

图 7-14-7　本地安全策略

(2) 在打开的"本地安全策略"窗口中，单击"IP 安全策略，在本地计算机"项后，右击窗口右侧空白处，在弹出的快捷菜单中单击"创建 IP 安全策略"命令，如图 7-14-8 所示。

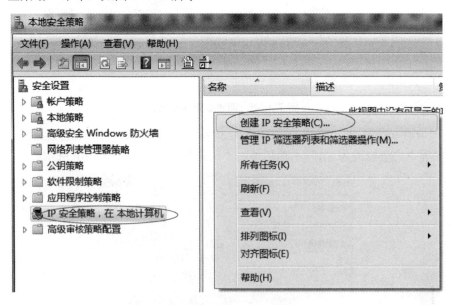

图 7-14-8　创建 IP 安全策略

(3) 在弹出的"IP 安全策略向导"对话框中，单击"下一步"按钮，如

图 7-14-9 所示。

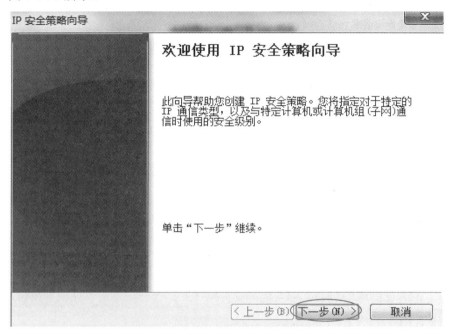

图 7-14-9 IP 安全策略向导

(4) 在"名称"文本框中设置好新 IP 安全策略的名称,如"关闭 135 端口",单击"下一步"按钮,如图 7-14-10 所示。

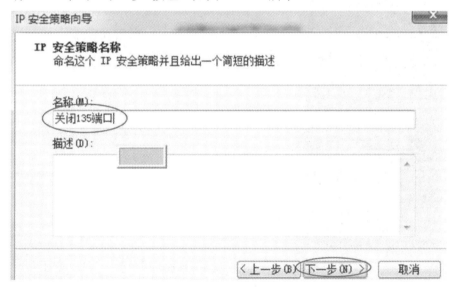

图 7-14-10 IP 安全策略名称

(5) 在"安全通讯请求"界面中确认未勾选"激活默认响应规则(仅限于 Windows 的早期版本)"复选框,单击"下一步"按钮,如图 7-14-11 所示。

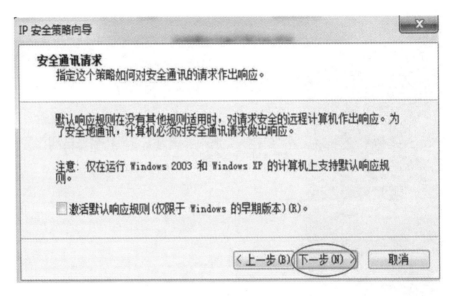

图 7-14-11 安全通讯请求

(6) 在出现的对话框中勾选"编辑属性"复选框，单击"完成"按钮，如图 7-14-12 所示。

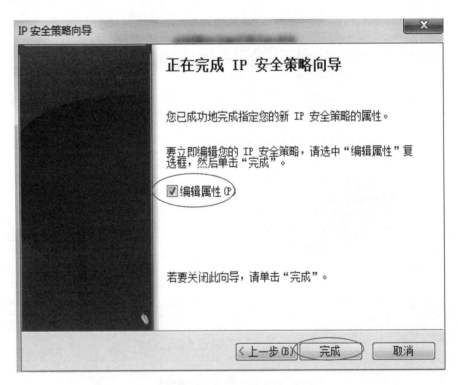

图 7-14-12 完成 IP 安全策略创建

(7) 在弹出"关闭 135 端口属性"对话框中，单击"添加"按钮，如图 7-14-13 所示。

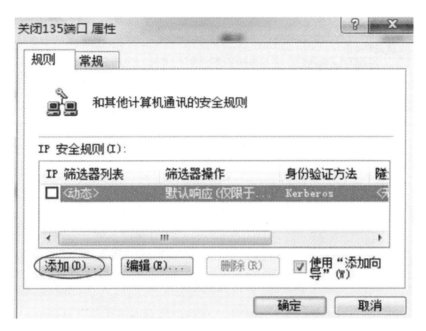

图 7-14-13 "关闭 135 端口属性"对话框

(8) 在"安全规则向导"对话框中单击"下一步"按钮,如图 7-14-14 所示。

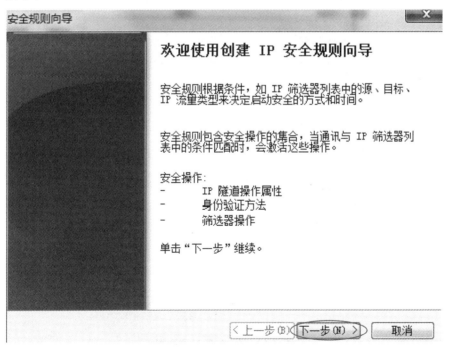

图 7-14-14 "安全规则向导"对话框

(9) 在"隧道终结点"对话框中选择"此规则不指定隧道",单击"下一步"按钮,如图 7-14-15 所示。

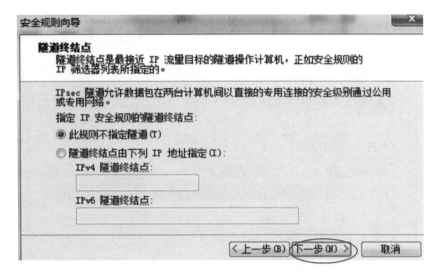

图 7-14-15   "隧道终结点"对话框

(10) 在"网络类型"对话框中，选择"所有网络连接"单选项，单击"下一步"按钮，如图 7-14-16 所示。

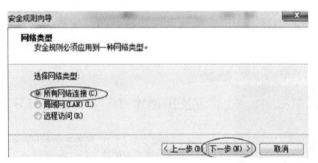

图 7-14-16   "网络类型"对话框

(11) 在"IP 筛选器列表"界面中单击"添加"按钮，如图 7-14-17 所示。

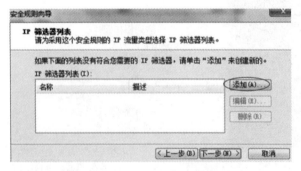

图 7-14-17   IP 筛选器列表

(12) 在弹出"IP 筛选器列表"对话框中，单击"添加"按钮，如图 7-14-18 所示。

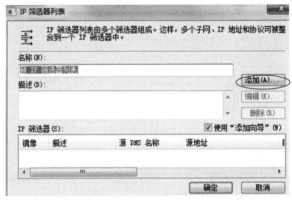

图 7-14-18　添加"IP 筛选器"

(13) 在弹出的"IP 筛选器向导"对话框中连续单击"下一步"按钮，如图 7-14-19 所示。

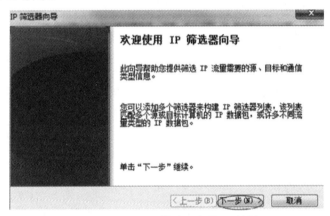

图 7-14-19　"IP 筛选器向导"对话框

(14) 在"IP 流量源"对话框中单击"源地址"下拉列表按钮，选择"任何 IP 地址"选项后，单击"下一步"按钮，如图 7-14-20 所示。

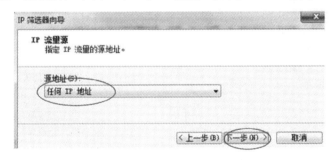

图 7-14-20　IP 流量源

(15) 在"IP 流量目标"界面中单击"目标地址"下拉列表按钮，选择"我的 IP 地址"选项，单击"下一步"按钮，如图 7-14-21 所示。

(16) 在"IP 协议类型"界面中单击"选择协议类型"下拉列表按钮，

选择"TCP"选项，单击"下一步"按钮，如图 7-14-22 所示。

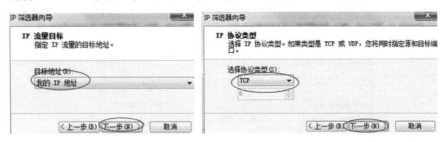

图 7-14-21　IP 流量目标　　　　　图 7-14-22　IP 协议类型

(17) 在"IP 协议端口"对话框中选择"到此端口"，在下方的文本框中输入要屏蔽的端口号"135"，单击"下一步"按钮，如图 7-14-23 所示。

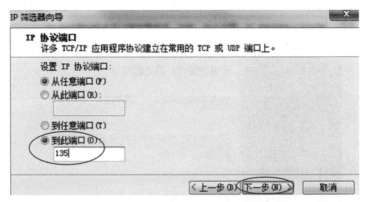

图 7-14-23　IP 协议端口

(18) 在"IP 筛选器向导"对话框中单击"完成"按钮，在"IP 筛选器列表"对话框中可以看到新添加的筛选器，单击"确定"按钮，如图 7-14-24所示。

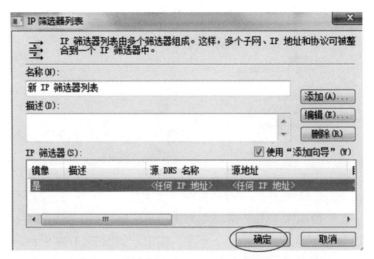

图 7-14-24　完成的"IP 筛选器"

(19) 弹出"安全规则向导"对话框，在列表框中单击选项左边的圆圈，圆圈中加了一个点表示已经激活，单击"下一步"按钮，如图 7-14-25 所示。

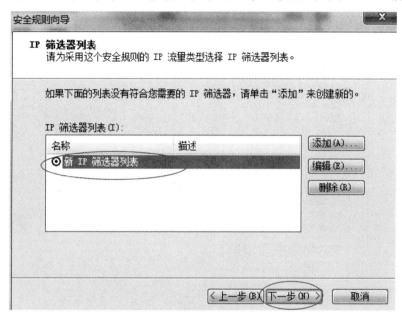

图 7-14-25 "安全规则向导"对话框

(20) 在"筛选器操作"界面中取消勾选"使用'添加向导'"复选框，单击"添加"按钮，如图 7-14-26 所示。

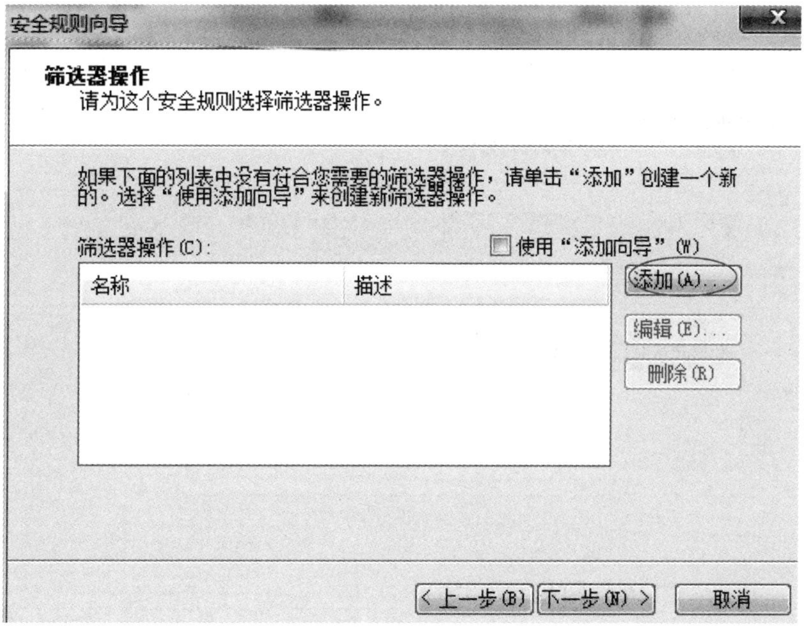

图 7-14-26 筛选器操作

(21) 在弹出的"新筛选器操作 属性"对话框中单击"阻止"单选项，单击"确定"按钮，如图 7-14-27 所示。

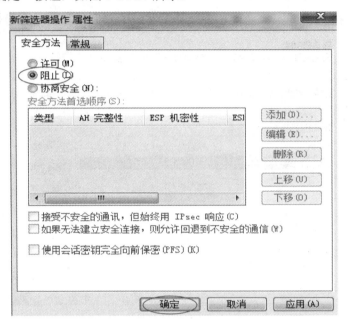

图 7-14-27 安全方法设置

(22) 在返回的"筛选器操作"对话框中可以看到列表中的新筛选器选项左侧的圆圈中加了一个点，表明已激活，单击"下一步"按钮，如图 7-14-28 所示。

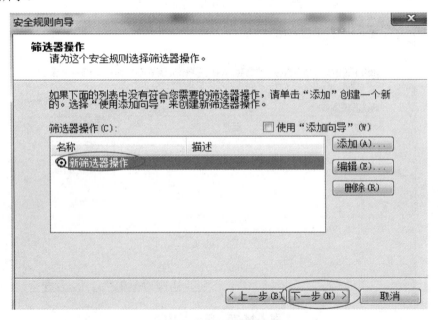

图 7-14-28 筛选器操作

(23) 在弹出的"安全规则向导"对话框中单击"完成"按钮，如图 7-14-29 所示。

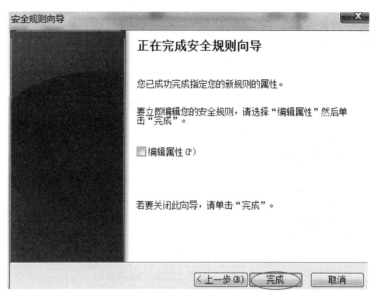

图 7-14-29　完成安全规则向导

(24) 在返回的"关闭 135 端口 属性"对话框中，可以看到列表框中的"新 IP 筛选器列表"左侧的方框中加了一个"√"，表明已激活，单击"确定"按钮，如图 7-14-30 所示。

图 7-14-30　确定规则设置

(25) 返回"本地安全策略"窗口，右击新添加的"关闭 135 端口"策略项，在弹出的快捷菜单中单击"分配"，如图 7-14-31 所示。

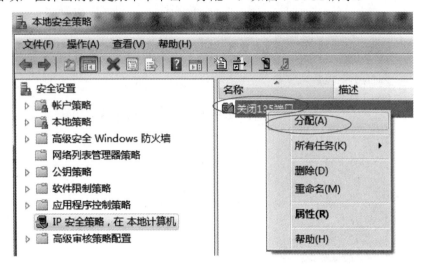

图 7-14-31 分配"关闭 135 端口"

 我收获

课堂表现

知识掌握 □

 我留言

 我练习

地点：网络实训室

练习内容：

(1) 如何为防火墙添加运行执行的例外程序。

启用 Windows 防火墙可以防止未经允许的程序任意访问本地计算机，在一定程度上阻止了黑客或恶意软件的攻击。但是对于常用的程序，频繁地弹出提示操作十分麻烦，此时可以启用例外设置，为常用的程序或端口添加例外运行以通过防火墙进行通信。请将操作方法以文档的形式上交。

(2) 如何防范移动存储设备传播病毒。

移动存储设备是病毒的传播途径之一，你知道可用哪些防范措施杜绝病毒的传播，请将具体方法以文档形式上交。

任务 15 金山毒霸的安装与杀毒

我明了

在本任务中，理解杀毒软件的含义、原理与作用，熟悉杀毒软件的安装、升级与使用方法。

我掌握

本任务要求掌握杀毒软件的含义、作用，学会其安装与杀毒、安全防范与使用技巧。

我准备

1. 杀毒软件概述

"杀毒软件"是由国产的老一辈反病毒软件厂商，如驱逐舰杀毒软件、金山毒霸、江民、瑞星等起的名字，后来由于和世界反病毒业接轨统称为"反病毒软件"或"安全防护软件"。注意"杀毒软件"是指计算机在上网过程，被恶意程序将系统文件篡改，导致计算机系统无法正常运作中毒，然后要用一些杀毒的程序，来杀掉病毒，反病毒则包括了查杀病毒和防御病毒入侵两种功能。

近年来陆续出现了集成防火墙的"互联网安全套装"、"全功能安全套装"等名词，都属一类，是用于消除计算机病毒、特洛伊木马和恶意软件的一类软件。反病毒软件通常集成监控识别、病毒扫描和清除及自动升级等功能，有的反病毒软件还带有数据恢复等功能。 后两者同时具有黑客入侵、网络流量控制等功能。

"杀毒软件"是一种可以对病毒、木马等一切已知的对计算机有危害的程序代码进行清除的程序工具。

2. 软件原理

反病毒软件的任务是实时监控和扫描磁盘。部分反病毒软件通过在系统添加驱动程序的方式，进驻系统，并且随操作系统启动。大部分的杀毒软件还具有防火墙功能。反病毒软件的实时监控方式因软件而异。有的反病毒软件，是通过在内存里划分一部分空间，将计算机里流过内存的数据与反病毒软件自身所带的病毒库(包含病毒定义)的特征码相比较，以判断是否为病毒。另一些反病毒软件则在所划分到的内存空间里面，虚拟执行系统或用户提交的程序，根据其行为或结果作出判断。

而扫描磁盘的方式，则与上面提到的实时监控的第一种工作方式一样，

理解原理，便于正确地使用杀毒软件。

只是在这里，反病毒软件会将磁盘上所有的文件(或者用户自定义的扫描范围内的文件)做一次检查。

3．云安全

"云安全(Cloud Security)"计划是网络时代信息安全的最新体现，它融合了并行处理、网格计算、未知病毒行为判断等新兴技术和概念，通过网状的大量客户端对网络中软件行为的异常监测，获取互联网中木马、恶意程序的最新信息，推送到服务端进行自动分析和处理，再把病毒和木马的解决方案分发到每一个客户端。

4．常见的杀毒软件

目前国内反病毒软件有三大巨头：360 杀毒软件、金山毒霸、瑞星杀毒软件。它们反响都不错，但是都有优缺点(均已实施云安全方案)。此外，还有江民杀毒软件、卡巴斯基、赛门铁克、赛门铁克诺顿等。

我动手

计算机只要联网，就会时刻受到病毒和黑客的威胁，它们有可能使用户的数据丢失或计算机崩溃，造成不必要的损失。要想防患于未然，就需要在计算机上安装防治病毒的软件，使计算机处于被保护状态。

1．下载与安装金山毒霸

金山毒霸的官方网址为：http://www.duba.net/，下载并安装金山毒霸的操作步骤如下。

(1) 打开金山毒霸官方网站，单击"新毒霸'悟空'SP3"下方的"立即下载"按钮，将其下载到计算机中，如图 7-15-1 所示。

> 金山毒霸 (Kingsoft Antivirus) 是金山软件股份有限公司研制开发的高智能反病毒软件，它融合了启发式搜索、代码分析、虚拟机查毒等经业界证明成熟可靠的反病毒技术，使其在查杀病毒种类、查杀病毒速度、未知病毒防治等多方面达到世界先进水平，同时金山毒霸具有防火墙实时监控、压缩文件查毒、查杀电子邮件病毒等多项先进的功能。

图 7-15-1　下载页面

(2) 双击"kavsetup130506_99_50"安装程序，在打开的对话框中单击安装路径右侧的"浏览"链接，设置好安装路经，单击"立即安装"按钮，如图 7-15-2 所示，等待直到安装结束。

图 7-15-2　安装位置选择

(3) 在启动的"新毒霸"窗口中，单击右下角的"立即升级"链接，等待其完成病毒库的升级与更新，升级结束后单击"确定"按钮，返回到"新毒霸"窗口，再单击"一键云查杀"按钮进行病毒扫描，如图 7-15-3 所示。

图 7-15-3　首次进行病毒扫描

(4) 扫描结束后如图 7-15-4 所示，单击"返回"按钮返回到主界面。

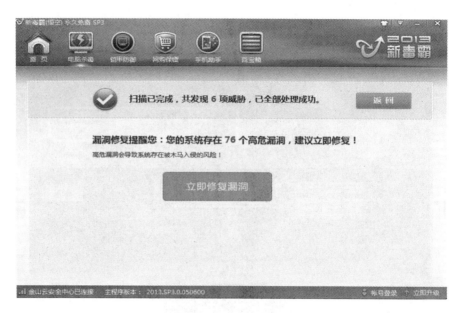

图 7-15-4 扫描结束

2. "百宝箱"的应用

(1) "文件粉碎"工具的使用。

①在新毒霸程序窗口中，单击上方"百宝箱"按钮，切换到"新毒霸"选项卡，在其列表框中单击"文件粉碎"图标，如图 7-15-5 所示。

图 7-15-5 选择"文件粉碎"

②在弹出的金山文件粉碎器窗口中单击"添加文件"或"添加文件夹"按钮，在打开的对话框中选择要粉碎的文件或文件夹，再单击"打开"按钮，如图 7-15-6 所示。

③在返回"金山文件粉碎器"对话框中，单击"开始粉碎"按钮，在弹出的确认对话框中单击"确定"按钮，如图 7-15-7 所示。

金山毒霸中的"百宝箱"是一个非常实用的计算机上网安全百宝箱，里面包含有许多实用的工具。

图 7-15-6 添加要粉碎的文件

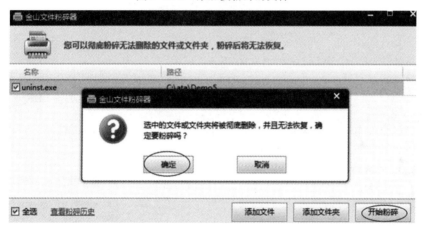

图 7-15-7 粉碎信息确认

④文件粉碎结束后会弹出一个信息提示对话框中，单击"确定"按钮即可，如图 7-15-8 所示。

图 7-15-8 完成粉碎信息提示

(2) "清理垃圾"工具的使用。

①在金山毒霸主界面中单击"百宝箱"选项卡，然后在常用工具中单

击"清理垃圾"选项,如图 7-15-9 所示。

要利用其"清理垃圾"
工具,需先安装其"金
山卫士"。

图 7-15-9 选择"清理垃圾"

②在打开的"清理垃圾"选项卡中勾选下方的"全选"复选框,单击
"开始清理"按钮,如图 7-15-10 所示。

图 7-15-10 选择清理范围

③等待其扫描,扫描完成后单击"立即清理"按钮,如图 7-15-11 所示。

④在出现的对话框中,单击"是"按钮,开始清理垃圾文件,如图 7-15-12
所示。

图 7-15-11　清理进度显示

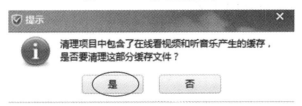

图 7-15-12　确认清理

⑤等待清理结束后，将显示完成清理的信息，只要单击"返回"按钮即可，如图 7-15-13 所示。

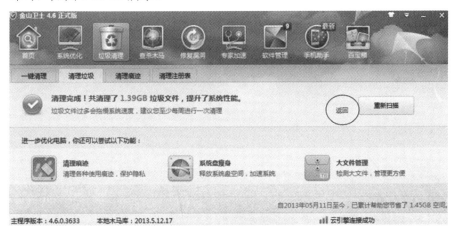

图 7-15-13　显示清理结果

我收获

课堂表现 □ □ □ □ □ □

知识掌握 □ □ □ □ □ □

 我留言

 我练习

地点：网络实训室

练习内容：

(1) 怎样使用金山毒霸查杀病毒，请将操作步骤以文档的形式上交。

(2) 如何升级病毒库，请将操作步骤以文档的形式上交。

(3) 请使用"百宝箱"中的"清理痕迹"工具对计算机进行痕迹清理，并将操作步骤以文档形式上交。

(4) 如何利用毒霸进行系统修复，请将操作步骤以文档形式上交。

参 考 文 献

[1] 张国清，孙丽萍，崔升广. 网络设备配置与调试项目实训[M]. 2 版. 北京:电子工业出版社，2012.

[2] 张治平，陈成，赵军. 网络设备安装与调试(锐捷)[M]. 北京: 中国铁道出版社，2011.

[3] 张裕生，陈建军. 企业网络搭建及应用[M]. 北京：高等教育出版社，2010.

[4] 高峡，陈智罡，袁宗福. 网络设备互连学习指南[M]. 北京：科学出版社，2009.

[5] 高峡，钟啸剑，李永俊. 网络设备互连实验指南[M]. 北京：科学出版社，2009.

[6] 刘晓辉. Windows server 2003 服务器搭建、配置与管理[M]. 2 版. 北京：中国水利水电出版社，2004.

[7] 梁广民，王隆杰. 思科网络实验室路由、交换实验指南[M]. 北京：电子工业出版社，2007.

[8] 杨恒广，贾晓飞. 交换机/路由器的配置与管理[M]. 北京：清华大学出版社，2012.

[9] 先知文化. 电脑上网直通车[M]. 北京：电子工业出版社，2011.

[10] 张文库. 企业网搭建及应用[M]. 2 版. 北京：电子工业出版社，2011.

[11] 冯昊，黄治虎，伍技祥. 交换机/路由器的配置与管理[M]. 北京：清华大学出版社，2005.